森と環境の世紀

住民参加型システムを考える

依光良三

日本経済評論社

はしがき

二〇世紀は、熱帯林をはじめ途上国の森林を中心にすさまじい破壊の歴史を刻んだ世紀であった。かつては、世界には広大な森林があって、少々伐採開発しても地球レベルでは影響がでないと思われていた。ところが、一九八〇年に至って、実はそうではなく、大規模な森林破壊そして面積の著しい減少とともに洪水災害等の地域的な環境問題ばかりでなく生物多様性が失われたり気候変動等地球環境にも影響を与える大変な事態が進行しており、二一世紀への大きな負の遺産となることがあからさまになった。

深刻な事態の進行の中で、八〇年代半ばごろから森とその再生をめぐって基本的な考え方の転換や国際的な新しい取り組みが行われるようになった。地球サミットの開催、途上国での植林・緑化や社会林業への取り組み、そしてなによりも人々のため、住民のため (for the people) という考え方が次第に浸透し、住民参加の動きがでてきたことは明日に向けて大きな意義が見いだせる。

それは、森はだれのためにあるのだろうか、だれのための開発や森づくりであろうか、という社会システムのあり方にかかわる本書のベースに流れる問題意識でもある。

環境面での役割の大きい森は、ほんらい地域資源として人々のためにあるべきものであろう。ところが、途上国ばかりでなく先進国も含めて「乱開発の時代」には、森を支配し、破壊に導いたのは国家や企業であり、財政や経済効率によって森は律され、市場とモノ中心のシステムの中で人々は排除の対象であった。これは、森のもつ多面的公益的な役割からいえば、基本的な部分が欠落した欠陥システムに他ならなかった。森を単なるモノとして、資源としてしか取り扱わなかった結果が環境問題を引き起こし、人々を苦しめ、やがて市場システムの中では対抗力をもちえなかった人々を立ち上がらせることとなった。途上国では、先住民の抵抗が強まり、道路封鎖や反体制運動がおき、また、日本やアメリカなどでは、市民・住民による自然保護運動が盛り上がった。こうした環境保護運動という形での参加は、それまでの社会経済システムの欠陥をある程度補うこととなる。

一方、途上国の貧困問題も森を破壊する要因の一つであるが、その解決に向けて内発的発展やエンパワーメントといった人々のための地域づくりの考え方がでてきて、森づくりにおいても地域住民の参加による社会林業の形成や植林・緑化が課題となり、国によっては次第に住民参加のシステムがつくられてきている。

日本においては違った形の参加システムができてきた。ナショナル・トラスト運動や都市住民が森づくりに参加する「森林ボランティア」など「国民参加の森づくり」という形で行政とのパートナーシップのもとに運動が行われだした。ところが、一方ではかつて勤勉に森づくりに取り組んできた人々は、山村が条件不利地域であるがゆえに、国際化・農林産物輸入自由化の流れの中で、とりわけ林業が一層の苦境に立たされ、過疎化・高齢化と後継者難の中で、森を守りたくても守れない状況におかれてきた。環境保全にとって大切な森づくりに、真の担い手である山村の人々が「参加」できなくなって良いのだろうか。

本書では、住民参加の課題をベースにおきながらも、世界と日本の森林開発と環境問題を歴史的に概観し、地球サミットでの取り組み、そして途上国での社会林業と植林・緑化の問題、日本での原生林等をめぐる自然保護運動、そして植林地の環境保全の問題等広範な分野を対象に、事例を交えながら分析を行っている。

はしがき

第一章　深刻化する世界のみどり森林問題

―地球サミットの背景―

焼畑によって失われる森（アマゾン川上流）

第一節　森林破壊の歴史における現代

1　止まらない世界の森林減少

森林は地球の植物量の大半（陸上植物の炭素量換算で約九割）を宿し、生物多様性に富むことから、自然の代表的存在であり、かつ炭素貯蔵（CO^2の吸収）、地球レベルならびに地域レベルでの気候緩和、水資源かん養、洪水等災害防止、エコツーリズムの場、信仰の対象、心の安らぎ・森林浴の場の提供など実に多様な共有的環境資源の役割を果たし、生産・生活の場としても機能するなど、人類の存続、地球環境の維持にとってきわめて重要な存在である。

その森林が、毎年大規模に失われていることは、周知の事実となっている。人類が地球を支配しだして以降、とくに二〇世紀の半ばにかけての過去三〇〇〇年の間に人間活動によって世界の森林面積は最盛期の半分に減少したといわれる。[1] さらに二〇世紀の半ば以降、世界的な経済の「超高度成長」と「人口爆発」とによって、森林開発ないしは破壊が大規模に進行してきた。

図1-1は、人口増加に反比例して森林減少が進んできたことを示したものである。FAOの推定値と米政府のそれとの間にはかなりの幅がある。一九九五年時点では、前者は約三五億ヘクタール、後者は疎林を除いた推定面積は二三億ヘクタールで一〇億ヘクタール以上もの開きがあるが、うっそうと繁った閉鎖林（closed forest）にサバンナのような疎林（open wooded land）が加わっているかどうかの違いであり、FAOの推定でも閉鎖林

に関しては米政府の推定値と大差ない。いずれにしろ、森林面積の減少は、過去二〇年間においては年間一五〇〇万ヘクタールのペースで進んできたといっても大過なさそうである。つまり、一九八〇年から二〇〇〇年の間に三億ヘクタールもの森林の減少があったことを意味する。さらに、原生林が減少し、本来の植生と異なる二次林や人工林の比率が高まり、その結果、生物多様性の低下や種の消滅もおきている。こうして、二〇世紀におけるわずか一世紀の間にそれまでの数千年間に失われてきた面積以上の森林が消滅し、森林の劣化もすすんでおり、森林問題は単に資源問題にとどまることなく、人間活動が引き起こしてきた地球環境破壊にかかわる主要な問題の一つとなった。

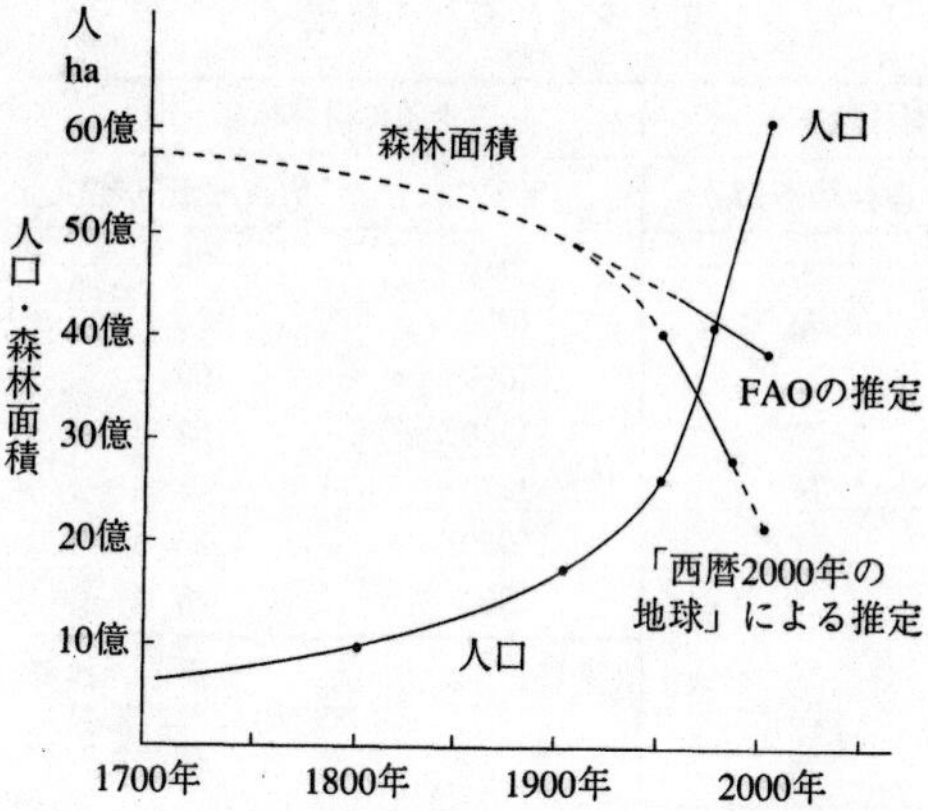

出所）依光良三『日本の森林・緑資源』東洋経済新報社，1984，4頁を基に作成．

図 1-1　世界の人口増加と森林減少

2　かつて文明国ですすんだ森林破壊

ところで、歴史を振り返ってみると、今日先進工業国とよばれる国々においてもかつては農地開発やエネルギー資源開発のために、著しい森林破壊とそれに伴う諸問題の発生をみ、中世から近世のフランス、イギリス、ドイツ等において森林荒廃が社会問題化していた。たとえば、フランスでは、紀元前には国土の全体が森林で覆われていたものが、主に農地開発のために一七世紀には森林面積は国土の二〇%にまで減少し、海岸部から内陸部へと砂丘が拡大し、森林乱伐による環境破壊と木材不足のためにフランス

表1-1　フランスとタイの森林の変遷

フランスの樹林地率		タイの樹林地率	
年	樹林地率（%）	年　代	樹林地率（%）
3000 BC	80	1910	75
0	50	1930	70
1400	33	1950	69
1650	25	1960	53
1789	14	1970	45
1862	17	1980	30
1912	19	1990	25
1963	21		
1970	23		
1990	24		

資料）A．メイサー『世界の森林資源』（熊崎実訳），築地書館，1992，57頁，その他より．タイは概数．

は滅びるとまでいわれた。[2]一七～一八世紀のイギリスにおいても製鉄燃料のために森林はほぼ丸坊主にされたといわれる。

また、文明発祥の地である古代メソポタミアが滅びてしまった要因のひとつに森林乱伐があげられるのも有名な話である。地中海文明の森林破壊の中で奇跡的にもレバノンのアルゼブラに樹齢六五〇〇年のレバノンスギが数本残されている。かつて中東の地中海沿岸に広大に分布したうっそうたるスギの原生林も、古代文明の建設資材などのため大量に切り出され、後々の農耕や牧畜を営むための伐採開発とあわさって、肥沃な土地は次第にやせ衰え、荒涼とした不毛の地に変貌していったのである。[3]

このように、古代から中世、近世にかけても各地で森林破壊が社会問題化していた。しかし、今日の先進国といわれる国々では、手痛い自然からのしっぺ返しを契機に、森林の保全の重要性が認識され、森林の再生、維持のための管理制度が確立された。それによって、森林減少を食い止めるとともに、回復過程をたどり、面積的にはほぼ現状維持が保たれている。しかし、今日的問題として、酸性雨による新たな森林衰退問題や北米での原生林伐採・環境問題が生起している。日本でも原生林伐採問題を経て人工林の管理問題が現代の課題となっている。

したがって今日の森林破壊、減少問題は、よりシビアには開発途上国を中心とする地域での問題として生起しているのであるが、先進国においても、荒廃につながりかねない質的な側面の課題が少なくないのである。

3 現代の多国籍企業体制と森林問題

(1) 森林荒廃の基本的要因

多国籍企業体制と貧困

現代において発展途上国を中心に、史上かつてないほどの規模と速度で進行している森林・緑の破壊の原因として、基本的には経済の著しく偏った発展・低迷にその要因が求められる。まず、構造的要因として多国籍企業体制のもとでの南北問題を背景とする支配関係と貧困が根底にあるということがあげられる。周知のように発展途上国の大半は、かつて植民地支配をうけ、現代においてもその「遺産」に加えて、多国籍企業化した先進工業国大資本による経済的支配の圧迫下におかれ、依然として貧困から脱出できないまま、「貧困層の蓄積」が進行している。(4) とくに、弱肉強食のグローバリゼーション・大競争時代への突入は、この構造をいっそう促進させることとなった。

巨大な生産力をもつ多国籍企業及び先進国大企業は、図1-2に示すように世界の生産と富を独占し、そして森林を含むあらゆる優良資源を掌握しているといってよい。二一世紀には一層枯渇化が進むであろう地球上の限られた資源を先進国資本が独占し、富を蓄積しているということは、将来の途上国の発展のための分け前を奪うことでもある。さらに、それらは世界的に消費経済をあおるとともに、化石燃料の大量消費等によって負の生産物（CO_2等）を排出するなど環境破壊の元凶ともなっているのである。

その一方では、富の分配にあずかれない途上国における膨大な「貧困層の蓄積」も進んでおり、先進国大資本

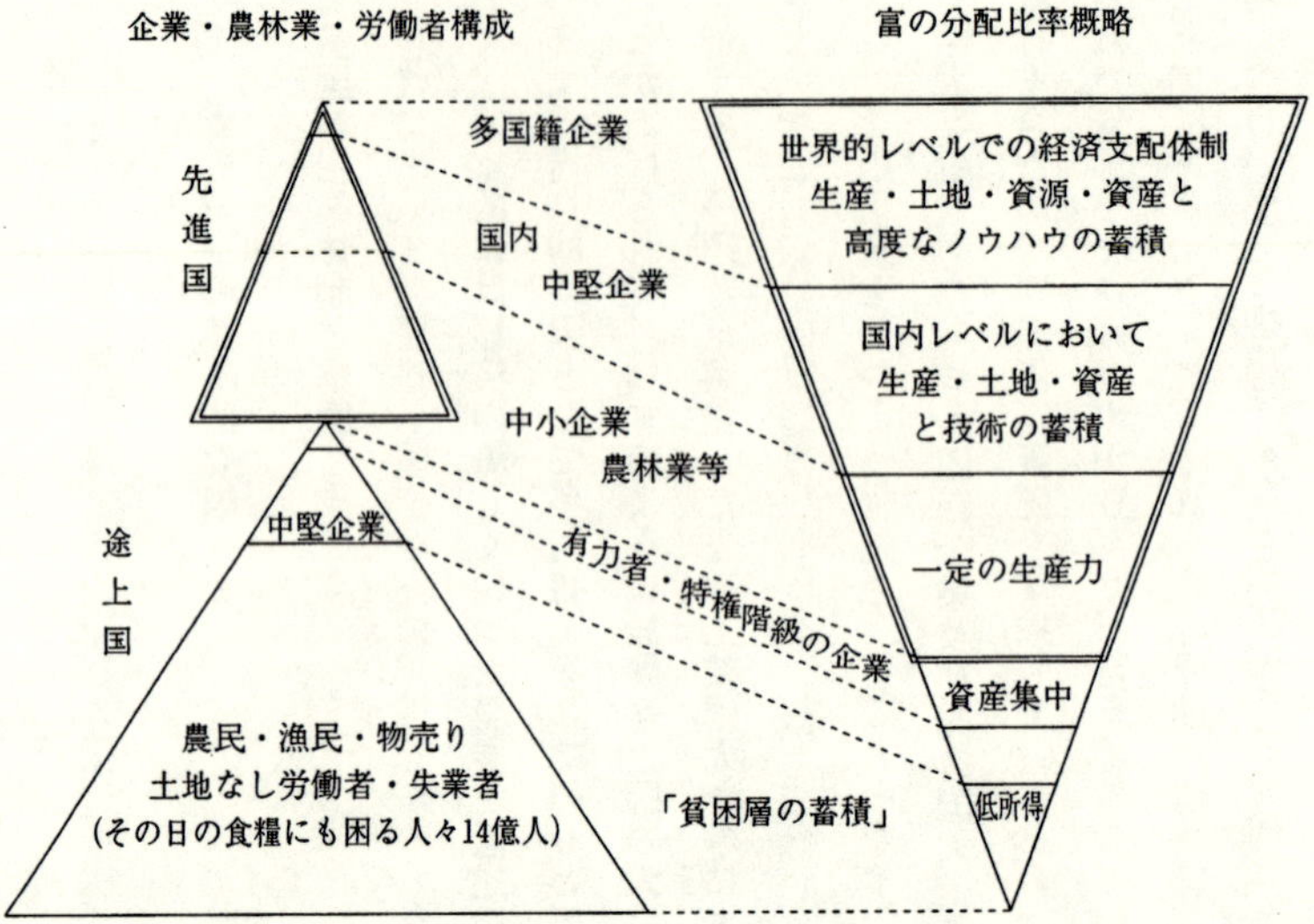

注) 1994年の国内総生産(「世界国勢図会」)でみると, 北米・日本・EUだけで, 世界の76%を占める. 海外生産や資産もあわせると先進国の富は9割以上に達しよう. ちなみに, 先進国の人口は22%にすぎない. なお, ここでの富とは経済価値として表されるものである.

図1-2　多国籍企業体制下の世界の富の分配の概念図

と途上国の一部の有力者層への「富の蓄積」との二極化という構造的要因の下で、前者が地力の、そして後者が資源の収奪という形で、世界の森林問題が生起しているのである。

森林伐採と焼畑

森林伐採問題が国際的問題となったのは一九八〇年代後半からである。それまでの先進国木材資本・多国籍企業による森林開発は、東南アジアにおいては一九六〇年代から八〇年代にかけて「集中豪雨」的に展開した。常に東南アジアの伐採量の六〇%以上を輸入し「森食い虫」と呼ばれたわが国商社資本等による大規模伐採は、フィリピンの資源を枯渇化せしめ、マレーシア、インドネシアの資源をも大きく減少せしめてきた。加えて、森林開発のための道路建設は焼畑、開墾

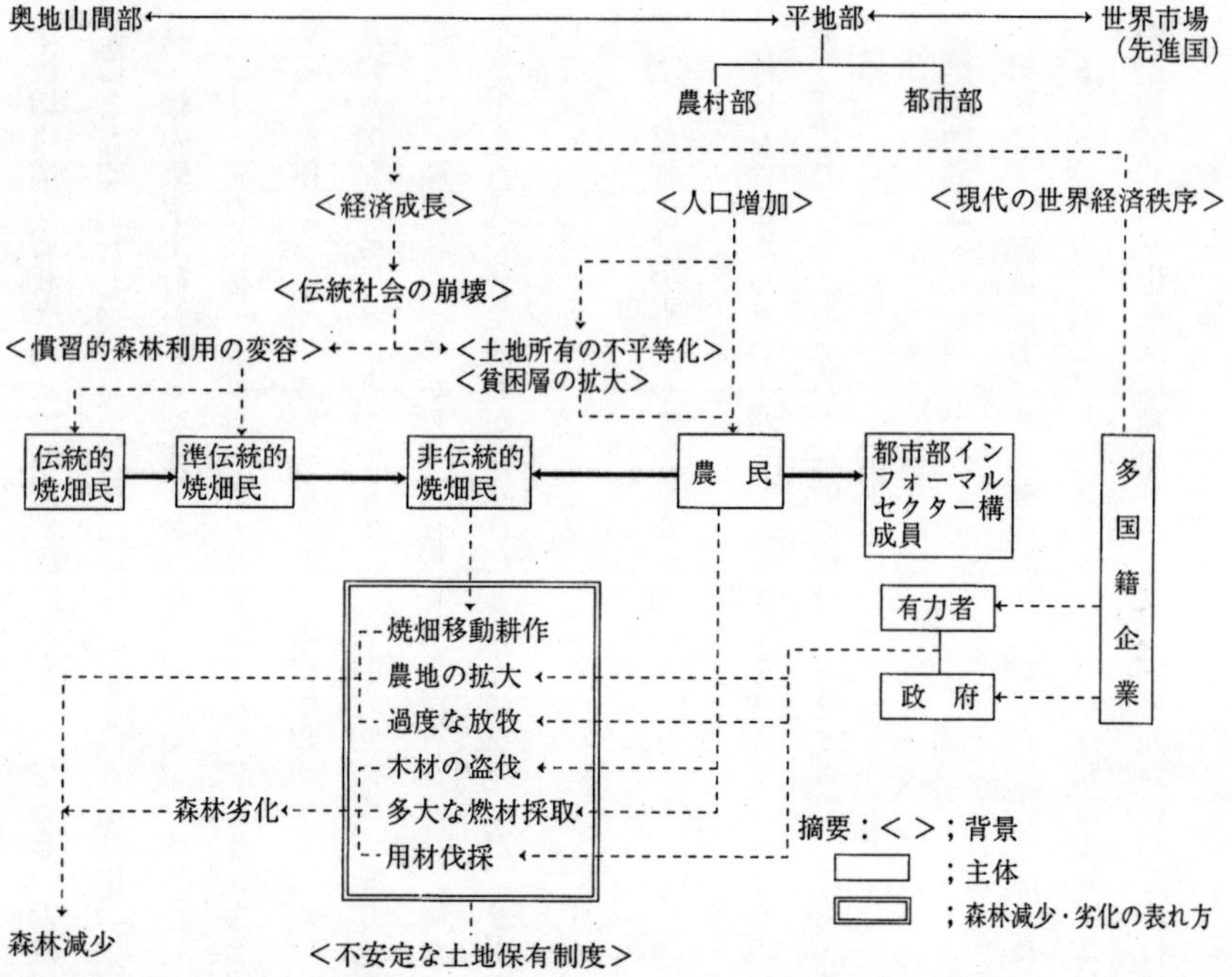

出所）井上真「熱帯林問題と焼畑耕作」，森林科学　No. 3，1991，6頁.

図 1-3　熱帯林減少・劣化のメカニズム

を森林地帯の奥深くまで可能とし、それによって森林破壊に一層の拍車が掛かったのである。

また、先進国のODA資金の投入のもとに、企業による森林開発が行われたり、あるいは植林・緑化事業、林業技術面などの移転が行われたりするが、一つには途上国の政治経済システムにおいて資金の一部を利権として収奪する特権的階層・有力者が存在すること、もう一つはODA資金も日本企業（多国籍企業）への還流型が多いこと、この二つの理由で地域住民・国民にまで十分その利益が還元されるとは限らず、構造的に破壊の進行の歯止め機能が弱いのである。

次に、発展途上国サイドの問題として、一つは不法伐採も含んで燃料用の木材伐採が大規模に進んでいることと、より大きな問題として、人口の急増に対して農業生産力が追いつかないで、循環サイクルが短すぎる無秩序な焼畑農業など収奪的土地利用が展開したことである。人口増加・貧困層の蓄積に対して生産力の発展が追いつくことなく進行し、生産力の低い段階のまま、住民は生存のために焼畑、開墾によって生活の糧をうるため森林・緑の破壊を行わざるをえなかったのである。

ごく一部の人々に富が集中し、大多数の人々が土地なし農民層であるという社会構造が大量の貧困層をうんでいる。貧困から脱出できないかぎり、人口が急増するなかで、手近で「目に見える資源」である森林ないしは山地の乱開発は避けることができずに、破壊の悪循環が繰り返されていく。森林・緑の危機が、破局的といわれるほどまで深刻になってから、ようやく土地保有を伴ったアグロフォレストリーや社会林業などの合理的な環境保全型生産方式の普及活動が展開されるようになったが、まだなお、普及や技術移転に伴う多大の課題が山積している。

(2) 森林破壊のもたらす主要な問題

地域レベルからグローバルレベルまでを含んで、みどり森林の乱開発による問題は主に次の六つにまとめられよう。このことは森林の役割の大切さを意味することでもある。

地域的問題

第一は、上流域における森林破壊が地域ならびに下流域に災害を引き起こし、深刻な環境問題を発生せしめていることである。インドとバングラデシュを流れるガンジス川の上流のヒマラヤ山麓のネパールでは、人口増加の過程で、段々畑が高標高地へと拡大し、一九六〇年ごろは標高一五〇〇メートル程度までだった開墾地が一九

はげ山と化したフィリピンの山地．国土保全や水資源かん養力が失われるばかりでなく，地力の低下や気候変動にも影響を及ぼす．

八〇年代には二〇〇〇メートル近くまで達し、不毛の地を生み出すだけでなく、下流に土砂を流出せしめ、川床を押し上げることによって、バングラデシュ、インドに大きな被害を与える洪水の原因ともなっている。こうした現象は、タイやマレーシア、フィリピン等においても同様の傾向を示している。また、現在中国で建設されている三峡ダムの上流に広大な荒廃山地が存在するが、その森林の再生を図らない限り、大量の土砂流出によってダム機能は維持できない。さらに、海にまで濁った土砂が流出すると、漁業にまで悪影響を及ぼす。

第二は、地域住民・先住民の生活破壊の問題があげられる。マレーシアやアマゾン地域そしてカナダなどで展開している大規模な森林の伐採開発やダム開発の展開は先住民を追いやり、伝統的な森の生活様式や文化を根こそぎ破壊する。国家財政や経済優先のもとに弱者切り捨てが行われているのである。

第三は、土地生産力の著しい低下の問題である。とくに、熱帯雨林地域の森林は一度破壊されてしまうと腐蝕物は分解・流出し、土壌浸食が生じやすいため、地力の低下が急速に進行する。そして究極的には、はげ山や砂漠と化し、森林再生すら困難なほどに生産力のない不毛の土地となる危険性をもっている。それは、その土地での森林生産力、農業生産力を喪失してしまうばかりでなく、水や養分の補給が断たれることによって下流の農業生産力をも低下せしめる。このように生態系の基本である森林の乱開発は、下流等周辺部をも含めて生産力の低下を招き、資源・食糧危機、そして乱開発へと悪循環を繰り返していくのである。

国境を越え、グローバル化する問題

第四は、乾燥化の問題である。周辺の森林乱伐はその土地の乾燥化を招くばかりでなく、残された熱帯雨林をも乾燥化させる。近年のインドネシアなどで、野焼きの飛び火による大規模な森林火災が頻発しているが、それはエルニーニョ現象によるだけの問題ではなく、本来湿潤で火災が起きないといわれてきた熱帯雨林そのものも周辺の開発によって乾燥化がすすんだことにも起因するのである。さらに、森が失われ、乾燥化の進行は究極的には砂漠化につながりかねないことは先に述べた通りである。

第五は、種の消滅、生物多様性の破壊の問題である。森林生態系の破壊ばかりが原因ではないが、多くの植物種、昆虫種が絶滅過程をたどっており、例えば、一九九六年の調査では哺乳類の一一%が絶滅の危機に瀕しており、一四%が絶滅の危険性が増大しているという状況下にあり、鳥類、は虫類など程度の差はあれ、同様の傾向をしめしている。(5) 森林破壊など人類活動によって大規模な絶滅が展開しているのである。

第六は、地球規模での人類にとっての気候変動等の環境悪化問題である。先進工業国を中心にさまざまな大気汚染物質が排出されているが、とくに化石燃料の消費による炭酸ガスの排出は森林の大気浄化能力をはるかに越え、炭酸ガス濃度の高まりによる「温室効果」によって気温の上昇と陸地の減退が、次第に進行し始めている。この問題は、基本的には地球生態系を無視した工業化社会の行き過ぎに起因するが、一方でおきている激しい森林減少は地球温暖化に二割程度の影響を与えているといわれる。(6)

これらの多岐にわたる環境問題の顕在化は、いかに森林の役割が大きいかということ、そして失われることによって森林の存在の大切さを物語っているのである。

第二節　森林破壊の世界的問題状況

1　世界の森林環境問題の概略

まず最初に世界の森林については、図1-4に示すような状況にある。中南米と旧ソ連地域に最も多く分布し、次いでアフリカ、アジア・オセアニアの途上国地域、それに北米が五億ヘクタール前後となっている。ただし、資源内容でみると、たとえばアフリカではサバナが最も多く、日本や北米のように針葉樹または広葉樹にしろ、うっそうとした森とは大違いで、木材資源としても環境資源としても質的に劣ることは否めない。

次に、現代の世界の森林環境問題としては、中南米、東南アジア、アフリカなどの熱帯林地帯を中心に暖温地帯の途上国も含む地域での森林破壊（減少）問題が最大の課題であることには変わりがない。そればかりでなく、ヨーロッパ全域や北米五大湖周辺における酸性雨による森林被害、北米太平洋沿岸の原生林伐採問題、そして各地で頻発する大規模な山林火災、など多岐にわたる。本節の以下では、熱帯林問題の一側面ではあるが、日本と関係の深い東南アジアの森林伐採と環境問題を中心に前史を踏まえて構造論的に少し詳しく分析し、アメリカやヨーロッパ、ロシアの問題にも簡単に触れておこう。

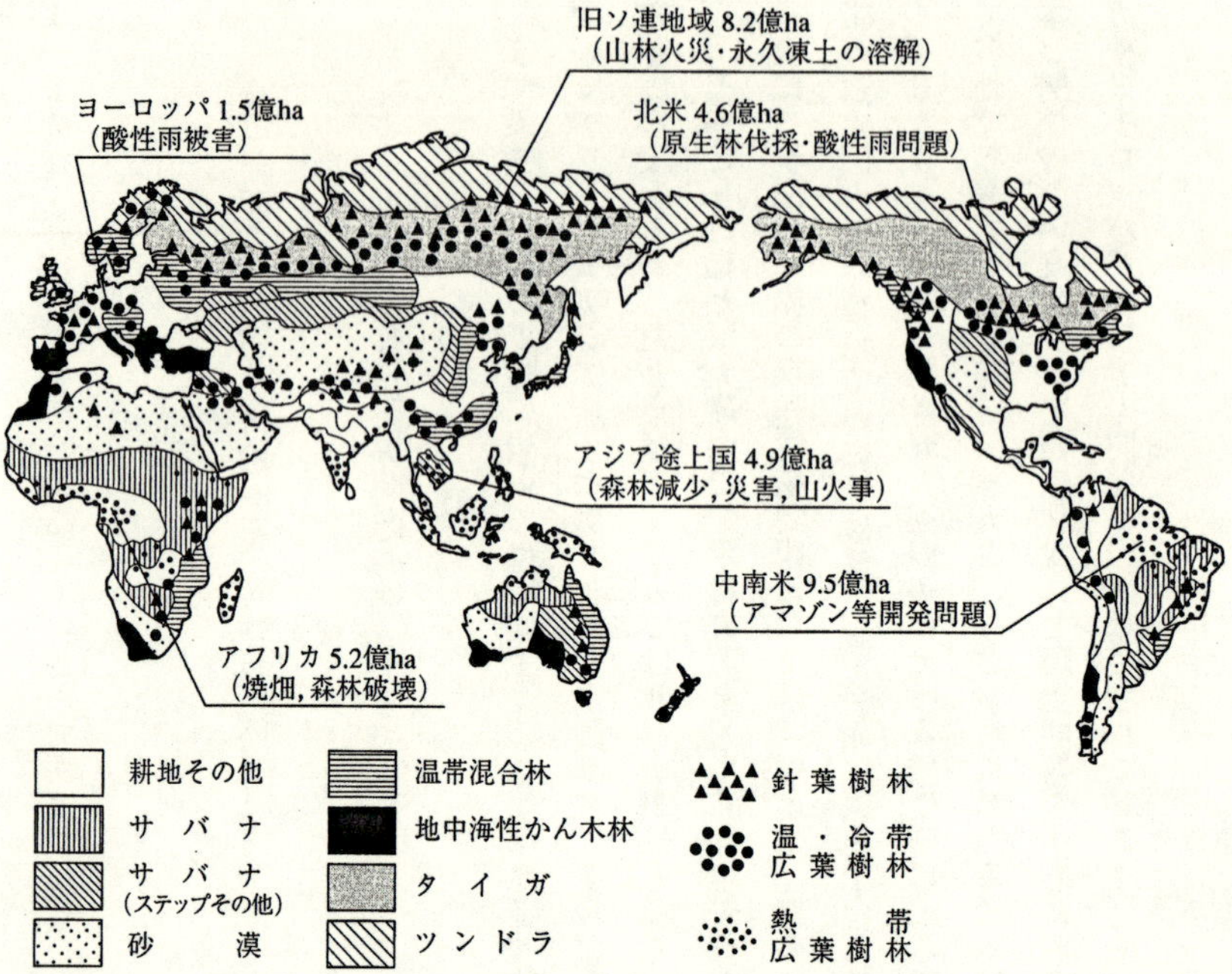

注）原図は日本林業調査会「日本の森林・林業」のものに加筆した。

図 1-4　世界の森林分布・面積と環境問題の概略

2　熱帯林伐採と環境問題
—東南アジア・ボルネオ島を中心として—

(1) 東南アジアの森林と土地所有の特徴

東南アジアの森林の特徴は、フタバガキ科（ラワン等）林型に代表され、その他ではマングローブ林型が特徴的なもののひとつである。マツ林型といった針葉樹の森林は全体的にはわずかにすぎず、一般的に先進国資本によってラワン材とよばれる通直、大径な広葉樹資源の利用価値が最も高く評価され、主たる開発対象とされてきた。しかし、熱帯のさまざまな樹種が混交している森林においてはラワン系の大径材はせいぜいヘクタール当り五～六本程度しか混入しておらず、他はシンカーと俗称される重堅で加工し難いため利用対象外樹種で占められている。したがって、熱帯東南アジア地域には、統計上今なおかなりの森林資源が存在しているが、コマーシャルベースで採取対象となりうるラワン系資源等はそのごく一部にしかすぎないのである。

東南アジアの森林は、近代的な土地所有が形成されておらず部族の共同的所有形態にあるパプアニューギニアやフィリピン等の一部の林地が私有地となっている部分をのぞいて、その大半は国有林ないしは州有林形態によって公的所有、管理が行われている。しかし国有林となっていても実際には測量や資源調査も行われず、管理もされていない例がかなり多い。「制度的には国有の形で近代的な形態をとっているが、実質的には地元住民の慣行的な利用が公認されないままに残っており、所有権・利用権があいまいな森林が多い。筑波大学の熊崎実教授がかつて南スマトラで調査した例では、国有であることによる国の利用権、地元の住民の古来の慣行利用権、ジャワ島から移住してきた住民の慣行利用権と実に三重の利用権が存在したという。森林がたっぷりあり、二重だろうが三重だろうが利用するグループ間の利害の衝突が起こらないうちは平和的に共存できる。だが、国の財政上の必要が高まって森林開発を拡大するとか、人口増加の圧力で住民の利用が拡大するとか、この双方が重なったりしてくると摩擦が大きくなり爆発するのである」(7)。後で詳しく述べるマレーシアのサラワク紛争の伏線にはこの問題が深くかかわっている。

(2) 初期の熱帯林開発とその仕組み

森林開発を行う場合には、国または州が、民間企業に伐採権・ライセンスを貸与し、森林開発業者はロイヤリティー（伐採税）や賦課金、輸出税等を納める仕組みになっている。それゆえ、森林開発からの収入はこれらの国々にとって無視できないものであり、とくにボルネオ島（サバ、サラワク、カリマンタン）では財政に占める

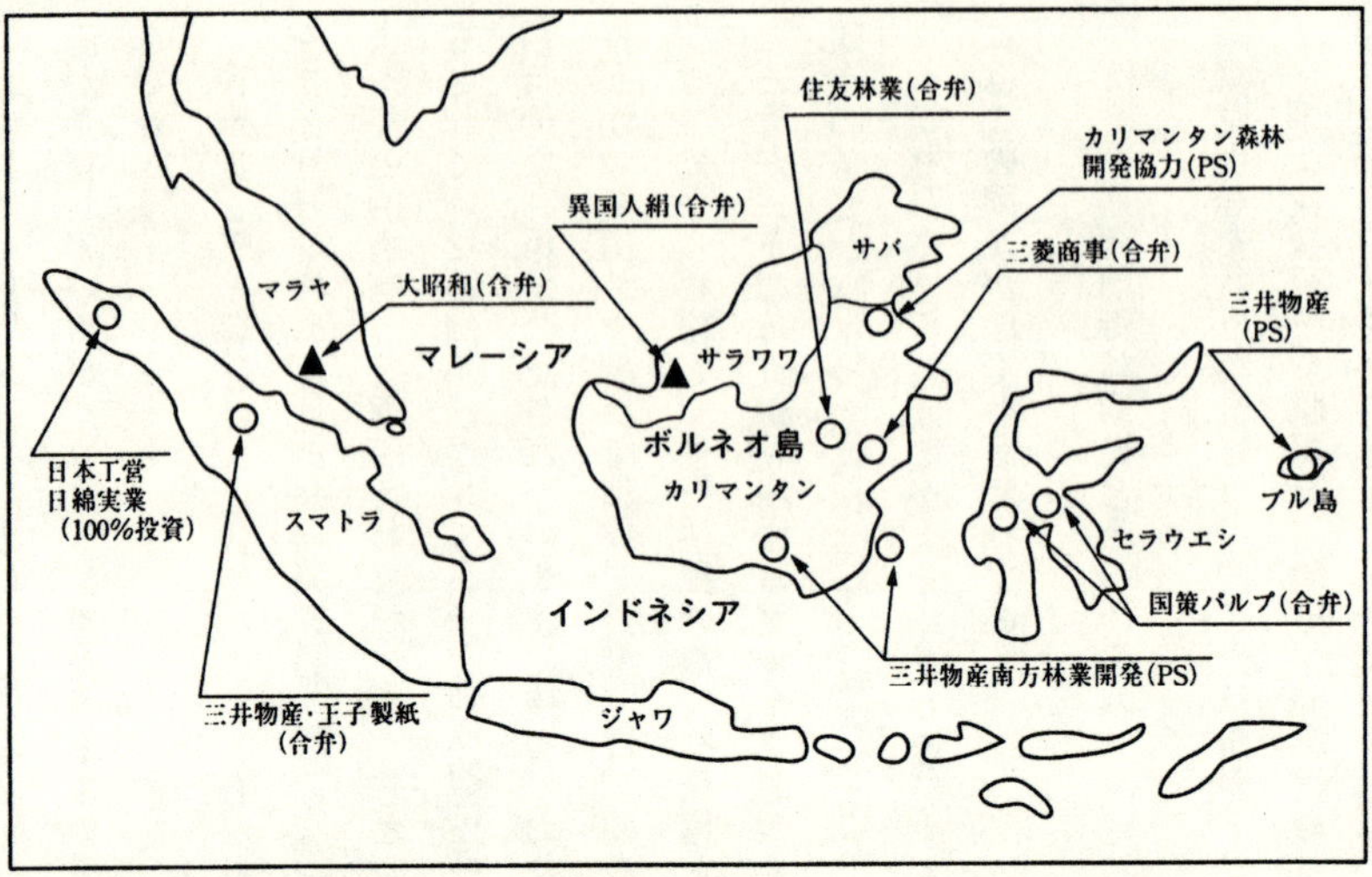

注）1．資料「日本林業年監1970年版」(林野弘済会)
　　2．○ラワン丸太の開発輸入　▲広葉樹チップの開発輸入（　）は事業形態

図1-5　マレーシア連邦・インドネシアにおけるわが国企業の森林開発プロジェクト（1970年頃）

その比率は非常に高い。また、産地国は、森林開発の初期の段階では積極的に外資を導入し、外国資本依存によって開発を促進した。例えばカリマンタンでの森林開発では、日本は林野庁、総合商社、木材関連資本などが参加してナショナルプロジェクトを組んで、日本・インドネシア経済協力事業（ODA）として一九六三年に二三〇万ヘクタールもの伐採権を取得して開発輸入に乗り出した。やがて、ナショナルプロジェクトが挫折すると、総合商社や紙パルプ資本等による開発輸入の時代を迎える（図1-5参照）。日本への大量の熱帯材丸太の輸入を担ったのは丸紅、伊藤忠、住友などの総合商社であり、現地伐採業者への融資買材による輸入を中心に他地域もあわせると七〇年代には年間二〇〇〇万～二五〇〇万立方メートルもの熱帯材輸入量に達したのである。

　日本との関連における開発のシステムは、図1-6に示すように、ODA資金（海外経済協力基金や国際協力事業団のインフラ整備事業資金）

のもとに、伐採権を取得して総合商社等が直接開発にあたったり、現地企業や近隣諸国の華僑系企業に融資して伐採開発が行われるという比較的単純な仕組みである。先住民は、一部が雇用されて労働者として賃金収入をえるが、その多くは伐採による環境破壊の被害者となり、大きな社会的矛盾が発生し、(4)項で詳しく述べるような衝突に至るのである。つまり、初期のシステムにおいては、環境や先住民の生活権の側面はほとんど考慮されることなく、経済の論理のみで開発が行われていたのである。

それも、どちらかというと先進国優位のもとでの取引で、環境コストを排除した価格形成が一般的であった。まず、こうした先進国主導型の開発システムのもとでは、森林資源は安価に買われて再生産されないままに収奪的開発によって資源枯渇の速度がはやめられるという問題に直面し、途上国サイドから資源ナショナリズムが芽生えていった。

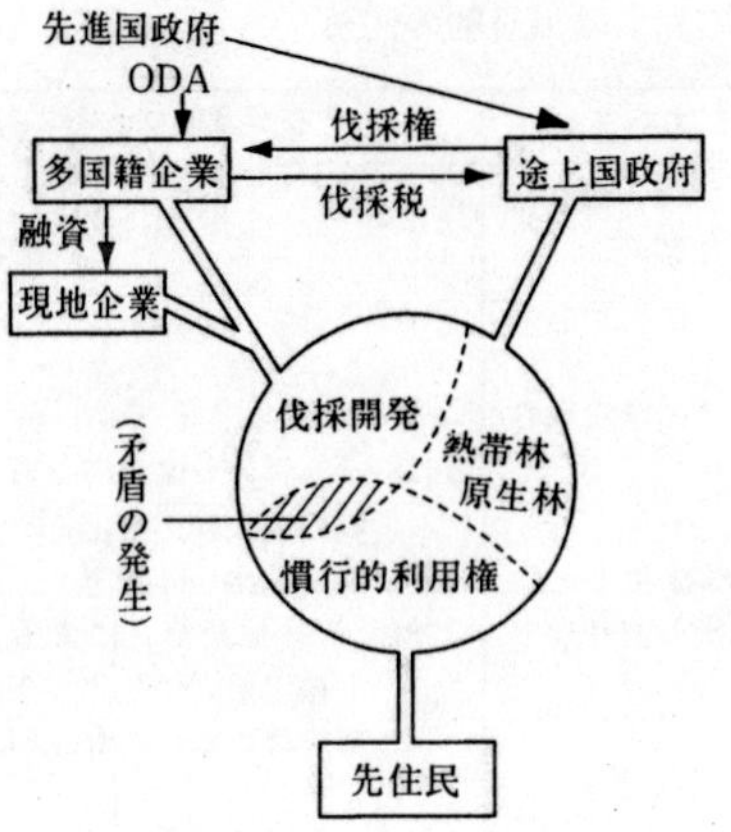

図1-6　1970年代における熱帯林開発システム

(3)　森林開発と資源ナショナリズム

インドネシアを中心に展開した資源ナショナリズム

資源ナショナリズムの考え方は、いうまでもなく南北問題に根ざすものであり、途上国側が、かつての植民地支配や資源支配を受け続けてきたといった歴史的経緯もあって、北側からの経済・資源の収奪的支配からの脱却をめざしたものである。それは、発展途上国サイドからの、いわゆる南北問題への挑戦であり、新国際経済秩序の確立をめざす政策の一環として行われたものであった。(8) 具体的には第一段階として木

表 1-2　東南アジア 3 国の丸太輸出規制の変遷

フィリピン	マレーシア	インドネシア
1974「林業改良法」により，木材加工業の育成へ．丸太輸出は伐採量の80％まで認める．	1972 西マレーシア唐木類等11種の丸太輸出禁止	
1976 伐採量の25％以上の輸出禁止	1976 西マレーシアの全樹種の丸太輸出禁止	
		1978 チーク，シタン等の唐木類の丸太輸出禁止
	1979（サバ州）木材加工業の育成丸太輸出の割り当て	1980 丸太輸出枠の制定
		1981「新林業政策」による丸太輸出規制の強化，合板産業等の本格的育成へ．
1982 原則として丸太全面輸出禁止政策を発表（実質的に撤回）		
		1985 丸太輸出禁止
1986 丸太輸出禁止		
1992 原生林伐採禁止	1992 サラワク州の伐採量削減	1992 丸太輸出禁止を解除
	1993 サバ州の丸太輸出禁止	（高率輸出税の賦課・実質禁輸）

材取引において先進国主導ですすめられてきた価格形成面での不利を是正すること、第二に「自国の資源は自国の経済発展に使う」、すなわち資源貿易から付加価値を付けた加工貿易へ転換することである。

東南アジアの木材取引におけるナショナリズムの芽生えは一九七〇年代半ば、森林資源の枯渇化が見えてきたころからであるが、それが実体化したのは一九七九年からである。シアルパ（東南アジア木材生産者連合）の結成もさることながら、それ以上に国家政策が大きく関与した。とくにインドネシアは、国内価格と輸出価格の差別化政策が明確に打ち出され、輸出価格を二倍にあげるとともに、「新林業政策」（一九八一年）で、合板を中心とする総合木材工業の開発を促進するために、丸太輸出規制政策を打ち出したのである。割当制等の経過措置を経て、一九八五年には丸太の全面輸出禁止にふみきった。こうした工業化・製品輸出転換政策によって、インドネシアの丸太輸出量は七〇年代後半までの二〇〇〇万立方メートル前後の高い水準から、一九八〇年には一三五〇万立方メートル、そして、八二年は三五〇万立方メートル、八五年以降はほぼゼロへ

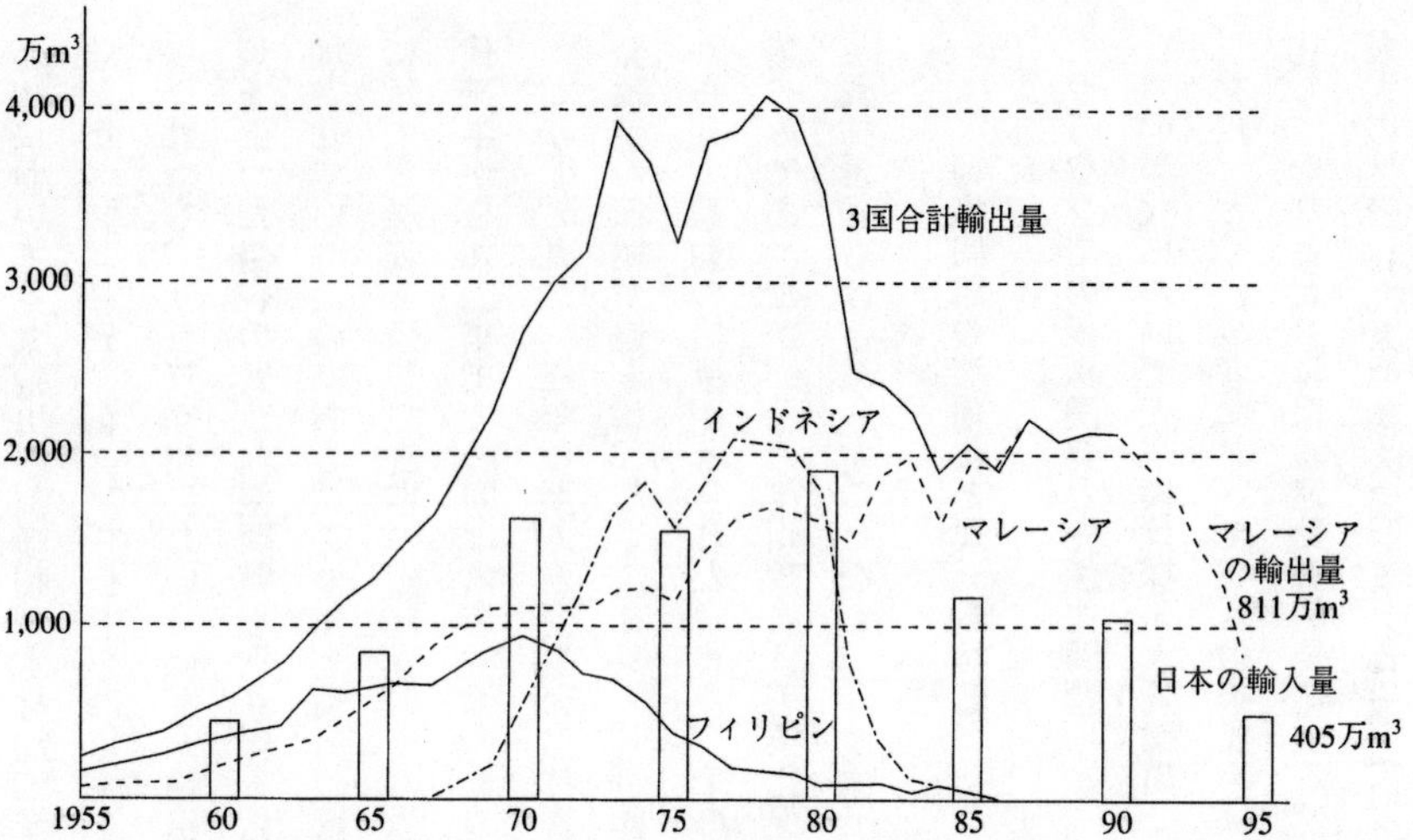

注）1．日本の輸入量は3国からの丸太輸入量（林野庁：林業統計要覧による）
2．丸太輸入量は大幅に減少したが，合板等製品の形で，約1,000万m³輸入されており，合計ではあまり減っていない．3国輸出量の資料はFAOのYear bookによる．

図1-7　南洋材主要生産国の丸太輸出の推移と日本のラワン丸太輸入量

と激減していくのである。

また、一連の資源ナショナリズム政策のもとで、利潤機会を失った日本の大手商社資本やアメリカの巨大木材資本等多国籍企業のかなりの部分は森林開発事業から撤退することとなり、世界一の木材資本であるアメリカのウェアハウザー社も八一年に六〇万ヘクタール余の伐採権を放棄した。こうして、インドネシア、フィリピンを中心にして展開された政策は、先進国による収奪的開発および経済的支配から、資源の開発速度をゆるめつつ民族系資本を中心に加工分野を含めた木材産業の振興を図ることによって、自立的発展が促進された。

マレーシアの丸太輸出増と政策転換

一方、マレーシアのサバ州とサラワク州（ボルネオ島）では、外資導入形態の開発方式を中心に森林開発が展開してきたが、やはり一九八〇年前後には、資源ナショナリズム旋風の中でとくにサバ州において丸太輸出の割当制と木材加工産業の育成策が打ち出された。こうしてとくにサバ州においては公企業（サバファンデーション）を中心に、徐々に加工産業の育成策が展開していった。

それでも、サラワク州においては丸太輸出が財政へ貢献する比率が極めて高いがゆえに、また、急激な転換政策をとった場合の財政危機問題を乗り切る見通しがたてにくいという理由で、サラワク州は丸太輸出はむしろ増加させていったのである。この丸太輸出の増加過程にあっては、日本企業の開発輸入と同時に、現地の開発企業に対する融資を通じて日本の商社資本等の強い働きかけがあったことはいうまでもないことであり、一九八〇年代後半から九二年までの間は熱帯材輸入量の八〇～九〇％をサバ、サラワク材が占めたほどである。

しかし、九二、三年に至ると優良天然林資源の枯渇問題と次項で述べる環境問題が深刻化する中で否応なく開発政策の転換が迫られ、とくに資源枯渇が目に見えてきたサバ州では木材加工産業への原料確保のために九三年から丸太禁輸の措置がとられた。また、その一方では遅れていたサラワク州でも、九〇年までは合板工場は三工場のみであったが、その後州政府は工業化促進に向けて政策転換を図ってきた[9]。かくして、マレーシアにおいても伐採量はさほど減らすことなく、丸太輸出から製品輸出への転換が行われてきたのである。

(4) 環境問題の深刻化と遅れる対応

サラワクでの伐採開発と先住民問題

八〇年代において大規模伐採・大量輸出（世界の丸太輸出量の七五％）を行ってきたマレーシアのサバ、サラワク州、とくに後者において、八〇年代半ばから現地住民（先住民・数十万人）に対する深刻な環境問題が表面化し、それとともに保護運動も活発化する。サラワクにおける環境保護運動の経緯は表1‐3から読みとれよう。最大の熱帯林丸太の輸入国である日本（約半分を輸入）の大手商社等も環境保護運動のターゲットとなりながら、運動の世界的広がりをみせ、政治的要素も多分に含みながら環境保護問題が展開しているのである。

すなわち、被害者である先住民は慣行的利用権のもとに〝森の民・川の民〟として豊かな自然の恵みを受けて生活を営んできたが、伐採が進むにつれて、森の恵みである果物類(バラム、マンゴ、パパイヤなど)や猪、鹿などの狩猟対象獣も減少し、さらに川の汚濁によって捕れる魚も少なくなったばかりでなく生活用水にも不便をきたすようになり、生活環境の悪化が目に見えて進行し、生活破壊に苦しむプナン族、カヤン族、ケニヤ族、イバン族等の先住民は八七年ごろから道路封鎖を行うなど伐採反対運動に立ち上がった。

被害者である先住民の反対運動に対して、行政側にとっては森林伐採権(ロイヤリティー)収入の財政への寄与率が大きいがゆえに、マレーシア政府は八七年に「国内治安法」を制定し、反対運動者を警察と軍隊を動員して逮捕・弾圧に乗りだし、九〇年代前半にかけて大量の逮捕者をだすといった状況が続いた。慣行的利用権に基づき抵抗する先住民への弾圧は、国際世論のもとに一時緩むものの、九〇年代後半には再び強まった。

こうした問題が深刻になるとともに、NGOによる先住民支援運動も展開することとなる。先ず、八七年にプナン族の集落を訪れたオーストラリア人によってこの問題が海外にも広く知られるようになり、やがて国際的な支援の動きが起こってきた。(10) マレーシアの学者も、日本のJICAを通じたODA資金が道路建設に使われることによって熱帯林破壊に加担し、先住民が生活できなくなっている状況を東京での講演の中で訴えた。そして、環境保護団体である「地球の友インターナショナル」と「日本熱帯林行動ネットワーク」が日本の木材貿易会社と政府に対してサラワク州からの丸太輸入の自主規制を求める国際キャンペーンを開始し、八八年にはオーストラリアの環境保護団体が熱帯林伐採反対を日本の首相に訴え、シドニーでは伐採反対デモも行われた。また、ヨーロッパ各国の保護団体が「日本の大手商社が熱帯雨林を破壊している」ことに抗議デモを行なったり、ドイツでは「日本は熱帯林を乱伐」しているとして一時日本製品不買運動が起った。

表 1-3　熱帯林をめぐる環境問題と保護運動の展開（マレーシア・サラワク州を中心として）

年・月	保護運動の主体	運動の内容概略
1987・1	被害者の現地住民	環境破壊・生活破壊に苦しむサラワク州のプナン族が森林伐採に反対し，道路封鎖を行う．（この年，マレーシア政府は，「国内治安法」を制定し，反対運動者を警察と軍隊を動員して逮捕・弾圧に乗り出す．）
87・7	マレーシアの学者による批判	日本のJICAのODA資金がサラワクの森林伐採・環境破壊に加担し，先住民族の生活基盤を奪っていると批判（東京の講演会）．
87・11	環境保護団体	「地球の友・インターナショナル」（米国）と「日本熱帯林行動ネットワーク」（87年設立）が日本の木材輸入業者と政府に対して丸太輸入の自主規制を求める国際キャンペーンを開始．
88・7	環境保護団体	オーストラリアの保護団体が日本の首相に熱帯林伐採の中止を訴える．
88・11	環境保護団体	オーストラリアの環境保護団体が，シドニーで熱帯林伐採に反対して日本領事館にデモを行う．
89・4	環境保護団体	熱帯林行動ネットワークが，熱帯材輸入量トップの商社（丸紅）に抗議するとともに，サラワク州の熱帯林と先住民を守るための署名58,000人分を総理府に提出した．
89・9	環境保護団体 先住民リーダー	「地球環境と日本の役割を問う国際市民会議」で，熱帯雨林地域の保護運動のリーダーや現地住民のリーダーが集い，ODAによる伐採開発道路の建設反対，生活破壊の森林伐採反対を訴え，日本の責任を指摘した．
89・10	環境保護団体	熱帯林行動ネットワークをはじめ，環境NGOのメンバーが東京のマレーシア大使館に森林伐採に抗議し，サラワク州の事態（伐採に抵抗した住民の逮捕，生活環境悪化問題等）の改善までは伐採停止を行うよう要望書を提出．（マレーシア政府はこの後も，弾圧方針は変更しない．）
90・4	環境保護団体	オーストラリアで，熱帯林伐採に抗議して日本製品不買運動を展開．
90・6	環境保護団体	熱帯林行動ネットワークを中心とする市民団体が熱帯林の最大の輸入商社である丸紅本社前で輸入中止を求めて抗議の座り込みを行う．
90・10	環境保護団体	ヨーロッパ各地で「日本の大手商社が熱帯雨林破壊の元凶」とする抗議のデモを行う．
90・11	サラワクの先住民	先住民が日本の環境庁長官に対して，使い捨ての型枠用合板・コンパネの再利用を行うよう，要望する．
91・5	環境保護団体	コンクリート型枠（コンパネ）に熱帯材を使わないよう，キャンペーン．
91・6	先住民女性代表 環境保護団体	「国連環境開発会議に向けてーアジア市民の集い」において，サラワクの先住民女性代表4名が，森林伐採にともなう環境問題と反対運動弾圧の実状を報告し，日本に熱帯材使用をやめ，解決に向けての支援を要請．
91後半	生協等市民団体	熱帯木材不使用条例の制定を求めて，自治体に市民団体の要請が相次ぐ．
91・11	先住民・保護団体	サラワク州の先住民と熱帯林行動ネットワークは熱帯林伐採に反対して国際熱帯木材機関（ITTO）の廃止声明をだす．
92・2	環境保護団体	「地球の友・マレーシア」は，サラワクでの伐採反対運動・道路封鎖を行っている住民を大量逮捕していることを訴え，日本の保護団体「サラワク・キャンペーン委員会」は外務省に「人権擁護の行動」を求める．
92・2	先住民族グループ	マレーシアにおいてアジア，アフリカ，アメリカから25の先住民族が集まり，「熱帯林保全のための先住民族国際同盟」を結成．森林を生活基盤とする先住民族の問題が国際政治の課題となるべきことを強調．
92・6	「地球サミット」	「政府は森林政策の策定・実施に際して，先住民など森林居住者の権利を尊重すべき」（サミットでの「森林保全の原則声明」の一つに採択）
93・9	先住民・保護団体	サラワクのプナン族，半年におよぶ伐採道路封鎖，「生死をかけても命の森を守り抜く」決意，サラワクキャンペーン委員会は東京で緊急集会．
96・2	先住民	ロング・サヤンのプナン人が林道封鎖を開始
97・1	先住民	ロング・サヤンのプナン人が伐採に反対して林道封鎖
97	先住民の弾圧	1月にプナン人の逮捕，12月には慣行利用地へのプランテーション開発に反対するイバン人を銃撃・逮捕（サラワクキャンペーン委員会がマレーシア政府に先住慣習権，人権の確立等を要請）

注）1．『地球環境情報1990』，『同1992』，『同1994』原出典は朝日新聞，毎日新聞等による．
　　2．96年以降はサラワクキャンペーン委員会のホームページによる．

熱帯材浪費・乱伐への批判と対応

日本国内でも、NGOによって熱帯産木材とくにいわゆるコンパネ（使い捨てのコンクリートパネル・五～六回、一～二カ月使用）の使用停止を自治体に働きかけるなどの運動が展開され、熱帯林保護の世論が盛り上がった。年表に示したようにこうした運動が八〇年代後半から九〇年代前半にかけて活発に展開したのである。

環境保護運動の矛先は開発を推進してきた企業や政府に向けられる。人口は世界の二%にすぎない日本が東南アジア熱帯材の半分を輸入するなど大量消費国である日本に対して、輸入を担ってきた大手商社を中心にして合板メーカー、建設業界にも批判が向けられ、環境価値の高い熱帯林材の消費様式のあり方をも問われるようになっていった。その典型が使い捨てのコンパネ問題であり、改善に向けての対応がグローバルな運動、内外の世論形成を通じて求められた。日本では、型枠・コンパネ問題に対しては、東京都の「熱帯雨林産合板の使用削減宣言」（九一年）を皮切りに、埼玉、熊本、神奈川、長野、静岡県等（あるいは名古屋市、尼崎市、吹田市等）の地方自治体が公共事業での熱帯産材の使用削減を打ち出した。また、合板メーカーや建築業組合、大手建設業も削減にむけて一定の対応を迫られ、メーカーは工程増のためコスト高といわれる針葉樹（北洋材、ニュージー材、米材等）を原料とする合板製造への転換を少しずつ進め、複合合板・針葉樹合板への転換によって自主削減目標をたてた。[11]

また、組織的対応としては貿易取引の継続を前提にしながら新たな秩序を協議する国際機関である「国際熱帯木材機関」（ITTO、八六年設立）が、環境問題への対応として八九年にサラワク州の調査に乗りだし、九〇年には「西暦二〇〇〇年までに、持続的管理が行われている森林から生産された木材のみを貿易の対象とする」との行動計画に基づき、マレーシアに対しては過伐であるとの判断が下され、伐採量を減らすよう勧告を行った。

大量に使用されるコンパネ（コンクリート型枠）．鉄筋コンクリートのビル建設にあたっては，コンクリートを固める型枠に大量の熱帯材が使われてきた．

マレーシア政府も環境保護運動の標的となり、大規模伐採の推進と先住民の人権抑圧に対する抗議が相次ぎ、保護運動の矢面に立ったことはいうまでもなく、さらに上述のＩＴＴＯから伐採削減の「勧告」も受けた。後者に対する対応としては「勧告」をある程度受け入れ、伐採量を九二年から二年間で三〇〇万立方メートル削減していった。また、ＩＴＴＯの勧告を踏まえて、生物多様性の維持を目的とする野生生物の保護区を五〇万～一〇〇万ヘクタールにわたって設けるプロジェクトを九五年から発足させるといった対応も行われている。しかし、先住民の反対運動に対しては国際的批判があるにもかかわらず、政府は経済・財政優先の観点からその姿勢を変えていない。九二年の「地球サミット」以降、今日においてもまだなお、国有地・伐採権をたてに慣行利用権を踏みにじる強権的弾圧は続いているのである。[12]

(5) 多国籍企業体制下の開発と保護をめぐるシステム

サラワクでの熱帯林開発問題に関して、社会システム・構造論的視点に立って分析しておこう。図1‐8に示すように、システムの上部構造には森林を資源と位置づけて、ナショナリズム体制下で開発への主権を主張する産地国政府が位置し、また、資源輸入国である日本等の多国籍企業と政府（ＯＤＡ）が位置する。上部構造に位置する両者は財源確保と資源確保面で利害が一致し、経済第一主義のもとに、開発優先・先住民無視の構造が生じる基本的要因が見いだせる。ただし、資源ナショナリズムのもとで、とくにインドネシアなど民族系資本中心

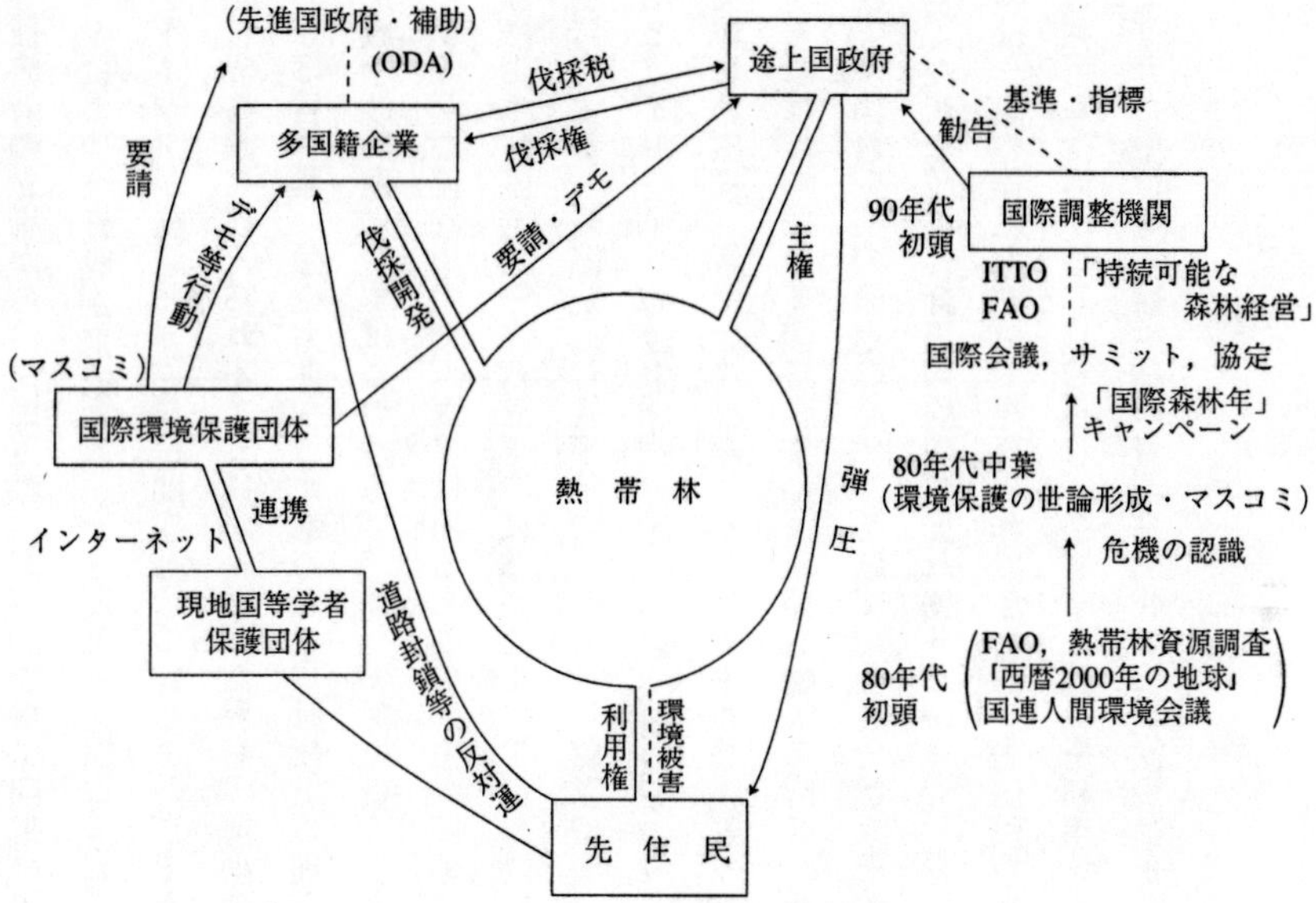

図1-8　マレーシア・サラワク州における森林伐採と保護運動をめぐる社会経済システム

ないしは多国籍企業との合弁形態に移行し、より途上国サイド中心のシステムとなっている。これはマレーシアにおいても、徐々に進行していくであろう。

一九八〇年代半ばまでの森林開発は、このような構図のもとで、先住民の伝統的生活の無視、環境への配慮がほとんど払われないまま行われていたのであり、先住民はその一部が労働者として雇用される関係にとどまっていた。

しかし、図に示したように九〇年代前半においては、下部構造には熱帯林開発の被害者としての先住民が位置し、下部と上部の中間（図では左側）に外来型の環境保護運動主体（NGO）ならびに情報を伝達するマスコミが位置する。また、図の右側に示した環境保護と経済の秩序を模索する国際調整機関が位置し、一定の働きかけを行うシステムとなった。

被害者の立場からの住民運動は国際的な保護団体の支援を受け、マスコミが環境保護視点に立った報道を行うことによって世論が形成される。開発国政府がマスコミに対して取材制限を行うようになっても、近年はインターネットが発達し、先住民問題も広く知ることができるようになり、情報面でのグローバル化によって、容易に世界各地に伝えられるようになった。ただし、運動の実効性については未だなお越え難い限界性がある。民主的とは言い難い強権力体制下にあったり、財政上の理由から経済優先、開発優先政策をとる途上国政府の場合、内政干渉問題としてはねつける等、強行姿勢を貫くことが多いからである。

そうした流れの中で、限界はあるものの一定の調停役を担う国際機関の設立と関与も行われるようになる。国際熱帯木材協定（一九八五年）に基づくＩＴＴＯの設立を中心に、経済協力開発機構（ＯＥＣＤ）や関税及び貿易に関する一般協定（ＧＡＴＴ）そして世界貿易機関（ＷＴＯ、九五年）での環境と貿易の両立を前提とした議論とガイドラインの設定等が、後述する「地球サミット」・行動計画と連動しながら「持続可能な森林経営」の実現を目標に、新たな枠組みづくりをすすめているのである。

それは、初期の多国籍企業による開発輸入の時代、そして八〇年ごろからの資源ナショナリズムの実体化の時代（多国籍企業の撤退の時代）を経て、今日では、その構造ないしシステムは、環境問題と南北問題あるいはグローバルな政治と経済の狭間で揺れ動きながらも、少しずつ前進につながっている。しかしながら、資源国の主権は一定の枠組みの中で認められてきたが、先住民の権利については、サラワクの事例が物語っているように慣行利用や生活が踏みにじられ、必ずしも森林を利用する権利（慣行的利用権）が認められているわけではない。そうした中でも、原生林の資源枯渇化と森林減少は止むことなく依然としてつづいているのである。

3　温・寒帯林地域の森林問題

(1)　アメリカ太平洋沿岸における森林開発と環境問題

森林の特徴と巨大森林メジャー

北米地域の森林資源の概略は、経済林面積でみると、アメリカ、カナダ合計で約五億ヘクタールに達し、日本の全森林のおよそ二〇倍に達する。地域的には、アラスカからカナダ、アメリカの太平洋沿岸、ロッキー山系にかけての西部地域では、ダグラスファー、ヘムロック、スプルース等といったわが国の建築用材として一般的に使用され馴染みの深い樹種を中心とする針葉樹林が大半を占める。一方、東部地域ではオーク、ヒッコリー等の広葉樹が三分の二を占める。

木材貿易によってわが国と関連の強いアメリカ太平洋沿岸とカナダのBC州だけをみると経済林面積は約八〇〇〇万ヘクタールに達し、優良天然林資源が大面積に分布していた。しかし、特にアメリカ太平洋沿岸地域では、伐採量も過伐といってよいほど多く、一九五〇年代から一九八〇年代後半にかけて一億立方メートル前後の伐採が続けられてきた。これは針葉樹年間成長量を四〇～五〇%上回り、それによって old growth とよばれる高齢の原生林は急速に減少過程をたどってきた。このことが、八〇年代後半から九〇年代初頭にかけて社会問題化した北米における環境問題の基本的要因となるのである。

北米の経済林の所有形態については、アメリカでは全体的には私有林が七三%を占め、国有林の二一%、州有林等の六%を大幅に上回っているのに対して、カナダの場合は私有林はわずか八%で、州有林が六九%そして国有林が二三%と公有林が大半を占める。地域的には、アメリカでは東部は私有林地帯であるのに対して、太平洋沿岸、ロッキー山系では公有林が私有林を上回る。また、アメリカの私有林において特徴的なことは森林メ

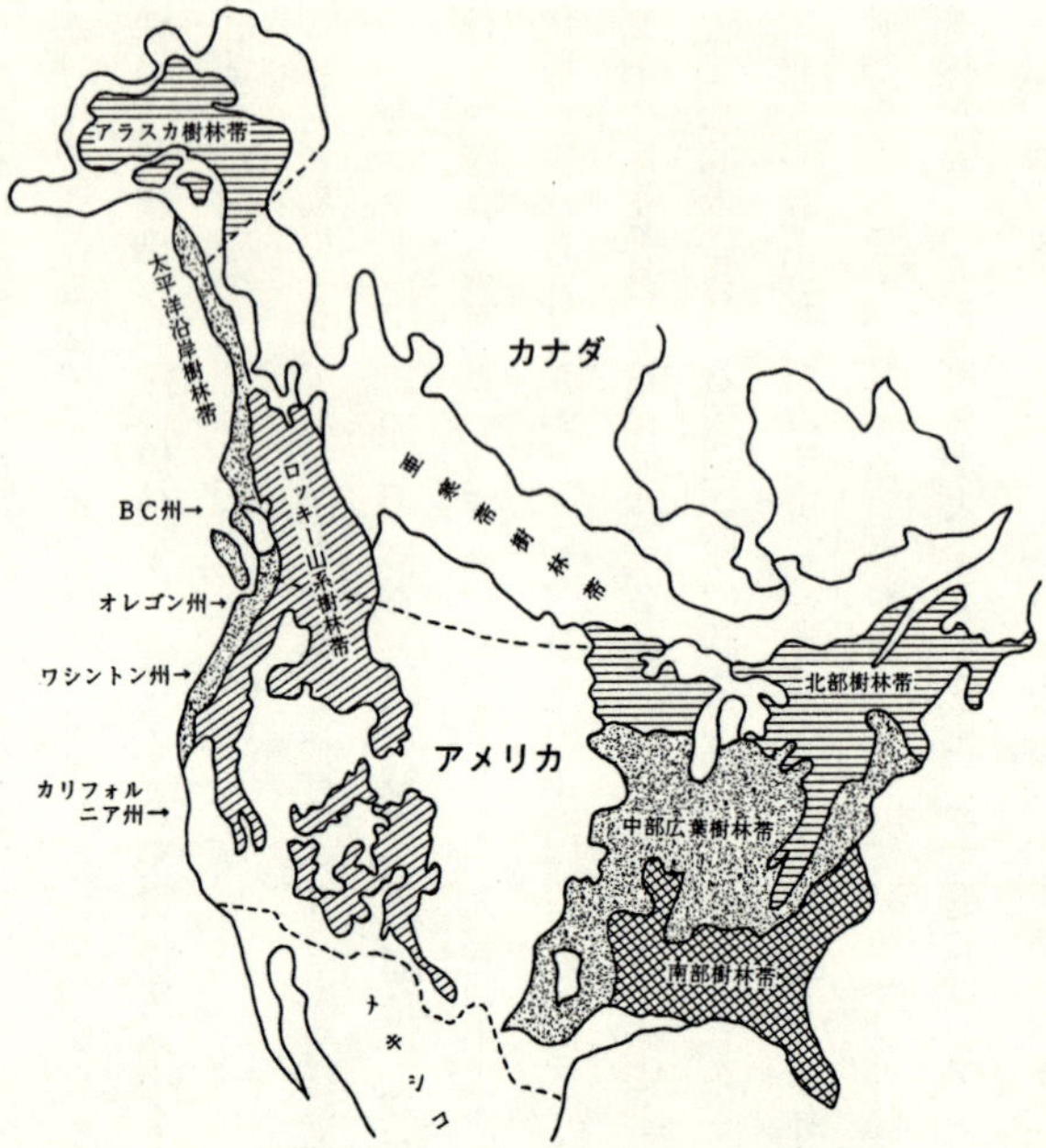

注）原図は日刊木材新聞社「米材ウィークリー」No. 37より.

図 1-9　北米の森林状況

ジャーと呼ばれる巨大な林業会社が存在することである。インターナショナルペーパー社やウェアハウザー社は、米国内に二五〇万~三〇〇万ヘクタールの森林を所有し、さらに、カナダ、南米、東南アジアにまで長期伐採権の保有に乗りだし、森林開発の最盛期の一九七〇年代中葉には米国企業上位三〇社で世界において約四五〇〇万ヘクタールもの優良森林を保有し、とりわけ、ウェアハウザー社は当時四三〇万ヘクタールの伐採権の保有によって計六六〇万ヘクタールもの森林を保有していたといわれ、(13)まさに最大の多国籍企業として森林開発を展開したのである。

環境問題の生起と伐採規制

早くから原則として丸太禁輸が行われたカナダに対して、アメリカの場合は、表1-4の前史に示すように、州有林や連邦有林（国有林）の丸太禁輸措置がとられてきたが、これは、環境保護視点というよりは基本的には国内の中小木材産業の保護の視点からのものであった。とくに一九六〇年代に日本向け丸太輸出が急増するにつれて中小企業の原木入手難が深刻化し、倒産・失業問題が発生をみた。この中小企業の経営圧迫問題に加えて太平洋沿岸の過伐、環境破壊に反対する自然保護運動が力に加わって、連邦有林、州有林を対象とする一定の丸太輸出規制策が実施されるようになる。このように、一九六〇年代から七〇年代を通じて公有林を対象とする丸太輸出規制が強化され、対象外の私有林においてもしばしば規制案が出されているが、自由経済の原則のもとに巨大会社の反対で成立するにいたらなかった。

表 1-4　米国太平洋沿岸地域の木材輸出及び伐採規制等の動き

時期	内容
(前史)	
1926	アラスカ州において一次加工を義務付ける「木材輸出法」制定.
1961	オレゴン州有林の一部丸太輸出禁止.
1968	太平洋岸北西部地方の国有林産丸太，緩い国内一次加工義務づけ.
1973	「ワイアットハンセン法」～西経100度以西の国有林の余剰材以外の丸太禁輸，私有林材での代替輸出も禁止.
1974	カリフォルニア州有林の丸太輸出禁止.
1979	ワシントン州有林米スギの丸太輸出禁止.
(1990年前後の規制の動向)　活発な環境保護運動への対応	
1988	林野庁，マダラフクロウ保護のために天然林の伐採規制を発表.
1990	野生生物局，マダラフクロウを「絶滅の恐れのある種」に指定.
1990	「森林資源保護及び不足緩和法」発効（西経100度以西の国有林からの丸太輸出禁止の恒久化，州有林からの丸太輸出制限).
1990	オレゴン州等の州有林丸太の全面輸出禁止.
1991	ワシントン州有林の丸太の輸出規制（生産量の75％を輸出禁止).
1991	シアトル連邦地方裁判所，マダラフクロウ保護のため林野庁所管の国有林の立木販売の一時中止を命令.
1992	ポートランド連邦地方裁判所，内務省土地管理局所管の国有林の伐採の一時中止を命令.
1992	ワシントン州の州有林丸太の全面輸出禁止.
1993	クリントン大統領主催の「森林会議（Forest Conference）」開催.
1993	クリントン大統領が米国北西部の森林に関する新たな政策を発表.
1996	シエラクラブの会員投票で「国有林の商業伐採禁止」を可決.

　ところが、一九八〇年代半ばになると一方では世界的な環境保護ブームの到来、そしてもう一方では、アメリカ太平洋沿岸の原生林の激減とともに、森林生態系を含んだ保護運動が政治力を強めながら展開するようになる。これまでも森林保護、環境保護運動が行われてきたが、政治力を行使する森林メジャーと中小木材産業救済の前に突破力には限界があった。だが、八〇年代後半から九〇年代初頭における情勢

の変化は環境保護団体に有利な風が吹いた。具体的な戦術として、環境保護団体・NGOは伐採に反対してデモ運動や木に抱きついて伐採阻止をするチプコ運動など実力行動にでたり、市民への啓蒙活動や法廷闘争を展開し、マダラフクロウを「絶滅の恐れのある種の法」の指定種とするよう、政府機関に対し働きかけを強めていった。

一〇〇年の歴史をもつアメリカの環境保護団体は大きな政治的力量をもっている。例えば、Sierra Club は、この時期に会員数六五万人、年間予算二八〇〇万ドル、また、National Audubon Society も会員数、予算額ともに同規模を擁し、また、一九七〇年前後に設立されたラジカルな行動をとる保護団体も含んで多数の環境保護団体が加わり、各団体の連携のもとに太平洋沿岸の森林環境保護に向けて積極的な活動を展開した。(14) 激しい環境保護運動・市民運動とマスコミ報道の結果、一九九〇年六月には、マダラフクロウは「絶滅の恐れのある種」に指定され、この種の保護に関して、法的拘束力が強まることとなった。後にマダラウミスズメも同様の措置がとられた。こうした環境保護の機運の高まりとともに、国有林では、一九九二年からエコシステムマネジメントが採用されることとなり、木材生産優先の森林経営から生態系保全・環境保全優先の森林経営へと転換が図られた。(15) また、クリントン大統領の環境保護へ傾斜した森林政策の転換もあって、丸太輸出禁止措置ばかりでなく、伐採を禁止した保護区も設けられた。かくして、この時期には木材産業保護視点よりも環境保護視点を優先した規制策がとられ、太平洋沿岸の連邦有林、州有林の伐採量は規制前と比べると三割前後の減少をみたのである。

(2) ヨーロッパ及びロシアの森林環境問題

ヨーロッパで深刻な酸性雨被害

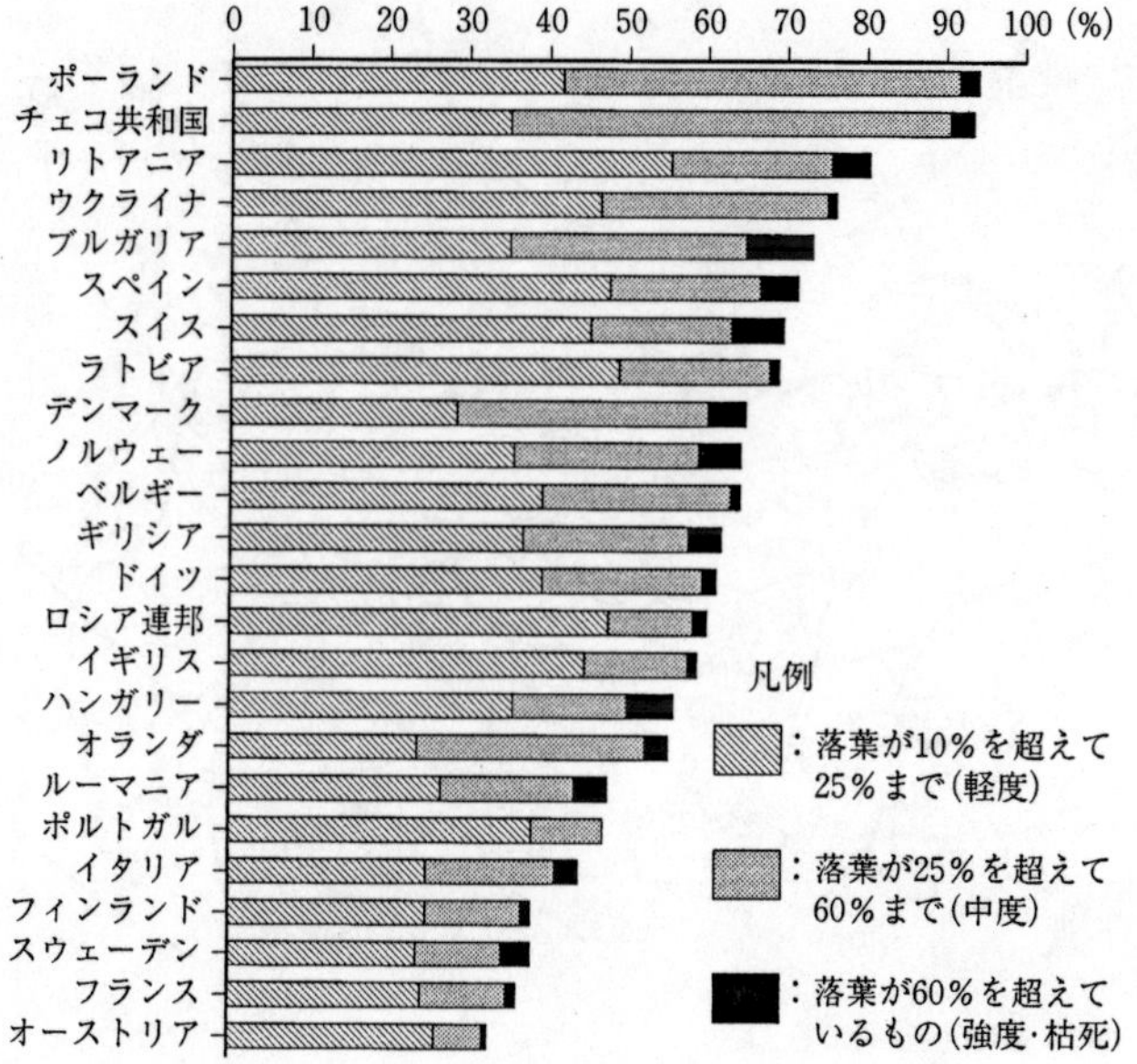

出典）国連・欧州経済委員会（UN-ECE）「Forest Condition in Europe 1995 Report」.

図 1-10　ヨーロッパにおける森林被害の状況（1994年現在）

現代におけるヨーロッパやロシアでの森林環境問題はどちらかというと、工業化社会からの大気汚染物質（硫黄酸化物等）の大量排出に伴う環境破壊の結果もたらされたものが中心である。一九七〇年代、八〇年代にはドイツや北欧を中心にヨーロッパ全域にわたって森林の酸性雨被害が目立ち、湖沼の生物が死滅し、遺跡等の文化財まで酸性の雨で溶け出すといった状況が進行した。酸性雨問題は、ヨーロッパの環境問題の最大の課題となった。国境を越えておきるやっかいな問題に対して、七〇年代にはOECDの環境委員会やEC首脳会議等で被害防止に向けての合意形成のための対応策が協議され、七九年に国連の欧州経済委員会で締結された「長距離越境大気汚染条約」が八三年に発効し、八五年の「ヘルシンキ議定書」（一

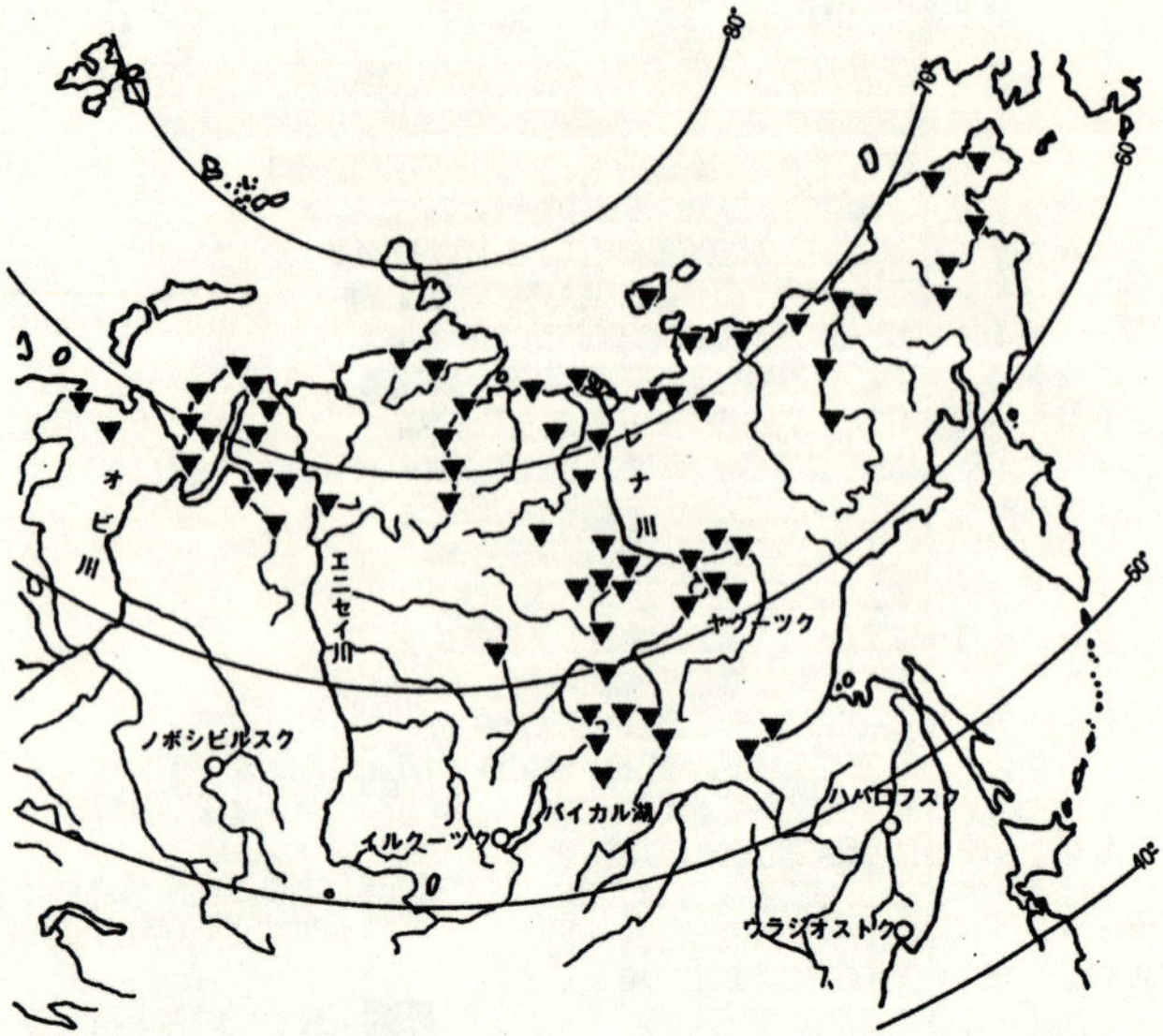

出典）福田正巳（1991）より.

図1-11　ロシア・シベリアにおけるエドマの分布

九九三年までに各国が、八〇年時点の硫黄酸化物排出と越境移流の最低三〇%を削減していく目標に取り組むことを決定）を契機に、ヨーロッパにおける酸性雨による環境保護運動が大きくもりあがっていったのである。[16]

　こうした動向が示すように、化石燃料の大量消費とともに始まった酸性雨問題は、ようやく七〇年代における認識、八〇年代前半の合意形成、後半の行動の時代へと移っていくのであるが、森林の被害は、図1-10に示すように、九〇年代に至っても依然として減っていない。そのため、「地球サミット」に基づく取り組みとして欧州森林閣僚会議（九三年のヘルシンキプロセス）においても、森林生態系の許容限界以下に大気汚染物質の排出を抑え、森林土壌を保全することがあげられているのである。

　なお、いうまでもないことであるが、酸性雨問題は北米のカナダ、アメリカの国境周辺においても深刻化しているし、徐々に進行しつつある日本・東アジアにおいても二一世紀には深刻な問題となる可能性は大きい。

地球温暖化の悪循環に陥るロシアの森林

シベリアの永久凍土地帯にはタイガと呼ばれるモミやトウヒ、カラマツなど亜寒帯針葉樹の広大な森が分布している。五〇万〜六〇万年前の氷河期に形成された永久凍土地帯の上に長い年月をかけて薄い表土の上に成立した森であるが、その地帯に今、異変がおきているといわれる。一つは、地球温暖化により、永久凍土地帯のエドマと呼ばれる巨大な氷の固まりが少しずつ溶けだし、地表が陥没してアラスとよばれる沼や池となり、その過程で氷に閉じこめられていた大量のメタンガスやCO$_2$が大気中に放出される。このように永久凍土のメタンハイドレートが安定から不安定になりかけているのが今日であり、メタンガスの放出は温暖化を促進する要因として作用し、悪循環に陥るのである。

また、シベリア開発や山林火災もアラスの発生を促進させる要因となる。これまで木材生産目的の森林開発やその他の鉱物資源開発、あるいはダム開発等、様々な開発が進められてきた。シベリアの森林面積が七億ヘクタールといったように広大であるため、森林の面積として目立つほどの減少にはつながっていないが、脆い土地基盤の上に成立しているものが多いだけに、森林の更新の問題とともに環境問題として認識しておく必要がある。[17]

(1) 只木良也『森の生態』共立出版、一九七一年。
(2) 林野庁「主要林業国における林野制度の概要・フランス篇」、安田喜憲『森林の荒廃と文明の盛衰』思索社、一九八八年。
(3) 金子史郎『レバノン杉のたどった道―地中海文明からのメッセージ』原書房、一九九〇年。
(4) World Bank のレポートによると、九三年時点で貧困水準以下の所得しかあげていない、限りなく所得ゼロに近い極貧層が一三億人に達し、二〇〇〇年には一四億人を超えると推定されている。

(5) レスター・R・ブラウン編著『地球白書一九九八~九九』(浜中裕徳監訳)第三章参照。
(6) 環境庁、「平成三年度版環境白書」の(IPPC報告書)によると、一九八〇年代における地球温暖化への部門別寄与では、エネルギーが四六%、フロン等が二四%、そして森林減少が一八%となっている。
(7) 渡辺桂「知らずして散文を語る-社会林業と国際協力」『熱帯林業』№二三、一九九一年、五二頁。
(8) 安藤嘉友「ラワン材と南北問題の新段階」『エコノミスト』一九八〇・一〇・二一、および安藤嘉友『木材市場論』日本林業調査会、一九九二年、第四章「開発輸入の展開と資源ナショナリズム」に詳しい分析が行われている。
(9) 荒谷明日児「東マレーシアの木材工業化」『木材情報』一九九二年二月号。
(10) 松井やより「熱帯雨林の破壊と先住民族」『グリーンパワー』一九八八年七月。
(11) 東慶久「合板産業の動向」及び酒井寛二「東南アジア森林資源の建設業界における消費状況」『林業経済研究』№一二七、一九九五年。なお、日本合板工業組合連合会は、ラワン材消費を減らすため針葉樹合板の比率を、五年後に三〇%、一〇年後には五〇%超える計画を九一年にたてた。
(12) サラワクキャンペーン委員会のホームページなどから今日の状況を知ることができる。
(13) 野村勇『北アメリカ林業の展望』林業経済研究所、一九七七年。
(14) 岡島成行『アメリカの環境保護運動』岩波新書、一九九〇年に詳しい。村嶌由直編「アメリカ林業と環境問題」、日本経済評論社、一九九八年に最近の分析が行われている。
(15) 柿沢宏治「合衆国における国有林改革」『日本林学会誌』Vol.七九、№二、一九九七年、九四~一〇二頁。同「アメリカ合衆国北西部国有林におけるエコシステムマネジメントの現状と課題」『林業経済研究』Vol.四三、№一、一九九七年、四九~五七頁に環境保護運動も含めて詳しい。
(16) 寺西俊一『地球環境問題の政治経済学』東洋経済新報社、一九九二年、四一~四四頁。
(17) 高橋邦秀「ロシア極東の森林資源と環境問題」『木材情報』一九九三年四月号、一四~一六頁。

第二章　環境・森林問題の認識から行動の時代へ

―「持続可能な森林経営」の可能性―

インドネシア　ジャワ島の農民

第一節　深まる環境と森林危機の認識

1　「宇宙船地球号」の限界と循環型システム

(1)　船長のいない宇宙船

環境問題が深刻化し、世界的に取り上げられるようになったのは一九七〇年代初頭からであるが、六〇年代の先進国における高度成長によって環境問題の発生に対応する概念が認識されはじめていた。六〇年代末に経済学者としてはボールディングが資源枯渇と環境汚染問題にかかわって「宇宙船地球号」の視点、"think globally"の考え方を初めて本格的に提起した。すなわち、「私たちの前方にある社会は、容易に採取しうる一切の資源が採取し尽くされ、一切の汚水だめが汚染し尽くされた社会になり、私たちは一切が循環する宇宙船経済へ戻らねばならないのである」(1)と述べ、「スループット経済」(利用して廃棄するだけの一方通行の経済)システムから利用後リサイクルする循環型システムへ転換すべきだと強調しているのである。そして、資源枯渇は新しい資源開発や発明によって代替されうるが、汚水だめ（産業・家庭廃棄物）処理や環境汚染の方が始末の悪い問題だという指摘を行っている。このことは、国境を超えるCO_2、フロンガス等大気汚染（温暖化問題）、酸性雨、ダイオキシン問題、ゴミ・産業廃棄物処理問題に直面し、対応を迫られている今日の状況を見れば、その洞察力の鋭さが迫力をもってせまってくる。

都留重人も宇宙船地球に関して七二年の著書で「地球特有の事情として無視できないのは、人口が増える一方であることと、そこには船長がいないということである。この二つの制約条件は宇宙船時代を迎えた地球にとっ

表 2-1　森林環境問題に関する認識過程と「地球サミット」関連年表

1960年代末		経済学者 K. E. Boulding が「宇宙船地球号」を提唱．技術進歩は人口増加問題を解決してきたものの，資源の枯渇と環境汚染によって限界がくる．「循環する宇宙船経済」への回帰の必然性を主張
1972年	（資源・環境問題）	「ローマクラブ」が『成長の限界』を発表，急速な経済成長，人口増加に対して，環境破壊，食料不足問題とあわせて，石油等の資源の有限性を具体的数字をあげて警告．世界に波紋
1972		「国連人間環境会議」（ストックホルム）の開催，「人間環境宣言」（「現在および将来世代のために環境を擁護し向上させることは，人類にとって至上の目標となった」環境宣言前文より）
1975		絶滅の恐れのある野生動植物の種の国際取引に関する条約（ワシントン条約）の発効
1977		「国連砂漠化防止会議」の開催，「砂漠化防止行動計画」の採択
1980	（森林問題の認識）	『西暦2000年の地球』（米国政府）～熱帯林の激減が判明
		世界自然保護連合「世界自然保護戦略」酸性雨，生物種の絶滅問題
1982		FAO「熱帯林資源調査」～年間1,130万 ha の森林減少
		「国連人間環境会議」10周年会議，「ナイロビ宣言」地球規模の環境破壊に警鐘，国際協力の重要性を強調
1985		FAO「国際森林年」に指定．FAO 熱帯林行動計画（TFAP）「オゾン層保護のためのウィーン条約」を採択
1986		国際熱帯木材機関（ITTO）の設立
1987		「環境と開発に関する世界委員会（WCED）」が「Our Common Future」を発表し，「持続可能な開発・SD」の概念を提唱
1989		「アルシュサミット」で環境問題が大きくクローズアップされる
		国連総会で92年リオでの「地球サミット」の開催を決議
1990	（合意形成から「行動」の時代へ）	世界自然保護連合「90年代の世界自然保護戦略」森林の保護林設置
		ITTO「西暦2000年目標」（持続可能な経営森林を木材貿易対象）
1992		「地球サミット」（国連環境開発会議）をブラジルのリオで開催
		「森林原則声明」，行動計画「アジェンダ 21」の採択
		「CSD（持続可能な開発委員会）」の設置
93～		持続可能な森林経営の「基準・指標」づくりとモデル森林等の試行
		＊ヘルシンキ・プロセス「欧州の森林の持続可能な経営に関する一般的ガイドライン」（欧州諸国，6 基準27指標，1994年合意）
		＊モントリオール・プロセス「温帯林等の持続可能な経営の基準・指標」（日・米・カナダ等12国，7 基準67指標，1995年合意）
		＊タラポト・プロセス～アマゾン，森林の基準・指標（1995）
1997		「国連環境特別総会」（ニューヨーク）にて，「アジェンダ 21」のこれまでの実行状況の検証と見直し．「森林特別フォーラム」で政府間対話（森林条約等にむけた合意形成）の継続～1999年目標
		ITTO「新協定」の発効，「2000年目標」の達成のための技術開発
(2002)		国連環境会議で「アジェンダ 21」の実行状況の検証と見直し予定．

て、今や大きな問題をはらんでいると言わざるをえない」[2]と述べ、CO^2・「温室効果」問題が深刻化する現象などに触れ、体制面でのかかわりの重要性と宇宙船地球の問題意識をもつことの必然性について言及している。また、一九七二年にローマクラブが発表した「人類の危機」レポート『成長の限界』[3]では、幾何級数的に増加する人口や経済成長のもとでは、天然資源の枯渇、食糧危機ばかりでなく、著しい環境汚染の進行によって二一世紀半ばには経済も人口もマイナス成長に転じることを具体的に「世界モデル」の試算を行って図示し、世界に衝撃を与えたことは周知のとおりである。

(2)　国連環境会議の開始

このように、六〇年代末から七〇年代初頭にかけて地球レベルで環境問題が認識されるようになり、それと同時に「国連人間環境会議」も七二年にストックホルムで開催され、宣言前文「現在および将来世代のために人間環境を擁護し向上させることは、人類にとって至上の目標となった」に示されるように、急激な「高度成長」、自然の乱開発、資源消費・汚染たれながし型システムによってもたらされた地球規模に達する深刻な環境破壊の問題が、国連の会議の場でも重要な課題として取り上げられるようになり、船長のいない宇宙船の舵取りを国家間の議論のもとに行うべく、出発点に立ったのである。

かくして、七〇年代初頭を契機として本格的な地球環境問題に関する共通認識が得られたという意味で、第一の画期をなすが、この段階では、まだ森林問題は地域問題の枠を出ていなかった。ボールディング以降、宇宙船地球という限られた空間において、有限な資源、空気、食糧といったモノを無秩序に消費し、その結果でてくる汚水・汚染も垂れ流しのまま放置される社会経済システムの矛盾・欠陥があからさまにされたが、枯渇性の資源や公害型の汚染に対して、森林資源については再生可能資源で、うまくやれば循環生産が可能と考えられていたがゆえに、地球環境問題における森林問題への認識はまだ低かったといってよい。

結局、市場経済システムでは限界がはっきりした環境や公害の問題を中心に、公共経済学の議論に加えて新たな政治経済学、環境経済学の確立が提起されるとともに、国連の場で対応策を検討するという政治の場に持ち込まれ始めたのである。

2 クローズアップされた森林危機と持続概念

(1) 危機の中から森林・緑ブームへ

グローバルな環境問題として森林問題が認識されたのは、一九八〇年に米政府特別委員会報告『西暦二〇〇〇年の地球』が発表されてからである。熱帯林が年々二〇〇〇万ヘクタールものペースで減少しており、このままだと二〇〇〇年には成熟林は消滅するとの推測も出され、その深刻さが浮き彫りにされた。FAOの八二年の調査で下方修正されたが、しかし、大規模な森林消滅が続いているという事実には変わりがなく、八二年のナイロビでの国連人間環境会議では森林問題が地球レベルでの重要な環境問題の一つであるという共通認識に達したのである。

日本でも、八二年に朝日新聞社が正月の誌上で大特集号を組んで以降、八〇年代を通じて「守ろう緑・地球の危機を見た」、「守ろう緑・あえぐ森林」など森林・緑の一大キャンペーンをすすめ、やがてNHKを初めとするテレビ報道特集や国際世論とあいまって八〇年代半ばごろから森林・緑ブームが到来した。(4) また、FAOは一九八五年を「国際森林年」に指定し、世界的に森林・緑の保全に向けての啓蒙運動を展開するとともに、「熱帯林行動計画」を発表し、共通認識から行動の前段階の時代へと移っていくのである。

また、酸性雨による森枯れ問題などが目立ちだしたヨーロッパでも、首脳会議で重要な環境問題として取り上げられ、八〇年代後半の北米でも原生林伐採に反対する運動と森林・緑保全の世論がもりあがっていき、熱帯雨林の保全に向けて、途上国のNGOと先進国の環境NGOが連携した活動も加わって世界的に森林ブームが広がったのである。

(2) 「持続可能な開発」概念の登場

一般的に、環境保全との調和を図った開発・利用のあり方の概念である「持続可能な開発」(Sustainable Development＝SD)は、一九八〇年に国際自然保護連合(IUCN)の世界保全戦略のキーワードとして登場したが、より本格的には国連の「環境と開発に関する世界委員会」が報告書『我らの共有の世界』で提唱したものである。国連で採択されたこの報告書は持続可能な開発を各国の政策ならびに国際協力の最優先目標とすべきと訴え、大きな反響を呼ぶとともに、これを受けて森林に関しても国際熱帯木材機関(ITTO)が一九九〇年に「二〇〇〇年までに持続的経営が行われている森林から生産された木材のみを貿易の対象とする」という戦略を打ち出し、勧告によって熱帯林の乱開発に対する一定の介入が行われるシステムがつくられた。もっともITTOは熱帯材の生産・貿易を優先ないしは前提として秩序づくりを行う機関であるため、限界はあるものの環境保全への配慮なくしては熱帯材取引も世論の批判をかわすことができない状況にいたっているのである。

かくして、八〇年代を通じて森林減少にともなう負の側面があからさまにされ、森林が地球環境の保全に深くかかわっていることが認識され、環境資源としてどう維持していくかが、課題となった。先にも述べたように、熱帯林の破壊問題ばかりでなく、先進国でおきている森林問題、さらには、生物多様性の問題やCO_2・地球温暖化問題とのかかわりなど世界的レベルで森林環境問題への対処が必然化された。これらの問題を背景に、危機管理対策として「地球サミット」で森林問題が大きく取り上げられ、問題の解決にむけて、南北間、地域間の合意形成という政治の場に委ねられることとなったのである。

第二節　地球サミットと合意形成

1　地球サミットと森林問題

(1)　南北間対立と原則声明

九二年にブラジルのリオデジャネイロで開催された国連環境開発会議（UNCED）いわゆる「地球サミット」においては、森林の重要性が再認識された。すなわち、会議では「気候変動枠組み条約」、「生物多様性条約」、「森林保護に関する条約」の合意をめざしたが、森林に関しては「森林原則声明」（正式名称〜「全ての種類の森林の経営、保全及び持続可能な開発に関する世界的な合意のための法的拘束力のない権威ある原則声明」）にとどまった。会議の準備段階からすでに南北間の対立関係が報じられていたが、地球環境の視点から熱帯林等森林保全のための条約づくりを主張する欧米諸国と、先進国における過去の森林破壊や酸性雨森枯れ問題を指摘するとともに、森林を天然資源と位置づけて森林資源に対する主権を主張するブラジル、マレーシア、インドネシア等の途上国とが激しく対立し、条約づくりの合意までには至らなかった。(5)

このように南北対立問題が根底にあるため、妥協の産物として「原則声明」にとどまり、その理念的なものとして「持続可能な森林経営」（Sustainable Forest Management ＝ＳＦＭ）というキーワードに落ち着いたのであ

表 2-2　森林原則声明と「アジェンダ 21」の要点

「森林原則声明」の要点

① 森林問題の総合性（持続可能な社会経済発展，環境保全等），環境と開発の総合的かつ均衡のとれた方法の検討，総合資源としての認識の必要性
② 各国は，森林開発・利用の主権的権利と環境へ被害を与えない責任をもつ
③ 国の森林政策は先住民とその共同体等の文化と権利を認識し，支援すべき
④ 政府は森林政策策定，実施に際して，産業界，NGO，先住民，女性を含む地域住民等の参加を促進すべき
⑤ 森林は，社会経済，生物多様性・生態系，及び文化的必要を満たすため持続的に経営されるべき
⑥ 国際機関による途上国の持続的森林経営達成のための資金と技術の支援
⑦ 森林保全と持続可能な開発を達成するため，市場メカニズムに環境的費用と便益の算入（外部経済の内部化）の奨励
⑧ 先進国の世界的レベルでの緑化推進，森林保全のための責務と努力
⑨ 林産物貿易は多国間で合意された規律の下に，自由な取引が促進されるべき
⑩ 酸性雨等，大気汚染物質は森林生態系に有害であるため規制すべき

「アジェンダ 21」の森林に関する章（11章）の要点

① 全ての種類の森林及び林地の多機能確保～多面的機能の認識と評価，計画立案への住民等広範な人々の参加，林業の普及・教育と研究能力の向上
② 全ての森林の保護，持続的経営の強化及び荒廃地の緑化・再生～多様な森林タイプの分類，適正な計画，社会林業，AG など住民参加の下に実行
③ 森林，林地からの財・サービスの効率的利用と評価の促進～社会的，経済的，生態学的価値の認識と実践（公益機能・生態系・林産物・社会林業／参加・エコツーリズム等），持続可能な開発のための科学的な基準・指標の設定
④ 森林計画，プロジェクト及び活動の計画，評価，観察のための能力の向上～評価のための技術的，生態学的，経済学的手法並びに人材・能力の開発

CSD（Commision on Sustainable Development）の森林問題レビュー

① 開発途上国に対する資金・技術の供与のあり方
② 先住民等の有する知識・技術の保護と利用のあり方
③ 木材の認証・ラベリング制度への取り組みのあり方
④ 法的拘束力を有する国際取り決め（森林条約等）の検討のあり方
⑤ 森林に関する政府間パネル（IPF）の設置

注）ラベリングについては，ITTO で協議されており，持続可能な森林経営から産出した木材についてラベルを付す等によりそれを証明するための制度

注）詳しくは国際林業協力会編『'92国連環境開発会議と緑の地球経営』及び同会編『持続可能な森林経営に向けて』日本林業調査会を参照.

る。しかし、それでも一八三カ国が参加し、行動計画「アジェンダ21」が採択され、一定の合意形成ができたことは、危機回避にむけて認識段階から行動段階の出発点についたという意味では評価されよう。また、二一世紀に向けた開発と環境に関する行動計画である「アジェンダ21」では、第一章前文で、環境と開発の統合、環境システムのよりよい保護と管理、そして安全で繁栄した将来を導くためには、グローバル・パートナーシップのもとで、バランスのとれた統合的なアプローチが必要だとし、第一一章では「森林原則声明」に対応して、森林減少への挑戦・対策が述べられている（表参照）。

「アジェンダ21」の実施状況のレビューを行うために、国連加盟五三カ国によって構成される委員会がCSD（Commision on Sustainable Development）である。当初一九九七年の「国連特別総会」にむけて毎年開催されるものとして発足し、森林問題に関しては、一九九五年の第三回会合で表2-2に示した検討事項があげられた。そして、これを契機に政府間パネル（IPF）が設けられ、九七年の「特別総会」までに森林条約づくりなど世界的な合意形成に向けて検討が重ねられた。

(2) 変化した対立の構図と前進に向けての模索

九七年に開かれた国連環境特別総会では、森林条約など基本的な課題については合意に至らなかった。五年間において対立の構図は、南北問題からやや国家間の利害調整にシフトしてきており、森林条約化に対しても途上国間の経済格差拡大のもとに、中にはインドネシアなど賛成に回る国がでてきたり、先進国の中では積極的なEUに対してアメリカが反対の立場をとった。また、ODAに対する不満の問題があったり、森林資源管理体制が確立されているかどうか、森林メジャーなどの影響（高い貿易水準の維持）を受けているかどうかが、合意に至らなかった理由であると考えられる。いずれにしろ、国家間の合意形成という政治の場で議論が交わされるだけ

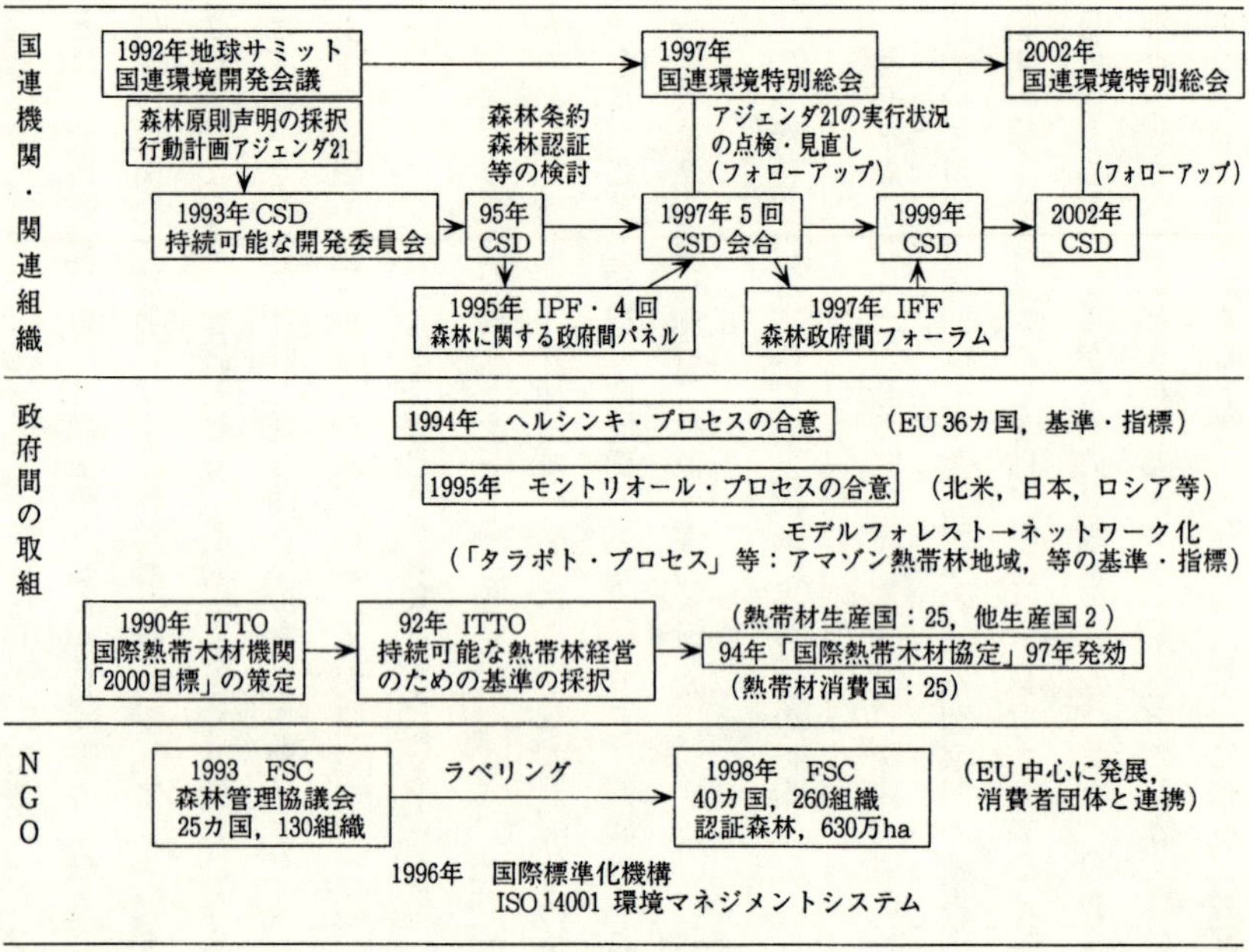

図 2-1 地球サミット（UNCED）以降の「持続可能な森林経営」に向けての国際的取り組み

に問題解決にはまだなお多くの時間を要する。

結局、政府間パネルの検討課題は「提案」や懸案事項も含めて、新たに、CSDのもとに森林に関する政府間フォーラム（IFF）に引き継がれ、その解決は二一世紀に持ち越されることとなった。

このように、国連の場では容易に合意形成に至っていないが、しかし、一方では、地球サミットを契機に、ブロック単位での「基準・指標」にみられるように政府間の一定の合意が行われ、そのもとで「モデルフォレストネットワーク」が形成されたり、民間団体による認証・ラベリングが展開し、とくに、〝第二次森林ブーム〟といってよいほど、森林環境保護への認識を深めさせるなど、相当、前進がみられることも事実である。

こうして、UNCED以降、世界的な合

意形成に向けての協議と同時に、それぞれ森林の内容や直面している課題が異なるためブロック単位での基準・指標づくりも行われた。温・寒帯林に関しては、実体化の面での課題解決はともかくとして、次の二つが合意された。

①ヘルシンキ・プロセス～ヨーロッパ三六カ国（対象森林面積約九億ヘクタール）

一九九四年に、六基準と二七指標が合意された。

②モントリオール・プロセス～日・米・加・ロシア等一二カ国（約一五億ヘクタール）

一九九五年、七基準六七指標で合意

熱帯林に関しては、国連機関ではないが関係する国家間組織であるＩＴＴＯ（生産国二七、消費国二五加盟）が、熱帯林二五カ国（森林面積約一三億ヘクタール）に対して、一九九二年に五基準二七指標で合意されている。その他ブラジル、ペルーなどアマゾン流域八カ国による「タラポト・プロセス」などがある。

これらによって、熱帯林から温・寒帯林までを含む世界の森林の大半が対象となり、調査・研究、そして総合的な計画策定に向けて、モデル的に試案づくりが行われることとなった。

2　「持続可能な森林経営」の意義と課題

(1)　持続可能な森林経営の定義と意義

森林保護と開発利用の妥協的産物である「持続可能な森林経営（ＳＦＭ）」とは、「森林及び林地が、現在及び将来にわたり、地域、国及び地球的なレベルでその生態的、経済的及び社会的役割を果たしていくため、その生物の多様性、生産力、更新能力、活力及び潜在能力を維持していけるような、また、他の生態系にダメージを引き起こすことのないような方法と程度での森林の管理と利用」[6]（ヘルシンキ・プロセス）と定義されている。

「持続可能な森林経営」は、抽象的で具体性に欠けるだけに、さらには「基準・指標」が合意されても、その内容はきわめて多岐にわたり、単なるチェックリストにとどまる可能性が高い。持続可能な森林経営の実施はそれぞれの国に任されるため、国家間、南北間の取り組みの差異も大きく、環境保全面での実効性という面では大きな課題が残る。また、森林原則声明で先住民の権利が唱えられていても、サラワクの事例で述べたように、政府の森林資源に対する主権の行使がはるかに優先し、先住民が政府の森林計画策定への参加はおろか、知識・技術の利用と保護など、完全に無視されているのである。

それでも、地球サミット以降も含めて世界的に原生林が激減し、森林面積が減少していく中で、生物種の絶滅や生態系そのものの破壊を避け、そして人間の生活環境や産業、文化面での深刻な悪化や劣化、すなわち森林環境の危機を回避するためには、妥協的なものであるにしろ持続可能な森林経営の実現は人類に課せられたぎりぎりの責務となった。

また、それは一つは南北間の利害調整ということ、そしてもう一つは世代間の利害調整という観点から意義があるのである。[7] 後者に関しては、経済発展や生活のために開発・利用を優先すれば、後世代に優れた環境をのこすことはできない。われわれの世代だけでなく、後世代を含めて持続可能で環境的に豊かな便益を維持していくシステムづくりが、宇宙船地球号にとって基本的な課題として問われているからである。それは第一に、多国籍企業中心の経済秩序のもとで貧困層の蓄積という社会経済構造をどう改編していくか、そして第二に保護・再生を含んだ森林の循環的利用システムをどう確立していくか、という問題にも帰着しよう。

(2) 森林の新たな循環的利用システムに向けての課題

先進国での課題

ドイツや日本を初めとする北側の多くの先進国（温帯林、亜寒帯林地域）では、かつての森林破壊の歴史から、手痛い自然からのしっぺ返しにあって森林の環境保全面での役割の認識を学ぶとともに、もう一面では木材需要の増加に対応して、森林管理と林業生産力の高度化ならびに木材生産の持続という視点は秩序だった循環型伐採規整を行う法正林思想や「保続原則」という形でかなり早くから確立されている。こうした林業の考え方や育成林業の技術的な発達によって木材生産の循環的利用システムは、国有林や熱心な林家の手によって概ね実行されてきたといってよい。もっとも、歴史の流れの中では乱伐という形でそれが守られなかったことはしばしば見られてきた。(8)

地球サミットで合意された持続可能な森林経営では、それだけでなく生物多様性の維持や他の生態系に配慮するという新たな視点が加わった形の森林の管理と循環的利用を行おうとするものである。生物多様性・生態系視点と、住民参加の森林管理等、社会的視点をどうシステムに組み込むかといった解決すべき課題は少なくない。確かに、森林面積の維持という基本的な管理体制は確立されているものの、工業化という外部要因による酸性雨や温暖化に伴う森林被害の問題、あるいは北米の原生林伐採問題、また、比較的優等生といわれる日本でも森の守り手不在による人工林の荒廃や森林管理の空白化などの問題が浮かび上がってきた。これらの課題は、先進資本主義国における多国籍企業体制・グローバリゼーション化と軌を一にしてすすんでおり、その理念を実現することは必ずしも容易なことではない。

理念と現実とのギャップが大きい途上国の森林

一方、二〇世紀前半までは多くの森林が原生状態で残されていた熱帯林地域では、それまで木材生産の持続性・循環性はおろか森林面積の維持や先住民の生活維持という視点すら欠落していた。そうした中で先住民による伝統的な焼畑耕作は森林の再生・地力維持に配慮した循環的利用システムが確立されていたが、〝人口爆発〞を経た今日では移住政策などによって地力の回復を待つ余裕もない無秩序な焼畑が増え、森林破壊の一つの要因になっていることは周知のとおりである。(9)

また、熱帯林地域では先進国資本・多国籍企業を含めて収奪的な木材伐採や古くはゴム園、今日ではアブラヤシ栽培等のための大規模なプランテーション造成・森林の伐採開発が展開してきたところである。

このように、途上国はサミットの理念である、生物多様性の維持と同時に森林の生産力や更新能力を維持していこうとする上で、出発点において幾多の困難をかかえている。すなわち、人口の肥大化と貧困層の増加そして森林・土地資源の国家財政への従属といった社会的構造に規定されて開発圧・利用圧の高い現実と持続可能な森林経営の理念そして循環システムの確立との間のギャップは大きくならざるをえないのである。

かくして持続可能な森林経営の実現に向けては先進国の支援による緑化ならびにアグロフォレストリー(農林作物の混植経営)の発展への協力と、途上国サイドでのプロジェクト実施にあたっては多大な内発的努力を要する。基本的には、食の安定(農業生産力の向上)と植林が相乗効果をあげる社会システムづくり、いわゆる社会林業やコミュニティー・フォレストリーの発展が欠かせない。そのためには、農民の技術や知識面において焼畑移動耕作から定着型の新しい方式に転換を図る必要がある。このように、途上国では持続する経営、循環型社会の実現のためには世界的な協力関係のもとで、多大なエネルギーを結集して、住民参加型の内発的な取り組みが必然とされている。

第三節　合意形成から行動の時代へ

1　合意形成・行動に欠かせない民主性と科学性

持続可能な森林経営の実現ないしは循環型システムの構築に向けて、理念と現実とのギャップ、南北問題や国家間での考え方の違い、参加型システムの限界性等、克服すべき多くの問題が存在する。これまで議論の軸としてきた構造的枠組みの問題はきわめて重要であるが、その解決にはわれわれの範ちゅうを越えるものがある。以下においては、とりあえず、行動の時代に向けて前進につなげることが大切であるという観点から、今日の取り組みを前向きにとらえ、合意形成から行動に必要な基本的視点について触れておこう。

結局は、人が自然と共生していく途をどう確立するかであるが、船長のいない宇宙船だけに、人と人とがあるいは国と国とが合意形成を図り、行動につなげていくプロセスにおいて最適解を見つけだすことに他ならない。

(1)　多様な人々の参加と民主的運営

合意形成にとって重要なのは、第一にいかに民主的な手続きをシステムに組み込むかということである。「森林原則声明」においてもあるいは行動計画「アジェンダ21」の森林に関しても、森林計画の立案・策定、そして実施に際して、関係する産業界ばかりでなく、NGO、先住民、女性を含む広範な人々の参加を促している。従来、日本の森林計画の策定に当たっては、国有林にしろ民有林にしろ、形式的といわれる審議会を除いて外部の人々を入れることなく、とくに開発の時代においては国有林でも私企業的な内部の経済合理性のもとに決定されていた。

これに対して、「地球サミット」以降では、世界的な潮流として企画・計画段階から森林と環境面で関連する人々や価値観の異なる人々も加えて、総合的に判断しようという方向に転換すべきことが強調されるようになった。また途上国における社会林業の推進に当たっても同様に住民参加の重要性が強調されている。

環境保全を前提とした森林管理や合理的な利用の仕方を、森林計画の策定から実施に至るプロセスにおいて、森林と多様に関係する人々が知恵を出し合い、討議して合意形成を図ろうとすることは、第一に民主的な手続きを踏むという観点、第二に環境保全と環境コストの内部化という視点からも大切なことである。かつては、所有権とか市場経済の枠組みの中だけでかかわりをもつ人々によって、森林管理や開発が行われていたが、今日では徐々にその枠組みが変わりつつあるといってよい。すなわち、被害をこうむってきた住民や環境面でかかわりをもちながらも傍観者たらざるをえなかった人々、NGOなど、従来の枠組みでは外部におかれていた人々の参加によって森林経営システムに環境・外部性を内部化する手段ができるならば、実質的に市場経済中心の枠組みの欠陥をある程度補うことにつながりうるのである。

そういう意味では、参加型システムによって民主的な運営が行われるならば、森林利用システムへの「環境の内部化」が図られる可能性がでてきたといってよい。筆者が前章で描いた「森林利用をめぐる社会経済システム図」において、システムの外にあった住民やNGOが参加の仕方にもよるが、システム内に入ることを意味している。

ただし、環境コストの内部化、環境効果（外部効果）の内部化、すなわち単に伐出生産費用を基準に産出されがちな南洋材生産品の価格への転嫁とか費用負担の問題はまた別の次元の課題である。

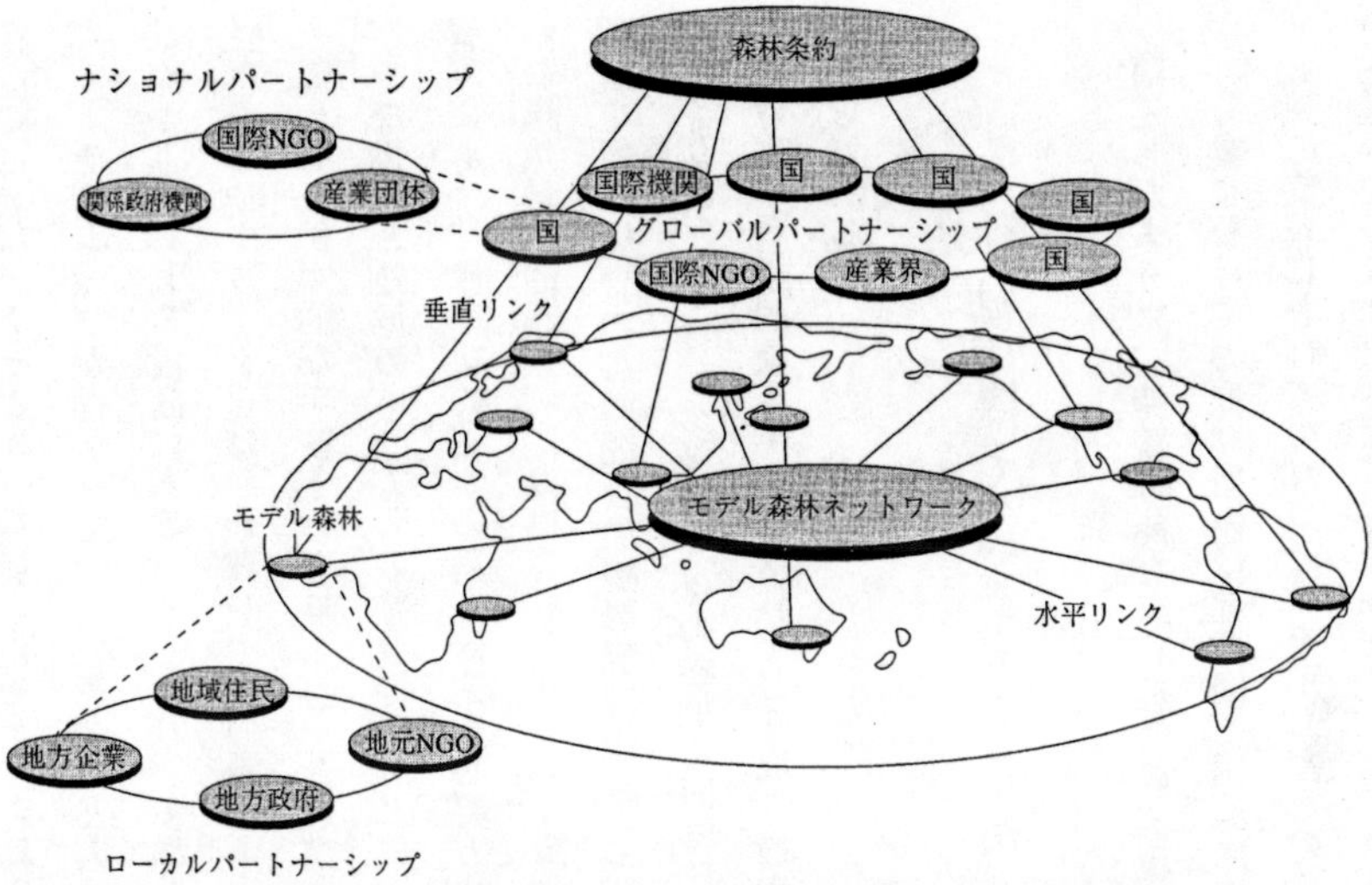

資料：林野庁「国際的な森林整備の推進に関する懇談会報告書」(98年版林業白書より).

図 2-2　森林管理のためのパートナーシップとネットワーク化の概念図

(2) パートナーシップと科学性

次に、民主的な手続きに関連して、パートナーシップとフィードバックシステムによってグローバルなレベルから地域レベルまでの連携を図ることが大事になっている。地域や流域単位での連携・パートナーシップが形成されるばかりでなく、国家レベル、さらにはグローバルパートナーシップといったように各段階ごとの連携のもとで相互にフィードバックしながら、民主的な合意形成を図ることが持続可能な森林経営の実現に向けて、重要な鍵を握っているといえよう。

図2-2は、森林管理をめぐるパートナーシップとネットワーク化に関する概念図[10]が示されたものである。「森林条約」は未だ成立していないが、とりあえずそのもとで、グローバルパートナーシップがあり、国レベルのナショナルパートナーシップが位置づけられている。本来はそのもとに、地域や流域単位のローカルパートナーシップが置かれるべきだ

が、ここでは、カナダから発展したモデル森林ネットワークの中で各国がモデル森林をつくり、そこにローカルパートナーシップが描かれている。資金面と人的能力面で限界があるため、当面はモデル森林のネットワークの拡大が進められる段階にある。ともあれ、多様な価値観をもった人々の参加に加え、情報の公開と共有化等、民主的なネットワーク化は、地球レベルの課題解決のためのアプローチとしては有効な方法の一つであろう。

こうした民主的な手続きやグローバルな連携と同時に、客観性・科学性が重要の度合いをましてきた。グローバルな視点と地域のあり方との整合性のもとに、森林のもつ機能の多様性と長期的観点が欠かせない利用や森林管理にあっては、次の三つの調査研究を必要とする。一つは森林生態系、生物多様性および土壌、水循環にかかわる自然科学的調査、二つは森林レクリエーションや木材資源利用のあり方、など社会経済的側面、三つは開発利用を行う場合の客観的な環境影響評価（アセスメント）にかかわる総合的な調査等が必要となる。後述する「モデル森林」では、多数の人々の参加と同時に科学的調査が欠かせない。価値観の異なる人々が議論の場につくだけに、科学的なデータは森林をどう取り扱えばよいかという合意形成の議論の材料として必要不可欠なものだからである。

2　行動に向けてのプロセスと手法

前述したように、持続可能な森林経営の実現をめざして「基準・指標」という形で一定の合意形成ができたが、行動にむけての取り組みは地域間、国家間の差異をもちながらも少しずつ行われ始めている。図2-3は、SFMの実現にむけてのプロセスを示したものである。

先進国での取り組みは、住民参加のもとに保護と利用を調和させる形の森林管理を「モデルフォレスト」で試

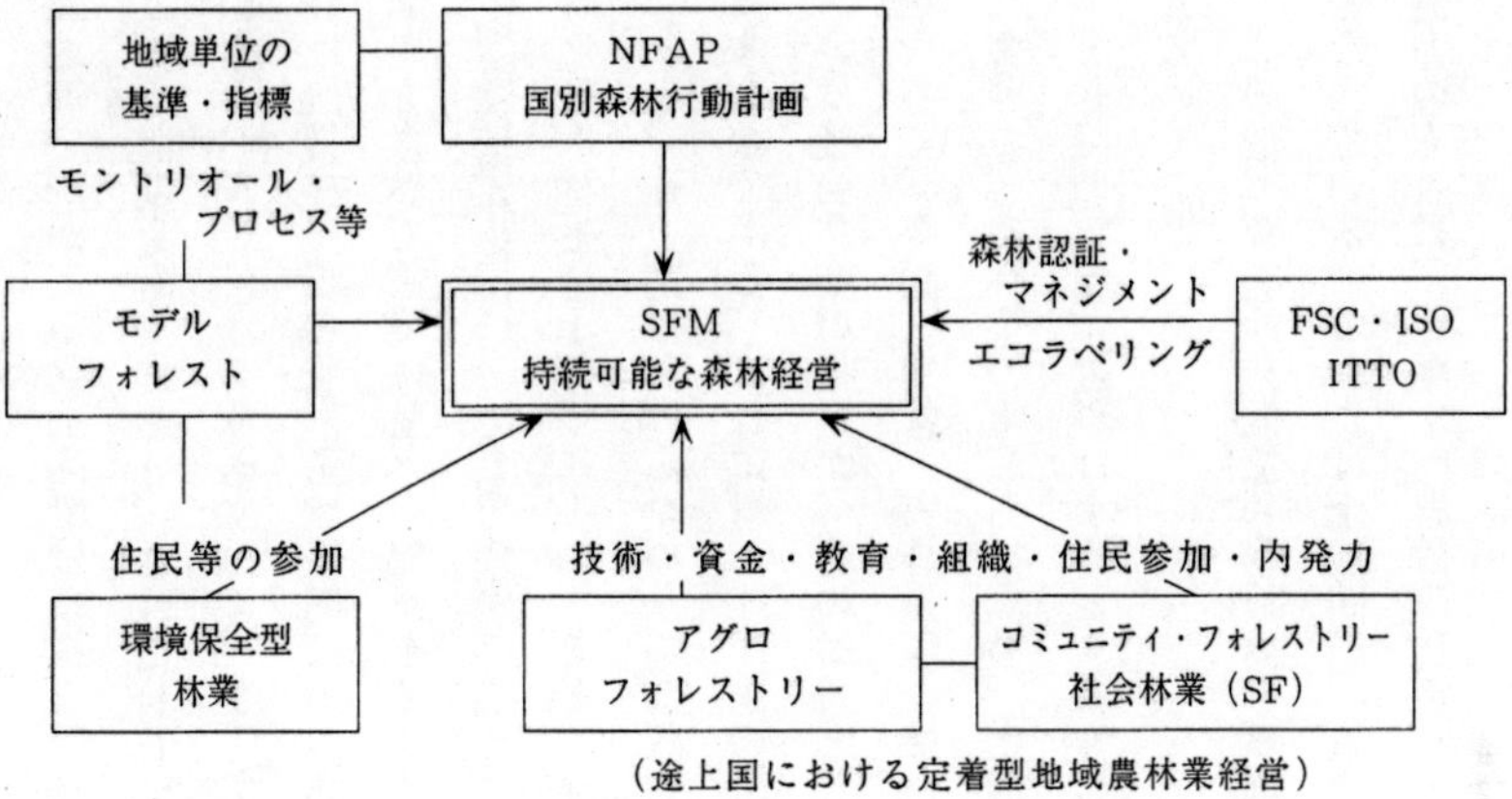

図 2-3　持続可能な森林経営に向けての手法

注）

FSC（Forest Stewardship Council＝森林管理協議会）

1993年設立の民間組織で，会員はWWF等の環境団体，林業・木材業者，先住民団体等からなり，93年25カ国（130組織），98年40カ国（260）へと増加傾向にある．その認証の仕方はFSCより認定された「認証機関」が「森林管理に関するFSCの原則と基準」に照らして審査し，基準をみたしている場合に認証を与え，認証された森林（98年630万ha）から生産された木材製品にFSCのロゴマークを付して流通でき，EUではそうしたラベル付きの商品が出始めている．

ISO（International Organization for Standardization＝国際標準化機構）

国際貿易の促進を目的に1947年に設立された民間組織で，地球サミットを契機に環境マネジメントシステム（14000シリーズ）が誕生した．14001では，システムや手順に関する国際規格化において，できる限り環境を破壊しない形・環境負荷の低減や未然防止のもとに事業を行うための組織体制・マネジメントシステムを構築し，公表，監査を受けて，認証される仕組みである．

なお，現在は木材産業関連では住宅企業，紙パルプ企業の一部が認定されているが，森林経営への14001の適用についても，96年以降ワーキンググループで検討がなされている．

み、それを普及させることによって実現を図ろうとするものである。一方、木材生産林の他に、焼畑、草原、荒廃地等をかかえる途上国では多様な手法が必要となる。まず、木材生産林においては森林の持続性と先住民問題という課題をもっており、これに対しては、「持続可能な森林経営が行われている森林」からの生産物であるというラベルを付けて取引すべく、ＩＴＴＯなどが認証・ラベリング制度の導入の方向で検討をすすめてきた。これは熱帯林に限らず、過伐傾向にある北米太平洋沿岸など先進国の木材生産林でも適応されるべきだし、先住民問題も含めて環境保全への配慮を基準に森林経営・管理を、そのプロセス等総合的に判断するＩＳＯ１４００１（国際標準化機構）による環境マネジメントシステムやＦＳＣ（森林管理協議会）による森林認証制度の適用のもとに木材生産が行われるべきであろう。

次に、途上国におけるやっかいな課題は、無秩序な焼畑移動耕作など、環境破壊を助長する生産方式をどう転換するかである。これに対して、図の下方に位置するアグロフォレストリーとかコミュニティフォレストリーあるいは社会林業の推進が、その対策として重点的な取り組み課題となっている。すなわち、先住民並びに移住者も含めて、企画・運営・実施過程で住民参加による適切な農作物の選択、育苗、そして植林を組み合わせることによって、農林業の生産力を高め、生計の向上と環境改善の両面を達成し、持続的なコミュニティの形成によってＳＦＭの実現に近づけようとするものである。その際重要なのは、農民が組織的・自立的な参加のもとに推進していくことである。

この他、荒廃地や低位利用地への環境造林ならびに産業造林による緑化の推進、森林再生もまた、重要な課題となっている。これには土地問題、教育、技術、組織化、資金問題等、様々な課題が横たわっているが、国際的協力のもとに、行動すべき段階に至っていることが共通認識となっている。

3　モントリオール・プロセスの指標とモデル森林

表2-3に、日本も参加しているモントリオール・プロセスの基準・指標が詳細に示されている。基準一〜五では、生物多様性の保全、健全な生態系の維持、森林土壌と水資源の維持、地球的炭素循環系への寄与といった自然及び環境の維持の側面が中心であるのに対して、基準六、七は生産、雇用、森林レクリエーション、文化等の社会・経済面でのニーズを満たし、市民・住民の参画など制度的枠組みやモニタリングなど科学的な理解、評価の確立をめざすものである。

持続可能な森林経営を実現するためには、表の「基準・指標」に示された総合的かつ多様なニーズに各国が対応していこうということが合意された。では、このチェック項目ともいわれ、難題である基準・指標をどう実行していくのか、モデル森林を中心にみておこう。

先進国の対応とモデル森林ネットワーク

先進国においては、森林全体への実体化はともかく、とくに国・公有林経営の考え方や計画段階においてはパラダイムシフトといってよいほど環境優先の方向に変化をとげつつある。アメリカ国有林ではエコ・マネジメント・システムが採用されだしたし、カナダでは「モデル森林」づくりがスタートし、日本でも国有林経営は生産林を縮小するなど大幅な土地利用計画の転換をみている。また、ヘルシンキ・プロセスグループのヨーロッパを中心に私有林をも対象にFSCによって持続可能な森林経営が行われていると認定された森林から生産される木材製品にエコラベルを貼付する「認証・ラベリング」がすすめられている。このように、実現に向けての転換が

(モントリオール・プロセス　７基準・67指標)（出所：林野庁)

基準６： 社会の要望を満たす長期的・多面的な社会・経済的便益の維持及び増進	基準７： 森林の保全と持続可能な経営のための法的，制度的及び経済的枠組み
指標：	指標：
生産及び消費	法的枠組み
a.下流の製造工程で付加された価値を含む木材及び木材製品の生産額及び量	a.所有権の明確さ，土地保有制度の適切さ，先住民の慣習及び伝統的な権利の設定，及び正当な手続きによる所有についての紛争解決手段の規定
b.非木材製品の生産額及び量	b.関連する部門との調整を含む，森林の価値の範囲を認定するような森林に関する定期的な計画，評価及び政策見直しの規定
c.人口１人当たりの消費を含む木材及び木材製品の供給と消費	c.森林に関連する公的政策及び意思決定への国民の参加並びに情報への国民のアクセスの機会の規定
d.木材及び非木材製品生産の価値の GDP に占める比率	d.森林経営のための最良の施業規定の助長
e.林産物のリサイクルの程度	e.特に環境的，文化的，社会的，及び／又は科学的に保全する価値のある森林の経営の規定
f.非木材製品の供給及び消費／利用	
レクリエーション及び観光	制度的枠組み
a.全森林面積と対比した，一般的なレクリエーション及び観光のために経営される森林の面積及び比率	a.国民の参画活動や公的な教育，啓蒙，普及プログラムの規定，及び森林関連情報の入手を可能とすること
b.人口及び森林面積と対比した，一般的なレクリエーション及び観光に利用される施設数及び施設のタイプ	b.分野横断的な計画及び調整を含む，森林に関連する定期的な計画，評価及び政策見直しの企画及び実行
	c.関連分野にまたがる人材養成訓練の開発及び維持
c.人口及び森林面積と対比した，レクリエーション及び観光のための利用客滞在延べ日数	d.森林の生産物及びサービスの提供を促進するとともに森林経営を推進するための効果的な物的基盤の開発及び維持
	e.法律，規定及びガイドラインの施行
森林分野における投資	経済的枠組み
a.森林の育成，森林の健全性と経営，人工林，木材加工，レクリエーション及びツーリズムへの投資を含む投資額	a.投資の長期性を認識しかつ，森林の生産物及びサービスの長期的需要を満たすために，市況，非市場経済的評価及び公的政策決定に対応して森林部門内外へ資金が流入ないし流出することを許容するような，投資及び課税政策並びに関連する法的環境
b.研究・開発及び教育に対する支出のレベル	b.森林生産物の非差別的貿易政策
c.新規及び改良された技術の普及と利用	計測及びモニター
d.投資の収益率	a.基準１から７までに関連する指標を測定し，又は記述するため重要な，最新のデータ，統計及び他の情報の提供可能性及びその程度
文化・社会及び精神的なニーズと価値	
a.全森林面積と対比した，文化・社会・精神的なニーズと価値を有する区域の保護のために経営される森林の面積及び比率	b.森林資源調査，評価，モニタリング及び他の関連情報の範囲，頻度及び統計的信頼性
b.森林の非消費的利用に係る価値	c.各指標についての測定，モニタリング及び報告に関する他国との整合性
雇用及び地域社会ニーズ	研究開発
a.森林部門での直接的・間接的雇用，及び総雇用に占める森林部門の雇用の割合	a.森林生態系の特徴及び機能についての科学的理解の促進
b.森林部門の主要な雇用分類における平均賃金及び障害発生率	b.環境的・社会的な費用及び便益の算定手法及びそれを市場及び政策に統合する手法，並びに森林資源の減少又は増加を国民経済計算体系に反映させる手法の開発
c.先住民社会を含む，森林に依存する地域社会の，経済状況の変化に対する活力及び適応力	c.新規技術の導入に伴う社会・経済的影響を評価するための新規技術及び能力
d.生活に必須な目的で利用される森林面積及びその比率	d.人間が介在することによる森林への影響を予測する能力の向上
	e.想定されうる気候変動が森林に与える影響を予測する能力
19指標	20指標

表 2-3　温帯林等の保全と持続可能な経営の基準及び指標

基準1： 生物多様性の保全	基準2： 森林生態系の生産力の維持	基準3： 森林生態系の健全性と活力の維持	基準4： 土壌及び水資源の保全と維持	基準5： 地球的炭素循環への森林の寄与の維持
指標： 生態系の多様性 a.全森林面積に対する森林タイプごとの面積 b.森林タイプごと及び，齢級又は遷移段階ごとの面積 c.IUCN 又は他の分類システムにより定義された保護地域区分における森林タイプごとの面積 d.齢級又は遷移段階ごとに区分された保護地域における森林タイプごとの面積 e.森林タイプの分断度合 種の多様性 a.森林に依存する種の数 b.法令又は科学的評価によって，生存可能な繁殖個体群を維持できない危険性があると決定された，森林に依存する種の状態（希少，危急，絶滅危惧，又は絶滅） 遺伝的多様性 a.従来の分布域より小さな部分を占めている森林依存性の種の数 b.多様な生息地を代表する種の，それら分布域にわたってモニターされている集団（個体数）のレベル	指標： a.森林の面積及び木材生産に利用可能な森林の正味面積 b.木材生産に利用可能な森林における商業樹種及び非商業樹種の総蓄積 c.自生種と外来種の植林面積と蓄積 d.持続可能と決定される量と比較した，木質生産物の年間伐採量 e.持続可能と決定されるレベルと比較した，木材以外の林産物（毛皮動物，苺類，きのこ，狩猟等）の年間収穫量	指標： a.昆虫，病気，外来種との競合，山火事，嵐，用地造成，恒常的な洪水，塩類集積作用，家畜等による作用または要因によって，歴史的な変動の範囲を超える影響を受けた森林の面積及び比率 b.森林生態系に悪影響を与える可能性のある特定の大気汚染物質（イオウ酸化物，チッソ酸化物，オゾンなど）や紫外線Bが一定のレベルに達している森林の面積及び比率 c.生態系の基礎的な過程（例，土壌養分循環，種子分散，受粉）及び／又は生態学的な連続性の変化の指標となるような生物的な構成員の減衰の見られる森林面積及びその比率（線虫，樹上着生植物，甲虫，菌類，ハチ類等の機能的に重要な種のモニタリングなど）	指標： a.顕著な土壌浸食の見られる森林面積及びその比率 b.流域，洪水防止，雪崩防止，河畔林帯等の保護機能のために主として経営されている森林面積及びその比率 c.森林流域において流量や時期が歴史的変動の範囲を著しく超えて変動した河川延長（キロメートル）の比率 d.土壌有機物が顕著に減少し，及び／又は他の土壌の化学的属性が変化している森林面積及びその比率 e.人間の活動の結果として顕著な圧密状態であるか又は，土壌の物理的属性が顕著に変化している森林面積及びその比率 f.森林地域において，生物多様性が歴史的な変動の範囲を著しく超えて変動した水系の比率（例，河川キロメートル，湖ヘクタール） g.森林地域において，pH，溶存酸素，化学物質のレベル（電気通導性），堆積，又は温度の変化が歴史的な変動の範囲を著しく超えて変動した水系の比率（例，河川キロメートル，湖ヘクタール） h.分解し難い有毒物質の集積が起こっている森林面積及びその比率	指標： a.森林生態系の総バイオマス（生物現存量）及び炭素蓄積量，そして，妥当ならば，これらの森林タイプ，齢級及び遷移段階ごとの区分 b.炭素の吸収・放出を含む，地球上の全炭素収支への森林生態系の寄与（植物生体現存量，倒木，根株中の炭素量，泥炭及び土壌中の炭素量） c.地球上の炭素収支への林産物の寄与
9指標	5指標	3指標	8指標	3指標

表2-4　カナダのMcGregorモデルフォレストの参画者

• University of Northern British Columbia • Northwood Pulp & Timber Limited • BC Ministry of the Environment • City of Prince George • British Columbia Wildlife Federation • Environment Canada • FERIC • Fisheries and Oceans Canada • Communications, Energy & Paperworkers Union • Tourism Prince George • ESRI Canada Limited • School District No. 57 • Alberta Research Council • Forintek • BC Ministry of Forests	• Natural Resources Canada-Canadian Forest Service • Lheidli T'enneh Band • I. W. A. Canada • College of New Caledonia • Outdoor Recreation Council of BC • Forest Education BC • Forests for the World Commissio • Forest Alliance of British Columbia • Allied Rivers Commission • Paprican • University of British Columbia • Federation of BC Naturalists • Cortex Consultants Inc. • Fraser-Fort George Regional Museum • Giscome Portage Historical Society

出所）McGregor model forest のホームページ.

みられるが、一方では、日本などの私有林経営においては、財産権のもとに必ずしも進展がみられていない。トータルでみると実現に向けての課題はまだなお多く残されているが、基本的な考え方の枠組みは「地球サミット」以降、相当に変化してきているといってよい。

ところで、私有林も含めてまとまった地域・流域単位で、モントリオール・プロセスに基づく総合的な森林管理をすすめようとする「モデル森林」づくりが一般的手法として注目されている。モデル森林は、カナダを先駆国としてメキシコ、アメリカ、マレーシア、日本などに広がりをみせ、世界的ネットワーク化がすすみつつある。そのモデル森林とは、持続可能な森林経営を確立するために、価値観の異なる多様な団体の参画のもとに森林計画の作成・実行と研究開発、モニタリングをパイロット的に実施するものである。一九九二年に一〇カ所からなるカナダモデルフォレストネットワークが創設され、一九九八年一月現在では、カナダに一一（面積合計八三一万ヘクタール）、メキシコ三（一二九万ヘクタール）、アメリカ三（三八万ヘクタール）、ロシア一（三八カナダのそれは「森林の持続可能な開発におけるパートナープログラム」と呼ばれるように、政府（資源、環境）、地方自治体といった行政、木材関連の産業界、大学やその他教育・研究機関、海洋漁業や河川団体、森林レクリエーションやアウトドアレク団体、コンサルタント会社、そして先住民組織や環境保護団体などのNGOといった広範な組織が参画している。例えば、ブリティッシュ・コロンビア州のマクグレガーモデルフォレスト（面積一八万ヘクタール）では、行政機関七、大学三、研究所一、産業団体一、森林、河川団体、環境保護団体、コンサルタント会社等、かなりオープンで多様な団体計三〇が参加して、計画立案に当たっているのである。

万ヘクタール）であり、アルジェリア、マレーシア、チリ、日本などが加わっている。(11)

4　CO_2問題で見直される森林社会循環システム

(1)　気候変動枠組条約と森林

前項までは「森林原則声明」の枠組みで森林をみてきたが、ここでは本章の基本的命題である循環型社会システムの形成にかかわりを持つ、地球温暖化防止を目的とする「気候変動枠組条約」の観点からみておこう。

一九九三年に締結された条約では、二〇〇〇年までに温室効果ガスの排出量を一九九〇年レベルに抑えるための対策をとることをもとめていたが、法的拘束力がないために実際は不十分なものにとどまった。九七年に取り決められた「京都議定書」では、法的拘束力をもたすとともに先進国全体で九〇年と比較して、二〇〇八年から二〇一二年の間に五％以上（日本は六％）の削減目標を決めた。その際、森林のCO_2の吸収分を計算に入れることが認められた。

そこでは、森林・バイオマス（樹木等の森林生物量全体）をCO_2の吸収源及び貯蔵庫として位置づけ、「全ての締約国は、森林・バイオマスの持続的な管理の促進及びその保全、保護及びそれらの強化等をはかるべきであり、また先進国等は、それらの保護・改善を通じて気候変動を緩和する政策措置を行うべき」であるとしている。

また、「気候変動に関する政府間パネル」（ＩＰＣＣ）によると、木材を使用することによる温暖化防止のかかわりは次の三点があげられている。

①木材・木質製品を使用することによる、炭素を貯蔵する効果

②エネルギー多使用型の非木質系原料を代替することによる炭素排出を削減する省エネ効果

③化石エネルギーを代替することによる、化石燃料中の炭素を放出しない、エネルギー代替効果

このうち、②および③の代替効果は、その効果が累積的に拡大するため、長期的にみた場合は温暖化防止対策として大きな潜在力を有していることが示唆されている。(12)

(2)　森林生産循環とCO_2

これまで先進工業国のエネルギー源の中心であった化石燃料の大量消費は大気中のCO_2増大の最大の要因である。それはまさに本章の最初にボールディングが指摘したように、枯渇資源の浪費と一方通行のスループットの仕組みのもとにCO_2が大気中に廃棄され、温室効果によって地球温暖化を促進してきたからである。今日、その仕組みを改善するために、再生可能資源であり、かつ炭素の貯蔵庫である森林を中心とする循環的利用システムの確立が重要性をおびている。すでに、ヨーロッパ諸国ではバイオマスエネルギーへの転換を図る国が増えてきている。

森林とCO_2の関係は、植林し樹木が旺盛に成長している段階ではその吸収機能も高い。このことはとくに熱

帯等、破壊された地域での植林において意義をもつ。また、日本でも林業サイクルの中で伐採跡地に植林すると炭素を取り込みながら成長し、成熟しきった場合は成長がわずかになり、新たに吸収する量は減るが、しかし巨大な樹木群からなる森林と森林土壌には大量の炭素が貯蔵されることになる。その木を伐採し、住宅や家具として使用するならば、炭素はそのまま、人間生活の中で貯蔵され、使用期間が長ければ長いほどその効果が高い。当然伐採跡地の植林によって再び樹木の旺盛な成長がCO_2の吸収固定をすすめるのである。

加えて、木材製品をつくる過程でのエネルギー（化石燃料）の消費量は鉄やアルミニウムなど木材の代替品の製造過程での消費量に比べて数百分の一と、格段に少なくて済むのである。したがって、地球温暖化防止という観点から、CO_2の吸収固定そして加工過程での排出に着目すると、長く利用できる製品をつくりながら、植林するという森林生産循環サイクルは、最も優れた資源利用システムといえよう。

一方、熱帯の原生林の場合は、森林の成長はほとんどなく、フローの面からみればCO_2の吸収固定と倒木、落葉・落枝の分解時の酸素O_2の消費とでその収支はゼロだといわれるが、しかしストックの面からは炭素の巨大な貯蔵庫として機能しているのである。それゆえ、プランテーション開発等のために伐採し燃やしてしまったり、使い捨てのコンパネとして使用後廃棄・焼却するのでは、化石燃料と同様、CO_2の放出という一方通行にとどまるので、それを防ぐためには再生産・循環システムの形成が必然化される。

EU諸国で取り組まれ、今後大幅に増加させようとしている木材廃棄物や残材等からのバイオマスエネルギーも燃やして発電する過程ではCO_2を放出するが、しかし、その後、植林を行い、成長旺盛な森林がつくられ、CO_2の吸収固定が行われるため、マイナス分を取り戻すことができるのである。そして硫黄なども含んだ化石燃料に比べ成分的にクリーンで、代替効果も大きいことはいうまでもない。

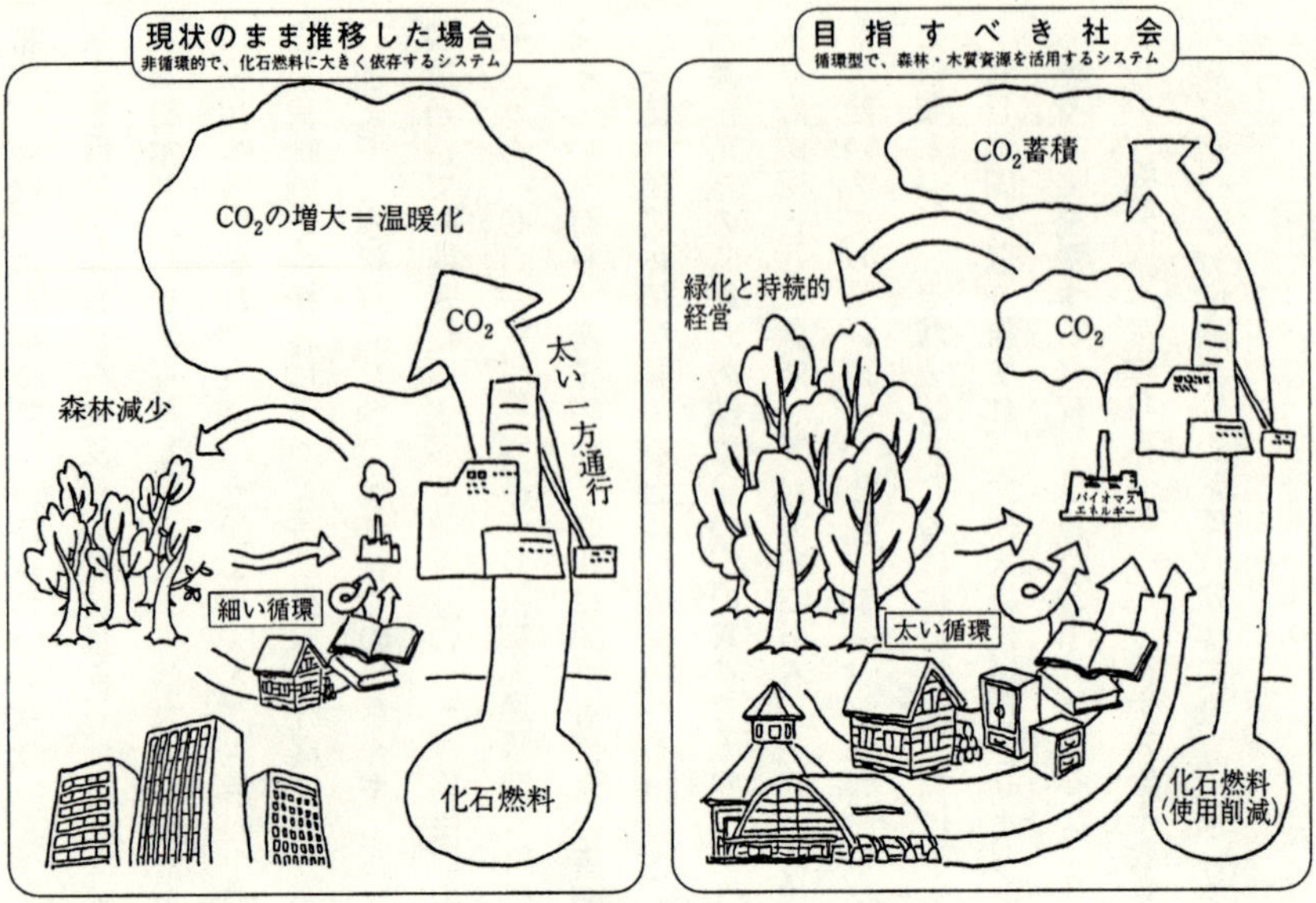

出所）林野庁「森林・木質資源を活用した循環型システムの構築をめざして」54頁に一部修正，加筆.

図 2-4　森林の持続的活用による循環型システムづくり（イメージ図）

(3) どう克服する市場システム下での矛盾

森林は再生循環的利用が可能で、その過程でCO_2を放出するだけでなく吸収もすることから、うまくコントロールすれば、地球環境にとって最も環境負荷の少ない資源であるといえよう。それゆえ、環境保全にとって森林・林業をもっと大きく位置づけた社会循環システムの形成が必要となる。

だが、当面の経済性を優先する市場機構が支配的な現実の社会システムのもとでは、国際的価格競争によって一部の国をのぞいて森林経営・林業は成り立たないし、途上国では農業開発などのために森林の機能を配慮する余裕もないまま、破壊が進行してきた。地球レベルの森林のもつ環境機能、林業のもつ外部経済効果を内部化できにくいシステムであるがゆえに、バイオマスエネルギー利用も含めた森林利用の再生循環システムの形成には、政治的な対策が必要となる。

例えば、補正する手段として、化石燃料使用には、環境悪化分をコスト化して環境税とか課徴金をかけ、一方、環境改善に寄与する森林育成には、その対価として交付金、補助金、あるいは担い手の経営が成り立つためのデカップリング・直接所得保障などの対策が考えられる。現実にスウェーデンをはじめとする北欧諸国では炭素税の導入が行われており、バイオマスエネルギー推進政策とあわせて、市場システムの欠陥に対して一定の是正が進められている。

日本においては、この視点からの新たな循環システムの構築に向けての対策は、「森林・木質資源を活用した循環型システムの構築をめざして」という地球温暖化に関する検討が行われた段階であり、ある程度進み始めている海外植林をのぞくと実施に向けての壁（短期的な経済運営を優先する政府・財界の反対の壁）はまだなお厚い。

最後に同検討会の提案する「森林の持続的活用による循環型システムづくり」の図が宇宙船地球にとって今後のめざすべき方向として、ボールディングの提起、そして筆者の方向と一致するものとして転載しておこう。資源・環境問題の解決に向けて工業化社会からエコロジー重視のシステムへの転換が、宇宙船地球を救う道だからである。

(1) K・E・ボールディング『科学としての経済学』（清水幾太郎訳）、日本経済新聞社、一九七一年、五七頁。
(2) 都留重人『公害の政治経済学』岩波書店、一九七二年、五七頁。
(3) D・H・メドウス他著・大喜佐武郎訳『成長の限界』ダイヤモンド社、一九七二年。
(4) 依光良三「森林・緑ブームの諸側面」『林業経済』No.四三三、一九八四年。
(5) 林野庁監修『,92国連環境開発会議と緑の地球経営』日本林業調査会、一九九三年、三、八四頁。

（6）国際林業協力研究会『持続可能な森林経営に向けて』日本林業調査会、一九九六年、三九頁。
（7）環境庁地球環境経済研究会『地球環境の政治経済学』ダイヤモンド社、一九九〇年、六〇頁。
（8）本書の第四章「日本の森林開発と森林荒廃の歴史」参照。
（9）一九八〇年代初頭のＦＡＯの「熱帯林資源調査」によると、森林減少に影響を及ぼす要因の第一が焼畑移動耕作であり、熱帯アフリカでは七〇％、熱帯アジアでは四九％、熱帯アメリカで三五％に達していた。
（10）林野庁『平成九年度林業白書』日本林業協会、一九九八年、一五八頁。
（11）モデルフォレスト・ネットワークに関しての情報は、ホームページ http://www.idrc.ca./imfn/network.html から得ることができる。また、パートナーシップの事例に用いたカナダの McGregor model forest に関しては http://quarles.unbc.edu/mcgregor/index.html を開くと情報が得られる。
（12）森林・林業・林産業と地球温暖化防止に関する検討会「森林・木質資源を活用した循環型システムの活用をめざして」、林野庁、一九九八年、一三頁。
（13）その他、参考資料としては、林野庁監修「国際林業協力のあらまし」海外林業研究会、一九九七年。国際緑化推進センター『緑の地球』各月号。日本木材総合情報センター『木材情報』各月号などがある。

第三章　途上国における社会林業と植林・緑化

フィリピン　サンタカタリナ社会林業プロジェクトの子供たち

第一節　社会林業の展開と役割―フィリピンを事例として―

1　アグロフォレストリーと社会林業

(1)　アグロフォレストリーとは

前章で触れたように、無秩序な焼畑移動耕作など、環境破壊を助長する生産方式の転換対策として、農民が定着して生計が営めるアグロフォレストリーや社会林業の推進が、途上国にとって重点的な取り組み課題の一つとなっている。

アグロフォレストリーとは、英語の農業「アグリカルチャー」と林業「フォレストリー」とを合成してできた言葉で、一定の土地において空間的、時間的に農作物と樹木とを組み合わせた栽培方法をいう。(1)

世界的には古くから多種多様な方法で営まれてきており、かつて日本でも木場作（スギの植林と同時に間にソバ・アワ・イモ・ミツマタなどの作物を作り、木が大きくなるまでの間混植する）などが行われていた。日本の木場作とほぼ同様の方法によって、東南アジア各国ではタウンヤ法やトゥンパンサリ法が行われてきた。その他、樹木、果樹、野菜等の混植法、等高線に沿って樹木帯と畑作地を交互に配置するアーレイ・クロッピング法、林間放牧とか混牧林、中国の農地林網林、あるいは、森林の地力再生力を生かし休閑期を置いた伝統的な焼畑移動耕作などもアグロフォレストリーの一形態に数えられる。

アグロフォレストリーをタイプ分けすると、一般的に行われている単純な手法・技術の観点からみるのと、それに土地所有・生産関係をからめてみる方法とがある。前のパラグラフでは技術・手法に基づいていくつかのタイプをあげた。後者の視点は誰のためのアグロフォレストリーか、ということにかかわる。一つの典型は個人所有地ないしは公有地での慣行利用権に基づく小農による秩序だった焼畑農業、あるいは農作物を中心にしつつ短伐期の燃料用樹木、果樹などを混植するものであり、これは農民みずからのためのものといってよい。

もう一つの典型は、大地主や植民地下の国有林の土地において、植林の初期プロセス（地拵え・下刈りの代替過程）としてのアグロフォレストリーの場合である。地主小作関係のケースにおいては、例えば日本の木頭林業の形成（スギ造林）期にみられた焼畑・木場作、あるいは、ミャンマーやタイ、インドネシアなどの公有林やプランテーションでのチーク等用材の植林目的のもとでの混植・営農形態（タウンヤ法など）においては、農民は農作物を自分のものにすることができるが、植林に際しては樹木への権利がないのみか賃金も支払われることなく、植林木が数年で成長すると他の場所

混植形態によるアグロフォレストリー．アカシア，イエマネなどの樹木を適当に伐りながら，オクラ，トウモロコシ，マメ類を植えている．（フィリピン，アラヤット山社会林業プロジェクトにて）

タウンヤ法によるアグロフォレストリー．ミャンマーでは国有地を２年間だけ農民が借りて，植林と同時に農作物をつくり，その後移動する．

に移らなければならない。タウンヤ法は一九世紀の植民地時代に優良木材資源の育成を主目的にして発達しただけに、その方法は農民にとって土地や森林の保有権の保証のない隷属的で永続性に欠けるものであった。歴史の過程では、こうした生産関係のもとで成立したアグロフォレストリーも少なくないのである。

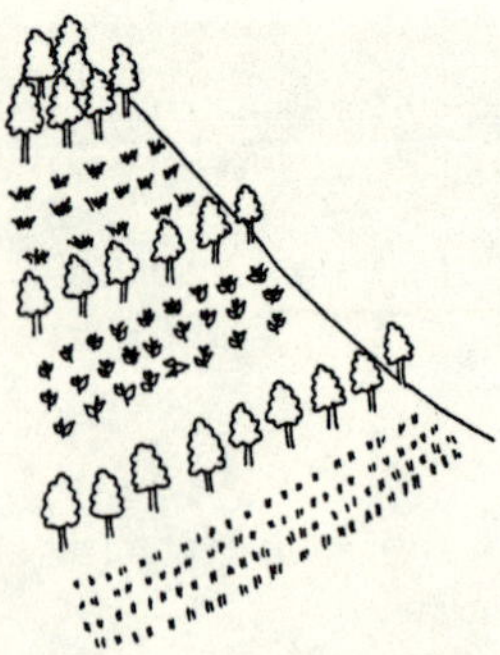

階段状に農作物と樹木等を組み合わせる.

図 3-1　アーレイクロッピング法

(2)　社会林業の性格

社会林業（social forestry）は、インドに発した考え方で、一九七〇年代から八〇年代にかけて途上国の農山村の再開発の有効な方法として国際的に認識されるようになった。広義にはコミュニティーのための林業、人々のための森づくりであり、農山村の貧困層を助けるための「地域社会開発のための林業、アグロフォレストリー、村落林業、農家林業、農村開発のための林業」などを包括する概念と考えて良い。(2) 具体的にはインドでは住民参加のもとで行われる道路、鉄道、水路沿いの帯状植林、農家林植林（アグロフォレストリー）、共有林植林などであり、タイでは住民による公有地植林やアグロフォレストリーを内容とする。また、中国の農地林網林や囲村林などもその一形態といえよう。

ところで、フィリピンでもちいられている「社会林業」は、ファミリー・アプローチなどによる植林も含むが、主として農業と結合した森づくりを意味し、定着型アグロフォレストリーの技術をもちいて、一定のコミュニティー単位に農作物づくりと森林づくりを実行しようとするものである。それは、地力の改善・生産力の向上と同時にみどり環境の再生並びに山地の保全とを地域社会単位に同時に実現しようとする、生産と環境の調和をめざすものである。それと同時に現在行われている社会林業は、基本的には環境改善という観点からは共通するが、それ以外にそれぞれの国の事情に応じてすぐれて政策的意図のもとに計画され、普及・実施されているものである。

アグロフォレストリーが農民による個別経営単位で営める伝統的ないしは経験的技術であったり、所によっては地主小作関係のもとで形成されたものであったり、あるいは行政の指導によって普及しているのに対して、社会林業は、行政が強く関与し地域単位で受け皿としての農民の協同組合（association）をつくり、内実はともかく農民参加のもとに組織的に営むことをめざしたものである。

「ソーシャル・社会」という言葉には、山地などにおいて農業を営む地域とか人々が居住するコミュニティーが含意されており、また「フォレストリー・林業」には、みどり森林づくりが意図されている。つまり、過去の伐採開発や営農的利用を通じて土地生産力が低く、環境保全機能の低下した草原やはげ山（多くは公有地の慣行的利用地）に、行政指導と農民参加のもとに、植林しながら同時に農作物を作ったり、畜産を営もうとするものである。かつての林業ならびに農業・アグリカルチャーというモノカルチャー偏向による矛盾や破綻から脱するため、いわば永続性のあるコンビネーション・カルチャーへの地域ぐるみの取り組みの試みといえよう。

現在、途上国においては社会林業への取り組みが、試行錯誤ながらかなり積極的に進められつつある。その中でも比較的早く、国家的プロジェクトとして「総合社会林業計画」を実施に移しているフィリピンの事例について以下にみておこう。

2　フィリピンにおける社会林業の展開と課題

(1)　「総合社会林業」政策の導入の背景

環境対策としての社会林業

フィリピンの森林は、一六世紀までは国土の九〇％を占めていたが、スペイン、アメリカの植民地下での伐採開発、そして二〇世紀半ばの高水準の伐採開発に加えて他の途上国と同様に著しい人口増加のもとで焼畑移動耕作（カインギン）によって急減した。その結果、一九三〇年代には五〇％台であった森林率は、とくに一九六〇年代から七〇年代に著しく低下し、八〇年には二〇％台（九五年一九％）にまで激減した。(3) ちなみに、一九六〇年代半ばから七〇年代前半は「高度経済成長」下の日本の木材需要を満たすための商業用伐採が最盛期の時期に当たる。

森林の減少は、第一章で述べたような環境問題をもたらす。フィリピンにとってはとくに水問題（洪水、渇水）が深刻の度をまし、とくに洪水災害は頻繁に起きている。九一年のレイテ島オルモック市で六千人余の死者行方不明者をだした洪水災害は流域の山林のはげ山化が最大の原因とされ、過去の乱伐や開発の経緯、山林管理や利用のあり方の問題が指摘され、教訓として環境問題のテキストに大きく取り上げられているほどである。これほどの大規模でないにしても中小規模の災害は、二〇世紀半ば以降、森林の減少とともに頻発している。こうした環境問題の発生のもとで森林再生を図ることが社会林業政策導入の第一の背景といえよう。

第二は、それと関連して、平場の貧困層の移住者も含めて増え続ける焼畑移動耕作者（カインギネロス）に対しての定着化対策が導入の背景にある。彼らの位置づけは「公有地の不法占拠者」としていわば犯罪者的扱いで、公権力による追いだしの対象であった。一九七五年にはカインギン管理計画（二年間の焼畑耕作の認証付与）以降少しずつ認可されるようになったけれども、それ以降も「不法占拠者」とされるカインギンとそれに伴う森林減少は依然として続いており、森林再生力に余裕を与えられない無秩序なカインギンによるこれ以上の森林破壊を防ぎ、山地の環境改善を図ることが重要な課題となっていた。

権力にとっての社会林業

第三は、移動耕作者に対する公権力による追い出しは、各地でトラブルを招き、権力と貧困層との対立が深まり、デモやゲリラ活動を展開するなど、権力の基盤を揺るがしかねないものであった。フィリピンには七〇を超える部族がいるといわれ、それぞれ考え方や慣習が異なろう。山林の多くが国有地であるとはいえ、慣行的利用が行われてきたところであり、権力による追いだしは当然大きな摩擦を招き、弾圧された人々の結束は反体制勢力の拡大へとつながりつつあった。

当時、強権力支配の維持を図ろうとしたマルコス体制にとって、こうした権力に対抗する民主勢力の拡大はその基盤を揺るがしかねないものであり、地方の「安定化」対策は権力維持にとって欠かせないものであった。このような社会的不安定のもとに、それまでの排除・弾圧から土地保有の長期認可を伴う定住化・所得の向上を図る方向への政策転換が、住民・農民参加型の社会林業政策を導入した基本的背景の一つと考えられる。

第四は、フィリピンの平場農地の所有構造はごく一部の地主に集中する大土地所有制で、六〇年代後半から七〇年代前半にかけて、米とトウモロコシ栽培地の一部が解放され、(4)新たに自作農が形成されたものの、大多数の人々はわずかな土地をもつか、土地なし労働者や失業者であり、低賃金労働者として大地主やアメリカ等の多国籍企業を支えるという構造にあった。権力と結びついた一部の大地主層や多国籍企業のプランテーションは、上流域の山地が安定していてこそ維持されるのであり、上部構造の維持のためにも、貧農層による社会林業の導

フィリピン　タリイサイ社会林業プロジェクトの風景．アーレイクロッピングや混植などの形で営まれており，農家や作業小屋もある．作物としてはココヤシやマンゴー等の果樹，イピルイピル等の樹木，キャッサバ，オクラ，豆類等の野菜を組み合わせてつくる．

入が必然的であったと考えられる。
第三の要因が内部的な対抗関係の懐柔策であるのに対して、第四は、権力にとって政治経済的支柱である大地主と多国籍企業体制（ODAを含む）という外部を含んだ存立基盤の整備の側面をもつ。

(2)　社会林業の展開と現状

土地保有権の認証と実施システム

フィリピンにおける社会林業は、一九八二年の「総合社会林業計画」（ISFP：Integrated Social Forestry Program）において本格的に導入された。その前史には「ファミリー・アプローチ」による植林計画、そしてアグロフォレストリーの普及を内容とした「コミューナル・ツリー・ファーム計画」があった。これらの過去の認可も「総合社会林業計画」に統合整理して、参加を認められた農民には二五年間の土地保有権が認証され、さらにもう二五年間の更新も認められた。あ

表 3-1　フィリピンにおける社会林業関連政策の変遷

年	主要政策	内　容　等
1950～80	森林資源の大規模開発	ラワン材を中心とする熱帯原生林の伐採開発政策が集中豪雨的に展開．輸出額の３割にも達する．熱帯林の激減と草原無立木地面積の増大．
1975	カインギン管理計画（焼畑移動耕作の管理）	国有地を占有し，使用している焼畑移動耕作民に対して，２年間の使用許可証が発行されるようになり，排除・取り締まり政策を一部変更．
1979	コミューナル・ツリー・ファーム計画	アグロフォレストリーの手法をもちいて集落共同の植林を行う計画．認可期間25年で参加農民はさらに25年間の更新が可能．
1980	ファミリー・アプローチ造林	家族を単位に植林を請け負わせ，実績に基づき支払う．２年間の契約で，間作に農作物の栽培可能．
1982 (86年	総合社会林業計画（ISFP） マルコスからアキノ政権へ)	森林占有者管理計画，ファミリー・アプローチ，コミューナル・ツリー計画を統合し，その認証者を含め，アグロフォレストリーの組織的実践．認証期間は25年でさらに25年の更新が可能．
1992(93)	分権化政策の推進により地方政府に管理運営移譲	86年以降環境天然資源 DENR が管理していたプロジェクトのうち，各州１カ所のモデル社会林業地 CPEU 以外は管理運営を地方に移譲．
1995	コミュニティー・フォレスト管理戦略	持続可能な森林経営を達成するため，コミュニティーに基礎を置く国家戦略の採用．

表 3-2　フィリピンにおける総合社会林業計画の年次別概要

年	計画数	総面積 ha	開発面積	受益世帯数	認可数	認可地域 ha
1983	835	285,876	38,267	85,862	12,423	31,992
84	1,042	319,779	71,996	101,996	28,574	77,628
85	1,412	391,229	97,294	119,943	47,950	127,867
86	727	430,038	121,719	175,193	60,098	154,212
87	760	490,608	137,573	202,306	75,213	190,487
88	803	447,814	160,961	152,528	93,070	227,460
89	2,715	525,619	176,244	204,999	128,772	262,658
90	3,038	614,469	215,457	221,394	155,083	363,724
91	3,676	657,782	234,650	224,337	169,554	395,510
92	3,752	683,935	463,280	253,044	206,292	463,280
93	3,814	742,356	645,450	352,363	321,323	742,356
94	3,889	869,204	659,067	363,116	329,181	759,362
95	3,890	878,082	661,564	364,878	330,725	762,662
96	3,894	880,088	663,460	369,188	368,406	839,746
97	3,909	907,006	668,701	372,588	372,007	849,846

資料）フィリピン環境天然資源省（DENR）調べ．

わせて五〇年間の土地利用が保証され、平均三ヘクタールの広さの土地は永続的な農林業が営めることを可能にした。こうした形で公式に住民参加（people's participation）がとられるようになり、国有地の慣行的利用・カインギンの排除の時代を経て、契約による認証の形でごく一部であるにせよ国有地の「解放」とも解釈される。それは制限付きにしろ自作農創出をめざして行われてきた「農地解放」の山林版といえよう。

計画から実施に至る行政システムとしては、当初は天然資源省（MNR）そしてマルコス政権の失脚によりアキノ政権に移行した八六年以降は環境天然資源省（DENR）のもとに、行政区、州（province）単位に社会林業事務所を設置し、職員を配置して普及に当たった。こうして、中央集権下のトップ・ダウン的なシステム、行政主導のもとに社会林業プロジェクトが発足し、順次、開発面積、受益者数も増加をたどっていった。九七年までの一五年間では、プロジェクト地域数では三九〇〇余、合計面積は九一万ヘクタール、受益世帯数は三七万戸に達した（表3-2参照）。

アキノ政権に移行後の変化は、地方分権政策の推進による管理機構の変化とDENRの役割と理念の転換をすすめたことである。とくに九二年には、地方分権化をすすめ、それまではすべてDENRの管理下に置かれていたものを、九三年からは一部を除いてほとんどのプロジェクトは地方政府（Local Government：Province）に移譲された。地域住民の意向を重視し、実のある住民参加を促進するためには地方分権の方が合理的な考え方なのであろう。そうした政策スタンスの転換の中で、中央組織であるDENRは各州毎にモデルとなる社会林業プロジェクトサイト（CPEU）六五カ所と社会林業の研修センター一〇カ所、計七五カ所、一一・五万ヘクタールを管理運営することとなった。各CPEUには農民が集会できる研修所（training center）も設置し、技術的な指導に加えてピープル・エンパワーメントを引き出すべく普及のための研修の場を提供する役割を担うこととなった。

住民参加とピープル・エンパワーメント

ピープル・エンパワーメントという概念は、社会林業と同様に一九七〇年代に使われだしたもので、「村落住民がうまく運営できるように技術や能力を向上させること」または「村落住民が、自分たちの開発にとって必要だと確信する行為について決定を行い実施できるようになること」を意味する。(5) 開発に当たって行政からの上意下達方式のもとで単に受け身的な参加、すなわち村落住民が開発プロジェクトの対象（客体）にとどまることなく、能力開発とさらには組織的主体的参加・権限の移譲によって、村落住民が開発を担う主体に移行し、自立的な発展が意図されている。当時、途上国の発展の論理として外来型開発に対して、「それぞれの地域の生態系に適合し、住民の生活の必要に応じ、地域の文化に根ざし、住民の創意工夫によって、住民が協力して発展のあり方や道筋を模索し創造していくべきだ」(6) という内発的発展論の枠組みのもとでの概念と考えられ、途上国のこの種の開発やプロジェクト実施に当たって成功のためのキーワードとなっている。それは、最も多く使われる言葉である住民参加に内実をもたせる考え方といえよう。

内発的発展、住民参加、そしてエンパワーメントといった概念は前のパラグラフでも触れたように一九七〇年代半ばから途上国における開発のあり方の議論の中から広く一般化したものである。開発が誰のためのものなのか、これまでの開発は先進国や資本や一部の特権階層を利して、貧しい人々は制度的、組織的に疎外され、力を奪われているがゆえにますます貧しくなっているという現実があって、それを変えていくための考え方の枠組み・パラダイムの転換の中で、重視されるようになった概念なのである。

フィリピンの社会林業プロジェクトにおいても、とくにアキノ政権への移行後はこの路線上にあって計画、意思決定、実施のプロセスにおいて農民が参加し、エンパワーメントを高め、主体性の発揮のもとに推進していこうという姿勢が強く打ち出され、農民みずからの組織的な力の結集を進めることをめざしている。あえてＤＥ

NRの社会林業モデルプロジェクトの名称をCPEU (Center for People Empowerment in the Upland)としたのもその視点を重視しているあらわれであるし、また、現実にエンパワーメントこそ成功への近道にちがいない。

定例会議で話しあう女性参加者（カタリナプロジェクトにて）

女性参加で高まるエンパワーメント

その先進的事例として、サンタカタリナのプロジェクトがあげられる。プロジェクトに参加することが認められると土地保有の「認証契約証」が発行されるが、このプロジェクトにおいては九五年時点で実に全体の三分の一に当たる九七人の女性が土地保有権を取得している。組織としては、全体の組織、女性の組織、そして子供たちの組織と三つがあり、特に女性の組織の活動が活発である。われわれが訪れた時は、たまたま、月一回の定例会議を開いていた時で、議論や雰囲気から活気が伝わってきた。女性の組合は九一年にできたが、それまでは夫の保有土地のアグロフォレストリーの手伝いを行うにとどまっていた。八四年に設立されたこのプロジェクトにおいても夫の代理で会議に出席するなど、地域には活発な女性が多く、女性自ら土地保有権の認証を取得すると一層活発化する。月一回の定例会議に加えて必要に応じて臨時的な会合がもたれ、DENRからの情報を受けるばかりでなく、プロジェクトのニーズや組合運営にかかわる諸事項が議論され、主体的に意思決定が行われ、時には「下から上」への要請も行う。夫たちが入る全体の組織よりもはるかに活発で継続的かつ自立的な活動が行われているという。

表3-3　フィリピンにおける総合社会林業プロジェクト（ISFP）の事例

総合社会林業プロジェクト名	所在地（部族名）	対象面積（ha）	受益戸数（女性参加）	営農形態 AG方式	主要作物	年平均収入
サンタカタリナプロジェクト	ケソン州（南タガログ）	1,274	330 (97)	混植 間植 アーレイクロッピング	果樹 マホガニー オクラ	3.8万ペソ（10年前の3倍）
グリーンヒルズプロジェクト	コタバト州（セブアノ）（イロンゴ）	372	155	混植 間植	果樹 トウモロコシ イエマネ イピルイピル	1.8万ペソ（10年前の8倍）
アラヤット山プロジェクト	パンパンガ州（パンパンガ）	492	402	混植 間植 アーレイクロッピング	果樹 野菜 チーク	3万ペソ（10年前の10倍）

資料）ノエル・デュンガ「社会林業政策と住民参加」，林業経済研究 No.127,1995，116頁をもとに作成．なお，収入が大幅増となっているのは，果樹などが収穫期に至ったことにもよる．

女性たちの保有土地では、作物は夫と相談して決める者もいるが自分自身の判断で決定する者も少なくない。DENRの普及員からは主として樹木の知識と植栽にかかわる情報を得る。オクラやナス、ビーン、トウモロコシ、キャッサバなどの野菜、ココナツ、マンゴー、ランソーネ、パイナップル、バナナなどの果物、そしてナラ、マホガニー、イエマネ、イピルイピル、アカシアなどの樹木などの中から適当に組み合わせて作るという。組合は、収入の中から一定の組合費を徴収し活動資金にあて、ローンなど相互扶助的活動も行い、行政に対してはインフラ整備の要請も行う。収入も夫たちとほとんど変わらず、年間四万ペソ（日本円で約一四万円：ただし一人当たり総生産は日本の四〇分の一を考慮するとフィリピンでは中級の収入）に達する。われわれの質問に対して、組織的に活動することが生き甲斐づくりになって、仕事も楽しいという話が聞けた。

フィリピンでは多数のプロジェクトが実施されているが、男性と対等の立場での女性参加はまだ一般的ではなく、このプロジェクトは極めて稀なケースである。しかし、女性のねばり強い共同の精神や、子供も含んだ取り組みはピープル・エンパワーメントのモデルケースといってよい。

アチスの収穫作業をする家族（アラヤット山にて）

なお、われわれはアラヤット山のプロジェクトも訪れたが、ここでは女性は働き手ではあるが、男性中心に運営されており、会議などにもほとんど出席しないという。このプロジェクトは、エンパワーメントについては不明であるが、アグロフォレストリーの実践という面では、かなり成熟しているといってよい。標高一〇〇〇メートル程度の富士山型の火山で、国立公園に指定され山麓から中腹にかけての比較的なだらかなエリアがプロジェクト地である。その上の自然を保護すべきコアとしてのリザーブエリアに対してプロジェクト地はバッファーゾーンとして位置づけられ、農民による環境保全型利用を通じて調和を図ろうとするところである。アチスやマンゴーなど中高木の果樹とアカシアやイエマネなどの樹木、オクラなどの野菜を組み合わせたアグロフォレストリーが行われており、プロジェクトの目的自体は達成されているといってよい。

(3) 社会林業の意義と課題

フィリピンにおける社会林業は、われわれが見たモデル的なプロジェクトに関しては、生産と環境保全の調和、所得の向上、そしてサンタカタリナではエンパワーメントという観点からも、成功を収めているといってよい。といっても、ごくわずかな優良事例しか見ていないので一般化はできない。当然、失敗の事例もあるであろう。また、プロジェクトの推進に当たって住民参加やエンパワーメントの観点からみると、農民は必ずしも積極的とは限らず、推進に当たる普及員も技術的なことはともかく組織化やエンパワーメントにかかわる適切なアド

バイスを行うことに関する熱意に欠けるきらいがあるという。(7)

アグロフォレストリーという技術面での普及が進展していることは事実であるが、本来の社会林業が目指した「人々とくに貧農のためのプロジェクト」になっているかどうか、プロジェクトへの参加者がどのような階層の農民であるかは、研究課題として残される。土地なし農民や零細小作農民までが参加できているのかどうか、フィリピンの農地改革において、これらの階層が切り捨てられたように、もし同様のことが社会林業への参加をめぐって起こっているとすれば、人々のためのプロジェクトという社会的公正の面で欠陥があることになる。

こうした誰のためのプロジェクトかという観点は、最初に述べたように、当時、住民参加やエンパワーメントそして内発力という概念が次々と登場したように、人々のため (for the people) という考え方が、とくに第三世界ではパラダイムシフトといってよい新たな理念となりつつあった。フィリピンでは社会林業導入の背景において、マルコス政権という強権力支配の維持という側面があったものの、その後のアキノ政権への移行・一定の民主化の中で、とりあえず、「人々のため」の社会システムの確立に向けて、真に実施されているかどうかは別にして、理念の転換が行われたことは評価に値する。

フィリピンの森林は、歴史の中ではほんの「点」にすぎない二〇世紀の中後半において、外圧と内圧の両面から破壊しつくされ、自然生態という面でも、また

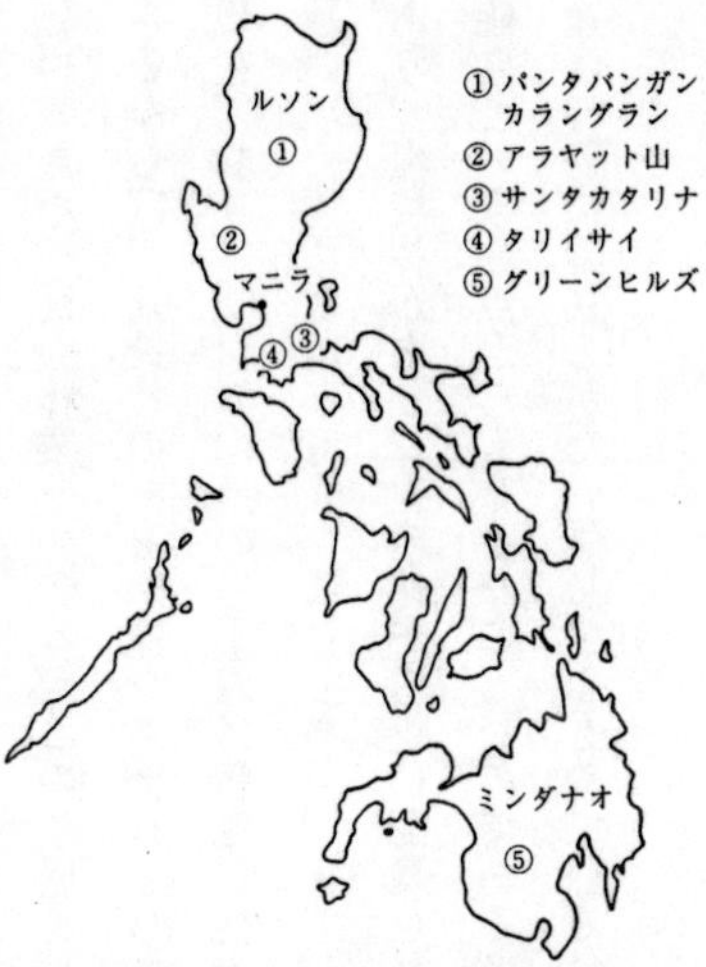

図 3-2　フィリピンの略図と調査地

社会・生産という面でも循環システムは崩壊してきた。その矛盾が環境問題と貧困を助長する形で底辺の人々を苦しめてきた。社会林業システムがこの矛盾を減らし、そこで生産と環境を調和させながら改善していくことができるならば、永続性のある循環システムとして意義をもつ。

現在、フィリピンの山地の三〜四%程度が社会林業プロジェクトに使用されているが、広大な山地を社会林業で覆い尽くすことは不可能なことであり、また、それは間違いでもある。当然のことながら、森林として保護林があり、環境林があり、生産林が適正に配置されていることもまた自然生態・環境と経済の調和、循環システムの確立という観点からも重要なことなのである。フィリピン社会のひずみと貧困の中では、自律的に森林再生への途は容易に確立しがたい難しさをもっている。次節ではこの点にふれてみよう。

第二節　環境造林の展開と課題

1　フィリピンのパンタバンガンダムにみる水源林造成
―日本のODA・技術協力との関連において―

(1)　水源地帯の森林荒廃と植林

フィリピンでは、過去五〇年間において一一〇〇万ヘクタール（国土面積の三七%）の森林が失われ、プランテーションから焼畑までを含む農地として利用される一方、五〇〇万ヘクタールにも及ぶといわれる草原無立木地になったりして荒廃もすすんでいる。そのうち、少なくとも二〇〇万ヘクタールの「水源の森」、例えばパンパンガ川やカガヤン川、あるいはパンタバンガン水源地などが草原無立木地型の荒廃がひどいといわれる。(8)

本来、水源の森は、いわゆるラワンを中心としたフタバガキ科の樹木をはじめ、きわめて生物多様性に富む、うっそうとした熱帯林で覆われていた。フィリピンの熱帯原生林は、優れた品質の木材を産出するがゆえに、とくに一九五〇年代後半から七〇年代後半にかけては日本向けの輸出用材として大規模な開発の対象となった。マルコス政権下では一族郎党に伐採権がふるまわれ、[9] 利権の対象となり、日本の大量消費・総合商社による買い付け攻勢と結合して、集中豪雨的な伐採開発によって熱帯原生林が裸にされていったのである。[10] 最盛期においては木材はフィリピンの第一位の輸出品となり、その七〜八割が日本向けであった。このことからも明らかなように、多国籍企業と途上国政府の結合による熱帯林開発の促進という第一章で示した構図が基本的にはそのまま当てはまる。

その結果、一九四〇年ごろまでは一一〇〇万ヘクタールあったフタバガキ科の原生林の面積は、開発最盛期の一九七〇年時点では五二〇万ヘクタールになり、八〇年には二四〇万、そして九五年には八〇万ヘクタールにまで激減したのである。[9] トータルの森林減少面積は六〇年代、七〇年代には年平均三五万ヘクタール前後(国土の一・二%)にも達し、開発が下火になった八〇年代から今日に至る間においても年平均一二万ヘクタールの森林が失われている。これらの大規模な原生林伐採開発に加えて、カインギン(焼畑移動耕作)の拡大や隣接放牧地からの失火による山林火災が森林喪失に拍車をかけたことはいうまでもない。

これに対して植林は、一九一〇年に初めてフィリ

フタバガキ科・ホワイトラワン等の植林地
(フィリピン大　演習林)

ピン大学の演習林で試みられ、以降少しずつ植林プロジェクトが進められだし、一九五〇年ごろから七〇年代半ばにかけては主として森林開発局の手によってプロジェクトが組まれたが、植林面積は年間平均一万ヘクタール前後と、ごくわずかにとどまっていた。七〇年代後半からは、森林エコシステム管理計画（ＰＲＯＦＥＭ、七六年）、コミューナル・ツリー・プランテーション計画（七九年）、ファミリー・アプローチ植林計画（八〇年）等の樹立と七七年の植樹令（五年間にわたり毎年国民一人一本ずつ植樹を義務づけた法律）の制定もあって、上位下達的にかなり植林・緑化が行われだした。比較的条件の良いところに年間五、六万ヘクタールの産業造林・環境造林が行われているが、これは政府目標の五分の一にとどまる。また、成林率もきわめて低いといわれ、森林の再生・回復に至るにはほど遠いものがある。また、近年の経済危機のもとで植林面積そのものも低レベルに落ち込んでいる。

ともあれ、七〇年代半ばまでは植林は行われていないに等しいほど微々たるものであったが、七〇年代後半に植林計画が実行に移されたのは、第一に、森林資源の枯渇化が目前に迫ってきたことがあげられる。先にふれたように日本の大量消費と結合し、マルコス体制を支える経済基盤・利権の源泉として集中豪雨的な原生林伐採が展開した。その結果、資源の減少と劣化が急激にすすんだため、森林資源の再生が政策課題となった。第二は、伐採の後、カインギンが行われたり、牧畜利用が行われたため、山の地力が低下し、不毛の土地と化しつつあり、生産力回復のためにも森林再生が必要であった。第三は、カインギン対策で、カインギンの管理を強化するかわりに、ファミリー・アプローチ計画やコミューナル・ツリー・プランテーション計画という木場作・農業もとり入れた形のアグロフォレストリーを展開し、後に総合社会林業に組み込まれた。第四は水（洪水災害と水資源かん養）をめぐる環境問題で、下流の人々の生活と地主階級の経済を守るためにも必然化された。

プロジェクト開始期のカラングラン地区の風景（写真提供JICA）．右下の建物はトレイニングセンター，左側の丘陵地は植林したところ．現在は左の丘陵は森になっている．水田の遠方に見える草原無立木の山地は現在もほぼ同じである．

(2) パンタバンガンダム水源林造成のプロセス

世銀融資によって一九七四年に完成したパンタバンガンダム、そしてその上流の水源域は、ルソン島中央部に位置し、マニラ湾にかけての穀倉地帯や都市の水源として、また洪水防止も含めて重要な役割を課せられた地域である。この地域の水源の山林は、奥山には二次林・天然林が残るものの、中腹部から里にかけてはその大半は、日本のチガヤやカヤに似たコゴンやサモンの草原に覆われたり、あるいは植生が失われ、エロージョン（土壌浸食）がすすんでいる山地もところどころに目立つ。山林の荒廃によって水源の森としての緑のダム機能を果たせないし、ダム湖への土砂の流入も激しく、堆砂によって貯水機能は急速に減退していく。そのため、下流に住む人々をはじめとする環境ならびに産業の両面から、水源の森の再生は重要な課題となっていた。

フィリピンの要請を受けた日本のODAで、環境保全を目的とする林業協力の第一号であるとともに、国際協力事業団（JICA）によるプロジェクト方式技術協力の最初の事業として実施されたのが、「パンタバンガン森林造成プロジェクト」である。一九七六年に開始され、九二年まで続いたこのプロジェクトは貧困問題をかかえる途上国での森林再生の困難さを如実に物語っている。(11)それは、植林の技術的な問題ではなく、地域住民とのかかわりにおいて生じた軋轢の問題があったからに他ならない。

このプロジェクトは造林分野を中心とする日本の専門家を派遣し技術的指導と普及、そして必要な資材供与を行い、フィリピンの担当者や普及員を研修員として受け入れ、担当者（カウンター・パート）と共同で植林事業を進めるが、植林のための資金はフィリピン側の負担（local cost）というシステムのもとに始まった。樹種としては成長の早いアカシア、イピルイピル、マツ類、イエマネなどが選ばれ、地域の農民が労働者として多数雇用されて植林が始まった。

プロジェクトの目的が水源林造成であり、最終的には流域の五万ヘクタールにも達する草原無立木山林の植林をめざし、フィリピンの森林開発局とMNRの植林プロジェクトを拡充発展させるため、JICAプロジェクトは技術開発面での支援の役割を担い、当初は森林造成技術の開発のための試験林・パイロットフォレスト八一〇〇ヘクタールを六年間でつくることをめざした。それと同時に、植林・治山技術の指導を行う研修所・トレイニングセンターの建設（七八年一〇・五億円の無償資金協力で建設）を行い、森林造成や治山技術の教育普及というソフト面での役割も担った。

ところが、現実には六年でパイロットフォレストを造成し、普及指導期間も含めて一〇年計画の予定が最終的には一六年を要している。その要因に関して林野庁の担当者は次のように述べている。「一六年間のプロジェクトの運営を通じ常に直面した問題は、ローカルコスト不足、森林火災対策、専門家の安全対策であった。このことは、発展途上国における林業技術協力上の問題は、単に技術的な問題だけでなく、貧困、人口増、失業など、その国の社会、政治、経済等の問題に深く、複雑にかかわっているということである。いずれにしても完全に破壊された熱帯林の再生には大変な年月、経費、労力を改めて認識させられたことである。[12]」

(3) プロジェクトと地域社会をめぐる問題

現在管理に当たっている環境天然資源省地方事務所（CENRO：Community Environment and Natural Resources Office）の担当者によると、八一〇〇ヘクタールのプロジェクト植林地のうち成林しているのは三分の一に当たるおよそ二七〇〇ヘクタールだという。そしてその最大の原因は、前項の引用文にも示されているように人為的な山林火災にあり、突き詰めれば、貧困問題、社会構造問題に根ざすのである。

まず第一に土地所有と慣行的利用についてふれておこう。山林のほとんどは国有地であるが、プロジェクトが設定された当時、多くの草地はMNRが貸し主となって一〇年ないしは二五年契約の放牧貸付地となっていたし、慣行的利用や「不法占拠者」の居住と農耕、そして約一三〇家族による焼畑移動耕作・カインギンも行われていた。ただし、放牧貸付地の保有者は地元住民より地区外の富裕者層が多く、地元住民を管理人や使用人として雇用する形態にあった。カインギンはもとより放牧地も火入れを行うため、プロジェクトの実施に当たっては、これらの人々との調整を必要とした。代替地を与えられて移動する者は良いが、そうでな

「パンタバンガン森林造成プロジェクト」地．火災によって草原部分が増えているところ（1998年10月）

く立ち退きを余儀なくされたものには不満が残るし、「不法占拠者」や周辺部放牧地の火入れや飛び火は今日に至るまで火災の原因になっている。

第二は地域社会の問題である。ダムの上流に人口約二万人のカラングラン町があるが、住民のほとんどは一九六〇年以降に移住してきた者である。この地域の平地部には水田が広がり、高台からは一見豊かな農村風景が展望できるが、集落に入ると貧しさが伝わってくる。この落差は、下流部やマニラ周辺の平地部農村にみられる状況と同様、土地所有が一部の地主に偏り、大多数の住民は土地なし農民（小作人、農業労働者）や焼畑農民というきわめて低収入の貧しい人々で占められていることに起因している。人口の九割以上の人々が貧困層で占められているという地域社会の構造が問題の根底にあり、後に反体制運動としてプロジェクトにも影響を与える。

プロジェクトの実施に当たっては、二五〇〇～三〇〇〇人の労働者を雇用する必要があり、カラングランの各集落から集められた。賃金は、農業労働者として働くよりもプロジェクトに雇用される方が高く、多くの労働者が集まった。フィリピン政府の予算がつき、順調に事業が行われ、賃金が支払われている時は問題が起きなかったが、七九年の第二次オイルショックの経済悪化のもとで夏以降の事業の中断・雇用の中止がおき、その後もたびたび賃金支払いの遅滞がおきた。こうした解雇や賃金未払いをめぐる紛争等の労働問題が生じた後の乾期には、必ずといってよいほど大規模な火災が起きている。八〇年一月から四月にかけての一〇六ヘクタール（八件）、八三年の七二六ヘクタール（一九件）、八八年の五二八ヘクタール（一九件）は、すべて労働問題と関連しており、人為的意図的失火といわれる。(13) また、プロジェクトのスタッフは八一年に反体制勢力（反マルコス・反日・反米勢力）ＮＰＡの襲撃を受けているが、その理由として労働者への賃金未払い、第二次大戦中の日本人の残虐行為、日本による森林資源の収奪行為、マルコス政権によるプロジェクト資金の着服などをあげている。(14) 過去を含めた日本とフィリピンの上部構造に対して常に支配される立場にあった下層の貧困層の不満が暴発したものに他ならない。

このように地域社会の不安定性と貧困が根っこにある中で、植林期間中という臨時的就労機会の増大以外には、むしろ下流の人々を潤すための水源林造成という地域住民の利益とは必ずしも合致しないプロジェクトの推進は、一部の人々の反発をうみ、長期間を要した割には森林造成に成功した面積が少ないという結果をもたらした。

プロジェクトの推進過程において、このような問題に直面すると地域住民対策としてアグロフォレストリーシステムや社会林業を取り入れたり、水源林機能を重視し伐採禁止の植林地を住民が薪炭用材として持続的に利用できるシステムの提案が日本側から行われるなど、住民との共存の途が考えられるようになった。しかし、基本的には地域住民の利用を排除した下流のための「緑のダム」としての囲い込みであるという性格をもつために、プロジェクトが終了した後においても人為的な失火が少なくないという。

(4) プロジェクト終了後の流域管理の課題

プロジェクト終了後は、CENROが研修施設・トレイニングセンターの運営も含めて管理に当たっている。トレイニングセンターは主にルソン島全体のDENRの職員や技術者、農民代表者などの教育研修の場に使用され、プロジェクトサイトNo.1が火災コントロール、No.2がエロージョン（土壌浸食）コントロール、そしてNo.3が造林技術試験とくに早成樹種から在来有用樹種への転換試験の実習の場として機能している。これらの活用形態はプロジェクトの目的に合致するもので、上記の地域社会問題があるにせよ、パイロットフォレストの造成による普及の役割は果たしえているといえよう。

プロジェクト地全体の管理は、水源林・環境林であることからCENROの職員が当たっているが、流域の八万ヘクタールに及ぶ山林を少ないCENROの職員で管理するため、山林管理担当職員は一人当たり二〇〇〇ヘクタールを受け持ち、十分に目が行き届かないということ及び管理を強化すれば住民の反発をかうという問題もある。そのため、いったんプロジェクトサイトから出ていった人々も終了後に再び戻ってきたり、新たに移住者が住み着くなどの動きがみられる。このように管理が行き届かない状況のもとで、自然災害や人為的失火（飛び火）によってなお失われる林がある。結局は、住民と水源の森とが共存できる途をどう確立していくか、にかかわるのであろう。

水源林造成という荒廃地の緑化事業は、環境保全という視点だけからみれば、何ら問題はなく積極的に推進すべきことである。しかし一方では、地元地域社会とのかかわりの中では、住民の目には、彼らの利用を排除するという一種の山林囲い込みと映るであろう。そして、水源林造成によって利益を受ける者との間に矛盾も発生する。それゆえ、フィリピン社会の階層構造全体の中での対立の構図を和らげる政策、具体的には地元住民のニーズに基づき、造成された森林と経済的にも共存できる関係の構築がないかぎり、パンタバンガンプロジェクトで生じた問題は、生産力が低いながらも使用可能な草地へのこの種の植林プロジェクトの実行に当たっては、再びくり返される問題となろう。そこに環境保全のための大規模な植林緑化の難しさがある。

プロジェクト地で成林しているところ（1998年10月）

あえて提言するならば次の三点があげられる。①五万ヘクタールに及ぶ草原・無立木地に対して、森林を中心に牧草地、社会林業地が適切に配置されるような土地利用計画が、住民参加のもとに彼らのニーズも組み込んで立てられること、②森林造成の過程で木がしげるまでの間、タウンヤ法や木場作の形で農作物もつくり、その後も農民が森林・樹木の除伐・間伐、そして択伐材などの利用権をもち、常に森林を維持しながら、持続可能な森林経営の枠内で権利を保有し利用できる仕組みをつくること、③前節で触れたような、住民のエンパワーメントを引き出す仕組みづくりをすすめ、コミュニティーレベルで自立的共同体的管理を行うこと、であろう。結局は、林業中心の住民参加・住民主体型の社会林業の推進に他ならない。

(5) 住民参加か住民排除か――フィリピンの選択

第一節の社会林業では、サンタカタリナのように住民参加によってエンパワーメントをひきだし、土地をベースとした地域資源を自分たちの管理のもとに生活向上と環境改善に役立て、内発的発展にむすびつけてきた事例を述べた。一方、次のパンタバンガンの事例では、水源林造成の名のもとに、住民を排除し国家による囲い込みの事例をみ、そこにおいて激しい住民の抵抗があった。マルコス政権の崩壊後は、社会林業により傾斜しつつあったが、政府の選択はかならずしもそうはいっていない。

その契機となったのは日本からのODA資金であった。フィリピン政府の要請によって海外経済協力基金（OECF）は一九八八年に環境植林のための資金として一五〇億円の円借款を行うこととなり、これにアジア開発銀行からの融資も加わり、DENRは八〇年代末から九〇年代前半にかけて、フィリピン史上最大の植林プロジェクトを推進した。巨額の資金を手にした政府は、五カ年で三五万ヘクタールの植林計画をたて、農民や集落単位の請負の形で実態的には産業植林を推進していった。請負造林の形で行われたこのプロジェクトは、植林の大半は管理不足や火災によって失敗におわり、三年後検査段階でルソン島で二〇％、セブ島で二五％程度の成林率にとどまっており、[15]「フィリピン最大の造林事業の〈成果〉といえば、山間部における土地紛争を激化させ、金銭トラブル（汚職）を蔓延させ、返済不可能な二億ドルの債務をフィリピンの納税者に背負わせて累積債務問題をより深刻なものにした」[16]といわれる。

DENRはこの植林プロジェクトに力を入れるあまり、地域資源の住民管理を手法とする社会林業政策への取り組みを弱め、再び林地の国家管理を強化する方向性を強めていった。フィリピンに限らず途上国への巨額の資金援助による植林は、民主的で住民参加のできるシステムが形成されていない限り、利権と結びつきつつ、土地への国家管理を強めることとなり、内発的発展の視点からは逆行することとなる。途上国の発展のための見直しが必要であるし、先進国からのODAのあり方も問われる。

2　中国における自然環境問題と植林・緑化

(1)「緑のダム」喪失と長江大水害

一九九八年七月～八月の大雨による長江流域の氾濫は死者四〇〇〇人、罹災者二・二億人を超える大災害となったが、さらに中国経済の生命線といわれる下流の工業都市地帯にも大打撃を与えかねない寸前にまで水位は達し、緊迫した危機的状況に至っていた。かろうじて工業地帯の罹災は免れたものの、洪水災害問題は人為的要因が大きいだけに今や中国の直面する最大級の環境問題の一つとなった。

洪水災害の原因は、流域の遊水池の埋め立て開発と山林の荒廃にあるといわれる。とくに、上流の森林は長い歴史の中で伐採開発がすすみ、農耕利用や放牧がくり返された結果、森林率は二〇％にまで減少した。いうまでもなく、人口増加のもとでの開発圧力が強かったからであり、四川省辺りの国有林にあっても天然林伐採が大規

エロージョンがすすんだ山地での植林緑化事業（黄河流域にて）

模に行われてきたからである。国有林の伐採開発は、社会主義新中国を建設するに当たり、戦争と貧困で荒廃した経済環境を立て直すため、その原資の一つとして行われてきた。一九五〇年代から八〇年代にかけて国家財政への寄与が求められ、「伐採すればするほど森林が多く、伐採すればするほど質が良くなり、青い山が永続し、保続的に利用できる」（一九六〇年の林業建設目標）という誤まった予定調和の考え方のもとに大規模な天然林開発が行われたのである。[17]

こうした天然林開発やより大きくは農地等の過度利用の結果、半乾燥地帯では砂漠化が進み、また山地では土壌浸食（エロージョン）によって、荒廃した山地が多くを占めるようになり、森林のもっていた保水機能・緑のダム機能と土地の生産力は著しく失われていったのである。とくに長江は八〇年代末から九〇年代に入って、土砂流出による濁りの度合いが増したため、森林伐採の削減の方向で制限が加えられていた。

また、黄河流域でも常時、大量の土砂が流出し、平常時でも水に大量の土砂が混じり、濁水となって流れるほどに山地の荒廃がひどく、みどり環境問題の重要課題の一つとなっている。いかに山を治め、川を治めるかが中国の発展そのものに影響を及ぼす段階に至っており、環境改善のための、上流部の治山・環境造林がより大きく脚光を浴びだしている。むろん、これまでにも環境改善のための植林・緑化は行われてきた。例えば、黄土高原における一九六〇年前後から行われている植林・緑化のプロジェクトは黄河への土砂流出を抑制するのに大きな効果があったといわれる。[18] だが、流域全体からみれば、保全よりもなお破壊の方向へのベクトルが大きく作用してきた。

長江流域では九〇年代半ばに至って大プロジェクトによっていっそうの環境緑化対策に取り組む必然性がでてきた。一つは巨大な三峡ダム建設への着手（九四年）であり、さらに九八年の大災害は決定的な要因となったのである。中国政府はまず九五年に「生態環境保護計画」を立て、植林によって森林率を三〇％に上げることをめざし、さらに九八年には長江流域の天然林伐採を全面的に禁止するとともに、植林地には一定期間人々の立ち入りを禁止する封山政策をとり、流域の大規模な治山のための植林緑化事業を進める計画を発表したのである。

広大な中国は、砂漠緑化、はげ山の植林緑化、平地部の植林緑化等、多くの課題を抱えている。次項からは、その中でも環境植林に成功してきた華北平原の事例を李論文に依拠しつつ[19]歴史をふまえてみておこう。

(2)　華北平原地域での植林・農用林業の展開とその機能

農地林網林の造成―植林・緑化による環境改善

華北平原地域は山東省、河北省、北京市などを含む広大な平原であり、人口密度の高い地域である。過去の森林破壊の結果二〇世紀前半では、ほとんど森林植生は失われ、集落内、屋敷林などを除いて樹木はなく、広大な畑地はいわば乾燥した裸の状態にあった。農地の砂漠化、アルカリ土壌化は、農業生産力を著しく低下せしめ、また、春先には民家が砂嵐に襲われるなど生活環境面でも悪化の一途をたどっていた。また、当時の土地所有構造は大地主に集中しており、八割の人々は貧農であった。

一九四九年に共産党政権が誕生すると、真っ先に農地改革によって小作農に土地を解放して個人所有とし、ま

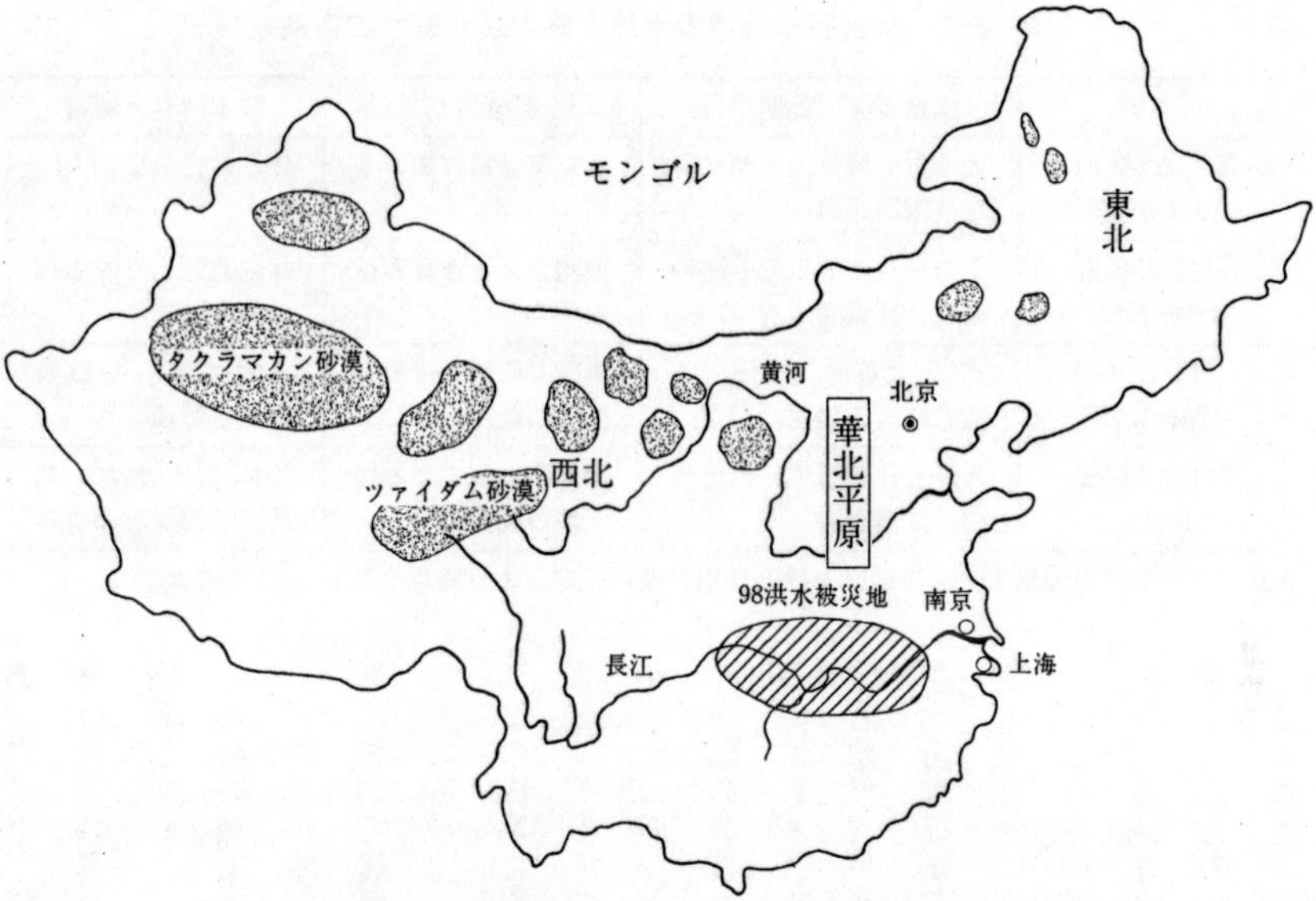

図3-3　中国華北平原の位置と砂漠の分布，長江被災地概略図

た、劣悪な農業生産環境の改善に着手した。そして、植林によって農地を保護することを目的に砂漠造林局が各地に設立され、国が資金を出し、農民が労働力を提供して植林活動が展開した。例えば、河南省東部平原地区では一九五〇年から三年間で、実に総延長五二〇キロメートルにも及ぶ基幹保護林帯が造成され、それによって四七万ヘクタールの砂嵐におびやかされていた農地の環境が次第に改善されていった。山西省でも一三九〇キロメートルもの保護樹林帯の造成をすすめていった。こうして、各地で農地林網帯がつくられ、砂漠化をくい止めるばかりでなく、やがて荒廃していた農地の生産力は次第に回復過程をたどり、同時に住民の生活環境の改善にもつながっていったのである。

一九五〇年代においてこのような植林が大規模に展開しえた要因としては次の二点があげられる。第一に農地改革によってそれまで地主階級の支配下にあった貧農層が土地を取得し、農業に主体的に取り組もうとする意欲と新政権の政策に対する支持が

表3-4　華北平原地域の土地・林木所有制度の変遷

時　期	土地所有・生産手段	経営方式	林木所有・保有
農地改革期 1949-1956	大地主の解体，土地私有と農家間共同	農家自営農作業の共同	林木の完全な個人所有
人民公社Ⅰ期 1956-1964	土地・機械等生産手段の人民公社集団所有	共同経営・作業収益の平均分配	林木共同所有屋敷林の個人所有
人民公社Ⅱ期 1964-1978	「文化大革命」集団所有国家統制の強化	集団共同耕作労働の強制的徴用	林木共同所有屋敷林・自留地
農村改革開放 1978-	人民公社の解体，土地集団・集落所有	土地請負制による個人農の成立	林木個人所有，集落，公的所有の併存

資料）李天送「中国華北平原地域における農用林業の展開と木材市場構造」133頁から要約.

あったこと、第二に、これまで農民が生活・生産の両面において砂嵐・風害に苦しめられてきており、その改善に役に立つ樹林帯の造成の必要性を痛感しており、理解と労力提供への合意が得られやすいこと、であった。これらの理由により上位下達的な国家プロジェクトであるにもかかわらず、農民が協力的で短期間に樹林帯の造成ができたのは、生産・生活の両面において農民自身のメリット（for the people）につながるものだったからである。

この成功に自信を得た政府は一九五六年には「全国農業発展要綱」を公布し、その中で「すべての家の回り、村の周辺、道路沿い、川辺または水路沿い（四傍と略称）には、可能な限り、できるだけ早く木を植栽せよ」と全国の農業委員会に呼びかけた。これが契機となって、華北平原地域においてもそれまでの砂漠造林ばかりでなく、「四傍植林」にまで植林・緑化活動が広がっていった。この場合、木が育って伐採する際には、その収益を苗木提供者二〇％、土地所有者三〇％、植林者五〇％という分配方式としたため、農民ないしは地域住民の植林に対する意欲が高まったのである。これらの植林活動は、村落の環境改善と所得機会の増大を目的としており、地域社会に役立つ組織的な森づくりはまさに社会林業の範ちゅうに含まれるものである。

こうして、一九五〇年以前の華北平原地域は、ほとんど樹木がなく、ト

保護林帯の造成は砂の移動を止め，農地の生産力を高め，環境改善に役立つ．

ウモロコシやムギ畑などモノカルチャーの状態が長く続いたことによって、生産と生活環境が疲弊しきっていたのであり、五〇年代の植林運動を契機としてその後八〇年代にかけて紆余曲折を経ながらも拡大する植林は、土地利用のコンビネーションカルチャー化によってその環境を大きく改善することに寄与した。樹林帯は、砂嵐風害を防ぐばかりでなく、落ち葉などの有機物も供給し土地生産力の回復にもつながる。人間にとっても土にとっても樹林の存在は、それぞれに潤いと滋養という「力」を与え、美しい農村を生み出すのに欠かせないものなのである。

一九五六年には、農地の個人所有（個人生産）制から農民の集団労働と集団配分方式による農場制の「人民公社」が発足した。それによって、政府の方針や計画が貫徹しやすい強権的な管理体制が築かれた。自らの土地でなくなった農民自身の植林意欲は減退しながらも、行政主導のもとに農地保護林や四傍植林は引き続き展開していったが、一九六〇年代半ばからの文化大革命期には農民の意欲がとくに低下したともいわれ、植林は低迷をたどるのである。再び農地林網林が発展に向かうのは一九七八年の農村改革が契機となった。

改革開放・新林業政策下での新たな発展

一九七八年末には、人民公社での集団経営形態から個別農家単位の家族請負制へと農業政策の大きな転換が行われ、自留地経営、個人副業そして自由市場が復活することとなった。林業にあっても八一年に林業生産責任制が実行され、華北平原地域では土地所有は村落に帰属するものの林地の使用権、林木所有権の多くは、個別農家のものとなった。農地林網林の場合、伐採更新時には収益の二～四割が集落、六～八割が農家の取り分となり、林内での農作物の栽培も許され、生産物はすべて農家に帰属することとなった。

前項で述べたように一九五〇年代からこの時期までの間は、環境改善のための緑化政策に基づき植林が展開してきた。それによって、環境財としての緑のストックが形成され、更新の時期をむかえるに当たって、林木所有権の農家への帰属は所得機会をうみだし、市場の形成とともに木材がかなり高値で取引されたこともあって、有利な作目として農家の植林意欲は大いに駆り立てられていった。植林樹種としてはポプラ、キリ、ニレ、エンジュなどが植えられ、環境緑化のための植林から、環境維持と木材生産・経済とが調和した植林活動へと展開し、新たな拡大発展期を迎えるに至った。

ただし、村落所有の土地は公平の原則に基づいて、豊度の違いなどを調整するため農家間で土地使用権が再配分され、せっかく植林し育てた林が自分のものでなくなるということも起こり、農家に不安感が生じたり、他地域材や輸入材への木材市場の開放による価格低迷とあわさって、九〇年代には農家の植林意欲が減退してきている。しかし、これまでの活動を通じて、この半世紀の間に、わずか一%程度にすぎなかった地域の森林率を約一〇%にまで高めえたことは評価に値することである。

(3)「三北防護林プロジェクト」以降の植林・緑化政策

一九七八年には緑化推進面でも、華北平原を超えた「三北平原」地域を対象とする新たなプロジェクトの発足によって拡大発展の段階を迎える。[20]

いうまでもなく、中国は広大な国土（九億六〇〇〇万ヘクタールで日本の二五倍）と一二億の人口を擁する巨大な国で、その歴史も古い。南北には亜熱帯地帯から亜寒帯地帯にまで広がり、東西にも幅が広く、降雨の多いところもあれば、雨のほとんど降らない砂漠地帯も国土の一三％を占めている。一方、長い人の営みの歴史の過程で森林は激減し、今日では国土面積に占める森林の割合も一四％余と砂漠面積と同程度にすぎない。本格的な植林の歴史も五〇年程度であり、華北平原の事例でみたように、条件に恵まれたところでは成功を収めているといって良い。しかし、その外延部、とくに西北部は雨量が少なく、乾燥・半乾燥地帯が広大に存在しており、山地の多くも利用の結果地力を失い荒廃したはげ山が多くを占める。それらは黄河や長江の水源地帯にもあたっており、この条件の厳しい地帯での植林・緑化はきわめて重要な課題となっている。洪水災害防止の観点だけでなく、春先偏西風に乗って日本にまでやってくる黄砂（飛砂）は当然、中国にとって生産や生活面での環境破壊につながり、その観点からも改善が必要なのである。

そのため、中国政府は一九七八年から「三北防護林」の植林プロジェクトを発足させ、西北・華北・東北の広大な地域に四列から六列の保護林帯を造成すべく、植林・緑化にとりかかったのである。発足二〇周年を迎えた九八年には、国家資金一一億元、農家出役を費用換算して加えると一〇〇億元近い投資が行われ、保護林帯の総面積は日本の森林面積に近い二三〇〇万ヘクタールにも達したという。農家出役に対して賃金が支払われるわけではないが、そのかわり林木保有権が与えられるという形で補償され、一五ないし二〇年後には更新を前提とし

表3-5　開発途上国における植林地（人工林）面積の推移

地　　域	植林地面積（万 ha）			年平均植林地増加面積
	1980年	1990年	1995年	
アジア・オセアニア	2,908	5,626	6,691	252
（内，熱帯地域）	(784)	(2,263)		
中南米・カリブ	454	777	909	30
	(343)	(605)		
アフリカ	284	442	520	16
	(121)	(212)		
合　計	3,646	6,845	8,120	299
（内，熱帯地域）	(1,249)	(3,080)		

資料）FAO「State of the World's Forests 1997」等.

た伐採収入を農家は手にすることができる。さらに、保護林帯の造成によって新たに農地が造成されたり、既存の農地の生産力の改善にもつながるため、その面でも農家にとってメリットは少なくない。

3　環境植林から産業植林へ

(1)　途上国における植林の一般的動向と産業造林

途上国の植林の動向として、中国やフィリピンでみたように荒廃地の環境・緑化のための植林が主流を占めてきたが、次第に産業植林もかなりの面積にわたって行われるようになってきた。FAOの一九九〇年時点のデータによると、熱帯地域の全植林地（人工林）面積は、約三〇七〇万ヘクタールであるが、このうち環境植林の比率が六四%とほぼ三分の二を占めている。地域的にはアジア・オセアニアが七四%と最も多くを占め、中南米が一九%、そしてアフリカが七%と最も少ない。年平均植林面積の推定も一八〇万ヘクタールで、これは熱帯林地域で毎年失われている森林面積の一六%程度にすぎない。

温帯地域も含めた途上国全体の植林地面積合計は、一九八〇年が約四〇〇〇万ヘクタール、九〇年六八〇〇万ヘクタール、そして九五年が八一〇〇万ヘクタールに増えており、八〇年以降の伸びが著しく、この一

表 3-6　開発途上国における植林地面積上位10カ国と人工林率（1995）

国　　名	植林地面積	国土面積	森 林 率	人工林率	人　口
中　　国	3,380 万 ha	93,264 万 ha	14.3 %	25.3 %	1,221.5 百万人
イ ン ド	1,462	29,732	21.9	22.5	935.7
インドネシア	613	18,116	60.6	5.6	197.6
ブ ラ ジ ル	490	84,565	65.2	0.9	161.8
ベ ト ナ ム	147	3,255	28.0	16.1	74.5
韓　　国	140	987	77.2	18.3	45.0
チ　　リ	102	7,488	10.5	12.9	14.3
アルゼンチン	55	27,367	12.4	1.6	34.6
タ　　イ	53	5,109	22.8	4.6	58.8
モ ロ ッ コ	32	4,463	8.6	8.3	27.0
(フィリピン)	20	2,982	22.7	3.0	67.6

資料）FAO「State of the World's Forests 1997」.

五年間で二倍に増加している。九五年時点では途上国全体の植林地面積の八二％がアジア・オセアニア地区にあるが、これは中国とインドが大規模な植林活動を展開していることと、程度の差はあるがアセアン諸国が植林をかなり活発に行いだしたことによる。アジアにおいて、八〇年代から植林が活発化してきたのは、一つは伐採開発や農地開発等にともなう山林荒廃と環境問題の深刻化への対処という要因があり、もう一つはこの地域の経済発展が植林の原資を生み、木材加工産業の発展とともに減少する天然林資源を補うべく、人工林資源の育成にも力をそそぐ国がでてきたことによる。後者の典型がインドネシアである。

(2)　インドネシアの産業植林

熱帯林破壊の進行から植林事業の重視へ

インドネシアのカリマンタン島、スマトラ島の山林は、一九九七年の秋をピークとして九八年の春先まで大火災に見まわれた。その影響と政治的混乱、経済危機の二つの問題が重なって九八年には植林面積が激減するものの、八〇年代末から本格化した植林活動はとくに九〇年代においては年間平均三〇万ヘクタール余のペースで実行されてきた。

もっとも、それ以前のインドネシアにおいてはジャワ島のチーク造林を除いて、ほとんど植林することはなかった。豊かな原生林資源が残っていたカリマンタン島においては、一九六〇年代末から外資導入によって本格的な伐採開発が始まったが、伐採と更新は、「択伐方式」すなわち直径六〇センチメートル以上の良質木の抜き切りを前提として、その後は後継樹の成長を待つ形の天然更新によって再生を図る方法をとっていた。八〇年代には資源ナショナリズムのもとに「新林業政策」を推し進め、丸太輸出禁止と加工産業の育成とともに森林開発企業は民族資本が主体になった。伐採・更新の方法は基本的には同じであったが、現実には七〇年代の開発も含め国有林の伐採権（二〇年間）を取得した企業が「巨大な機械類を持ち込んで、かなり乱暴なやり方で商品価値の高い林木が根こそぎ伐採されることが多く」[21]、過剰伐採を行ったり、焼畑農民が入ってきたりして天然更新が順調にできないケースが少なくないといわれる。また、焼畑に加え、アブラヤシなどの大規模プランテーション開発のための火入れが大規模な山林火災を招き、とくに低地林の破壊に拍車をかけてきた。

そのため、林木蓄積の低い「低生産林」やアランアランの草原を対象に八〇年代半ばから植林事業が行われるようになり、八九年からの「国家開発第五次五カ年計画」では期間中に一五〇万ヘクタールの植林計画（さらに九四年からの第六次計画でも同様の計画）がたてられ、政府の手厚い助成措置のもとに本格的な産業植林が展開するようになった。もっとも造林の資金源は、国が伐採業者から材積に応じて徴収したお金（一立方メートル当たり一〇ドル）であり、それを「植林基金」として、補助金に回しているものである。植林基金には、運用上不明朗な使途やいろいろな問題があるにしろ、伐採コストに森林再生のための上乗せをするということは、環境破壊に対する外部不経済の一定の内部化の措置といえよう。けれども、アカシアやユーカリ等の早期育成樹種の一斉造林・モノカルチャー化がどこまで熱帯林破壊を補えるかについては、とくに生物多様性の観点から限界があることはいうまでもない。

産業植林の仕組みと課題

産業植林（HTI）は、民間企業および公営企業、そのジョイントベンチャーなどの形で行われる。民間企業単独では植林基金からの補助を受けられないため公営企業との合弁の形態をとるケースが約三分の二と比較的多くを占めるが、実態は大手伐採業者・木材資本が中心になっている。例えば、現在も三五〇万ヘクタールの伐採権を保有する木材業者の最大手であるバリト・パシフィック社のグループ企業であるペルサダ社は合弁形態で九〇年から植林を開始し、九八年時点の植林地面積は五四万ヘクタールに達し、最大の規模を占めている。[22] その他、上位には大手木材業者が名を連ね、「低生産林」を大面積に皆伐し、焼き払った後に植林をするという更新の形態が増えてきている。また、過去の熱帯林開発の結果、アランアランの草原と化している丘陵地でも植林が展開している。

産業植林のコンセッション（HTI）には次の三つのタイプがある。

①パルプ材HTI～早期育成樹種を短伐期で収穫し、パルプ用にもちいるための植林。

②用材生産HTI～チークなどの良質木材用材を収穫するための植林。

③トランスミグレーションHTI～地域内の住民を特定の地区に移住させて植林を行う。

最近の植林実績は、第六次計画のうち九四年から九七年までの四年間でみると、一三〇万ヘクタール（年平均三三万ヘクタール）の植林が行われており、うち、パルプ林が五七万ヘクタールを占め、用材林が五四万ヘクタール、そしてトランスミグレーションタイプの植林が二一万ヘクタールを占めている。[23] ところで、インドネシアの山林一億四〇〇〇万ヘクタールの所有は国有形態であるが、当然森林地帯には先住民や移住者もいて、あっちこっちで焼畑移動耕作などの慣行的利用も行われている。そうした住民を追い出して植林地に囲い込むと当然トラブルが生じる。③はその対策として、住民を地域内の一定の地区に住まわせ、彼らを植林労働者として雇用する形で植林を展開するものである。

③のケースにあっても、実態的には大資本の植林地において、住民・農民は造林労働者となるか、外に出ていくしか選択肢がなく、過去の慣行的利用権は大資本の植林による囲い込みによって踏みにじられる結果となる。そこには、国家政策と資本の結合のもとに、貧困層の農民が「不法占拠者」の追いだしという形で犠牲を強いられるという構図がある。農民たちは、地域に残って林業賃労働者化するか、他地域に出て容易に見つからない職を求めざるをえないのである。

こうしてインドネシアにおける産業植林はこの一〇年間において、かなり本格的に進められてきた。それまでは、タウンヤ法と同様のトゥンパンサリ法（国有地に農民が植林と同時に農作物を二年間程度つくるアグロフォレストリーの一形態）によって、チーク植林が行われていたが、今日はアカシアやユーカリなどの早期育成樹種を大幅に導入して、国家と資本の結合のもとに大規模植林を展開するという新段階に至っている。植林地では農民を労働者として雇用するばかりでなく、地域によってはトゥンパンサリタイプの農作物づくりを一、二年認めるということも行われている。農民にとっても賃労働と農作物づくりで従来以上の収入が永続的に得られれば、そして地域の農民の大半が従事することができれば、さほど問題はないかもしれない。ただし、その前提として農民参加型の内発的発展を諦めた場合においてであるということを加えておかなければならない。

もう一つ指摘しておかなければならないのは、森林の更新のあり方にかかわる問題である。例えばアランアランに覆われた草原無立木地に植林することは環境改善にもつながり問題はないが、資源の再生に長期間を要するがゆえに熱帯林の更新を放棄して、早期育成樹種中心のモノカルチャーに転換していくことは、短期的な視点からの経済効率は高いかもしれないが、生物多様性に欠けるばかりでなく、油分を多く含むアカシアやユーカリは火災に一層弱く、失われやすい。略奪型の熱帯林開発の結果、低生産林化しているとすれば、それをあらためるべきであり、正しい択伐・抜き切りを行い、跡地にラワン系樹種を補植し更新していく方式を基本とすべきであろう。ただし、回転の速さや利潤追求を旨とする資本の論理のもとでは決して指向されないだけに、環境保護の論理のもとに先進国サイドからの技術的・資金的支援があって然るべきであろう。とくに日本は、東南アジアの熱帯材を大量に消費し、破壊を促進してきた国だからである。

第三節　日本の森林ODAと海外植林の展開

1　森林ODAの仕組みと海外植林

(1)　ODAの仕組みと森林・林業協力

最初に現在の仕組みについては、図3-4に示されている。ここでは森林・林業分野の二国間協力について簡単にふれておこう。方法としては技術協力と資金協力との二つの流れがある。両者は車の両輪ではあるが、発展途上の国々にとってより重要なのは国際協力事業団（JICA）を通じて行われるハード・ソフト両面にわたる技術協力であり、途上国からの研修員の受け入れ、日本の専門家の派遣、機材の供与など個別に行われる形と、「パンタバンガン森林造成」でみたように、それらを組み合わせたプロジェクト方式技術協力の形で行われるものがある。このプロジェクト方式技術協力が最も中心的なものとして位置づけられており、これまでに二〇カ国、四二件に達している。また、青年海外協力隊の派遣なども青年たちが植林や村落開発に地域のスタッフ、住民とともに取り組むだけに小規模ながらも住民主体（または参加型）の地域づくりの普及活動として意義をも

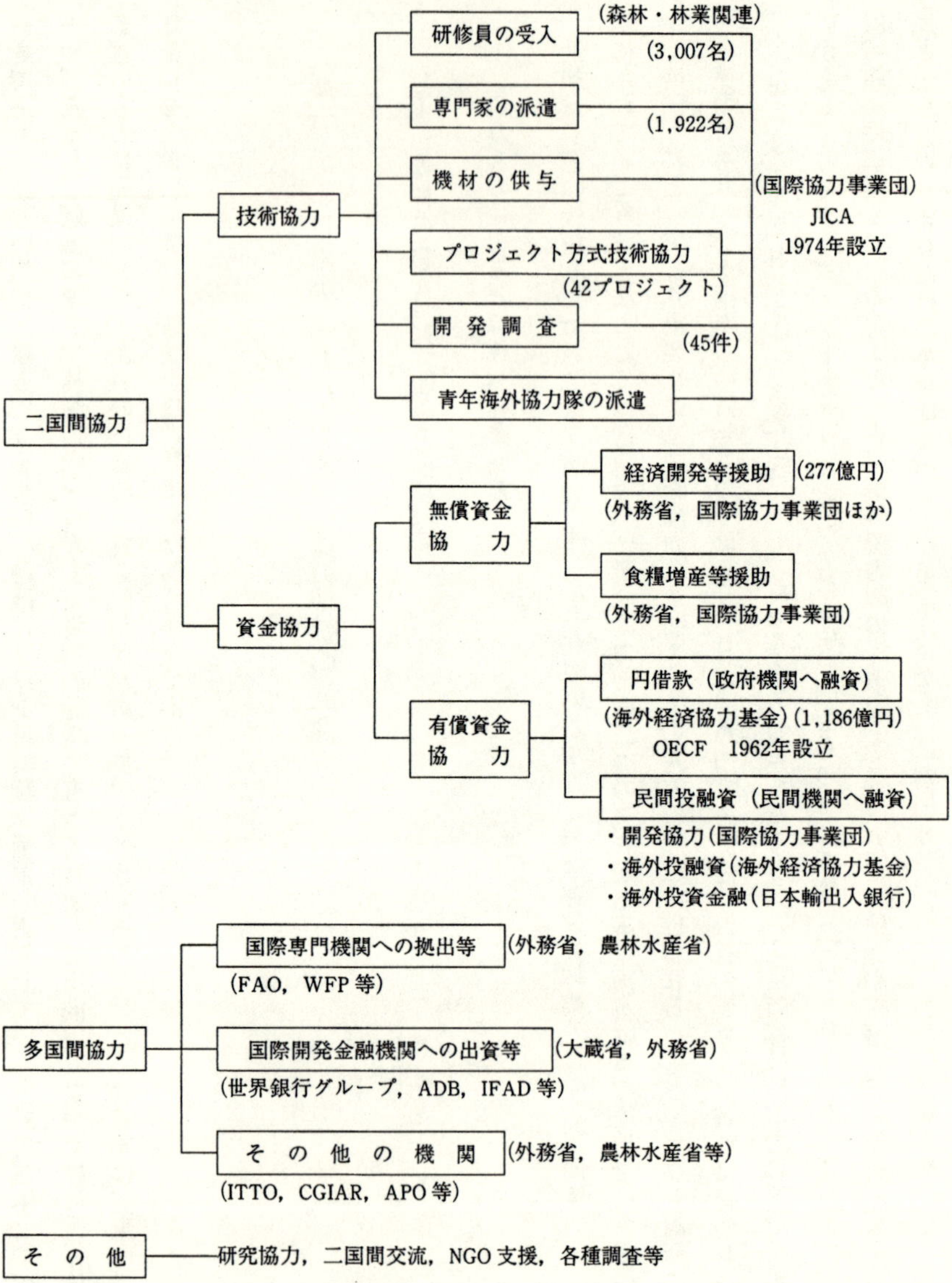

資料）林野庁「森林・林業分野の国際的取組のあらまし」(平成10年度)，(　) の数字は98年までの実績.

図 3-4　国際協力（ODA）の体系と森林・林業分野

つ。

資金協力には、無償資金協力と一定の利子のもとに返還を要する有償資金協力とがある。パンタバンガン森林造成関連の研修所やインドネシアの熱帯降雨林造林研究センターなどは無償資金協力で造られたもので、九七年までは施設づくりが中心であった。ところが、CO_2問題・「京都イニシアティブ」を経た九八年からは植林・緑化も一定の額内で無償資金協力の対象となった。一方、有償資金協力には、円借款と民間投融資がある。円借款は、海外経済協力基金（OECF）を通じて低利・長期の貸付で、八八年にフィリピンの環境造林のための資金として一五〇億円を融資したのをはじめ、インドネシアやインドなどにやはり植林資金として一一八〇億円が貸し出されている。これもCO_2問題によって、植林のための円借款にたいしては最優遇条件で貸付が行われるようになった。

一方、民間投融資であるが、これは日本の企業が海外で林業活動などを行う際に、JICA、OECFそして日本輸出入銀行から融資を受けられるものである。民間大企業が事業主体となるだけに単純ではないので、次項で少し詳しくふれておこう。

これらの森林ODAについては、技術協力にあっては「パンタバンガン」でみたように現地国の社会情勢を踏まえての住民参加方式をとるべきなど、実施プロセスに改善すべき課題が教訓として残されたことは確かである。また、同じフィリピンでの経験では円借款による植林のための多額の資金協力もただ供与すればよいというものではないということが明らかになった。しかし、技術移転そのものや植林への助成については、基本的には環境改善をめざすものだけに、プロジェクト実施に当たってのこれまでの問題点を是正しながら、多いに拡大発展させるべきことはいうまでもない。次に述べるインドの円借款による植林事業は住民参加型で行われており、成功すれば有意義なものとなろう。

(2) インドにおける住民参加型植林事業―ODA（円借款）資金による植林

インドも他の途上国同様、森林は農地開発のために破壊されたり、貧困層の人々による薪採取のために年々減少の一途をたどり、その結果、現在の森林率は一九・五％に至っている。州によっては一〇％以下のところも少なくない。

インド政府は、一九五二年にインドの三分の一の面積を森林にすることをめざして植林を開始した。資金的な限界や非参加型事業であったことから森林官と住民との対立もあって一定の面積にとどまっているが、それでも途上国の中では比較的植林地が多くを占める。しかしながら、土地開発や燃料等のための伐採が上回り、森林面積は減りつづけてきたのである。

そうした中で一九九一年からOECFを通じての資金協力による大規模な植林事業が開始された。九七年にかけて八カ所、七六五億円の植林事業の契約が交わされ、現在、実施の最中にある。植林が計画通り行われれば一五〇万ヘクタール前後の大規模な植林が達成される可能性をもっている。事業実施は州の森林局等が当たり、実施システムとしては、国有地ないしは村落有地において計画段階から森林官と住民ないしは村落（住民委員会）がパートナーシップを組む住民参加型の社会林業として実施をすすめようとするものである。ただし、フィリピンのようなアグロフォレストリー形態ではなく、初期二年程度薬草などの栽培が認められたりすることはあるが、森林局が事業主体であることもあって基本的には森づくりを中心とするものである。植林後三年目から薪の採取が許され、森の再生を前提として一〇年とか一五年で伐採が住民に許される。

こうした仕組みの中で村落（パンチャヤット）の住民によって組織された組合ないしは住民委員会が果たす役割も大きい。事業の計画段階から住民の希望を反映させ、実施段階でも森林局との協議を行いながら事業を進め

表3-7　インドでのOECFの円借款による植林事業の概略

（面積：千ha，金額：億円）

植林プロジェクト名	事業実施主体	契約年	面積	金額
インディラ・ガンジー運河地域植林事業	ラジャスタン州森林庁	1991	146	78.7
アラバリ山地植林事業	ラジャスタン州森林庁	1992	55	81.0
ラジャスタン州植林開発事業	ラジャスタン州森林庁	1995		42.2
アタパディ地域環境保全総合開発事業	ケララ州地方開発局	1996		51.1
グジャラート州植林開発事業	グジャラート州森林局	1996	231	157.6
カルナタカ州東部植林事業	カルナタカ州森林局	1997	471	159.7
タミールナド州植林事業	タミールナド州森林局	1997	407	133.2
パンジャブ州植林開発事業	パンジャブ州森林野生生物局	1997	59	61.9

注）OECF調べ．円借款事業は途上国の開発や社会資本等充実のために低金利で貸し付けるもの．

る。そういう意味でジョイント・フォレスト・マネジメントとも呼ばれる。ＯＤＡ資金は、苗木購入代と植林後の二年間の維持管理費にあてられるが、住民個々人には必要な労賃の半分が支給され、半分を住民委員会の運営費等にあてられ、三年目からは住民委員会が維持管理に当たることとなる。

このようなシステムのもとで、例えば、タミールナド州では一九九七年から二〇〇二年にかけて、一三三億円の円借款を資金として約一〇〇〇の村落に対してプロジェクトの実施を進めており、住民が計画、実施から利益の分配そして事業評価までを行う共同管理方式で行われ、所有にかかわらず水源単位に行われるという。順調に実施されれば、当初計画四〇万ヘクタールの相当の部分には植林が実現され、環境改善と生計の糧の両面で住民に利益をもたらす可能性をもっている。

インドは先に述べたように社会林業の発祥の地である。七〇年代に for the people の考え方が生まれたのであるが、植林事業においてもそれまでの住民排除型ではうまくいかないという経験から、森づくりの理念の転換と住民参加の必要性を認識したのであろう。だが、排除型植林事業のもとで森林官と住民との対立の溝は簡単には埋まらなかったが、行政側の政策転換のもとに八〇年代の普及啓蒙期を経て、九〇年代にはすっかり住民参加型のジョイント方式が定着してきており、そのことが植林事業の成功の可能性を高めている。

住民の立場に立ったこのような形の植林事業が成功を収めるならば、住民生活（経済）とみどり環境とが矛盾なく共存でき、持続可能な森林経営の確立につながるものとして評価できよう。

(3) 民間投融資の変遷―伐採開発から産業植林へ

ＯＤＡ事業の中心主体となっているＪＩＣＡは一九七四年に設立されたもので、技術移転などそれ以降本格化するが、それ以前においても日本輸出入銀行（一九五〇年）、ＯＥＣＦ（六一年）中心に省庁がからんだ形で経済協力が行われていた。以下では民間投融資の変化をみておこう。

森林・林業分野にあっては、とくに高度成長期に「カリマンタン森林開発協力」等の伐採開発型ナショナルプロジェクトならびに、個別資本に対して民間投融資が進められた。高度成長期の日本は大量の資源を必要とし、不足する木材に関しては熱帯林国の資源を求めて、総合商社や紙パルプを中心とする大資本が確保に乗りだし、ＯＤＡがからんで熱帯林の開発が大規模に展開したのである。インドネシアのカリマンタン森林開発協力を足がかりとして、総合商社や紙パルプ等の個別資本ないしは資本間共同（紙パルプ五社によるＭＤＩ）の形で大資本が森林開発に進出していったことは周知のとおりであり、こうした大資本による資源開発においても林道建設などのインフラ整備にＯＥＣＦの低利資金の融資が受けられたのである。大型プロジェクトによる木材資源開発は大資本の原料調達のために行われたものであるが、相手国政府も希望しているという理由で、経済協力として位置づけられ、ＯＤＡ資金が投入されたのである。しかしながら、これらの木材資源確保、熱帯材伐採開発に対するＯＤＡ資金の投入は、八〇年代半ば頃からの激しい環境保護運動の抵抗と世論の批判にあい、その結果、伐採開発関連のインフラ整備事業に関してはＪＩＣＡならびにＯＥＣＦからの投融資は取り止められることとなっ

表3-8　森林・林業分野の投融資型経済協力及び環境植林ODAの変遷概略

タイプ	プロジェクト等の概略
高度成長期 伐採開発・投融資	**カリマンタン森林開発協力**（1963）　インドネシアでの木材資源開発 ナショナルプロジェクト（政府・商社・合板・紙パ資本等）による日・イ経済協力2,400,000 haの伐採権取得，事業資金の80％を海外経済協力基金に依存．寄り合い所帯と相手国の政策転換でやがて挫折，個別資本の開発の時代へ
	JANTプロジェクト（1971）　パプアニューギニアでの木材資源開発 当時の本州製紙を中心とするチップ材確保で，経済協力事業．1980年までに170 kmの幹線林道（JICA融資），300 kmの支線林道（OECF融資）を建設．また，75年から通産省，JICAの補助を受けて「試験造林」事業も開始．
七〇―八〇年―現在 試験造林・産業植林	**南方造林事業**（1971～77）通産省の補助事業，紙パルプ産業の原料対策として「試験造林」を開始．王子製紙，大昭和製紙，MDI（紙パ5社出資）南方造林協会（王子等11社）などが，マレーシア等で早期育成樹種の試験造林を開始．試験造林への助成・融資はその後，JICAが引き継いで行う．
	産業植林Ⅰ期　日伯紙パルプ資源開発（1976年～）　OECF（33.5％出資）と王子製紙，大昭和製紙，伊藤忠商事等14社が参加して，ブラジル政府系企業リオ・ドーセ社との合弁で，82年までに土地160,000 ha購入，43,000 haの植林を実施．この時期にJANT社等も天然林伐採跡地への産業造林を開始．
	産業植林Ⅱ期（1980年代後半～）　80年代前半は構造不況のため一旦挫折．80年代後半，とくに90年代に入って，王子製紙と日本製紙を中心に産業造林の本格化，造林資金としては主に日本輸出入銀行の融資に依存．
七〇年代半ば―現在 環境植林・緑化支援	**水源林等森林造成**　1974年からのフィリピンのパンタバンガン森林造成プロジェクト等の水源林造成のための技術協力をはじめとして，インドネシア南スマトラあるいはタイ，中国等での森林造成・再生プロジェクト協力． **砂漠造林・治山緑化**　インドネシアの南スラウェシ治山計画をはじめ，中国の黄土高原治山計画，そしてチリの半乾燥地治山緑化計画等，の技術協力． **村落林業・社会林業**　ケニアの社会林業訓練計画，タンザニアのキリマンジャロ村落林業計画，ネパールの村落振興・森林保全開発などにおいて地域住民の参加のもとに，社会林業やアグロフォレストリーを組み込んだ形のプロジェクト方式技術協力．80年代後半から今日ではパートナーシップと住民参加が課題となっている．

資料）依光良三「海外森林資源開発の展開」，高知大学演習林報告，第11号，1984年．

林野庁計画課「森林・林業分野の国際的取組のあらまし」，1998年．

た。

ここでは、一例として伐採開発から後に産業植林に転換していったJANTプロジェクトについてふれておこう。当時の本州製紙（現王子製紙）を中心として七一年にパプアニューギニアに進出したJANT社の場合、八万三〇〇〇ヘクタールの伐採許可を得て天然性二次林の開発に乗り出し、八〇年ごろでは現地住民三四〇人を雇用し、森林伐採とチップ生産をすすめている。その際、八〇年までの間に一七〇キロメートルの幹線林道と三〇〇キロメートルの支線を建設しているが、これは前者がJICAの「関連施設（インフラ）整備事業」、後者がOECFの融資を受けて整備されたものであり、「試験造林」に対する融資もあわせてODA資金に依存するところは少なくない。これは、パプアニューギニア政府は国内企業と競合しないもの等の一定の制約のもとに外国資本の直接投資を歓迎し、これに対して日本政府もJANTプロジェクトが個別資本によるものであっても、経済協力としての位置づけのもとにインフラ整備等に強力なバックアップを行ってきたからである。[24]

ところが、JANTプロジェクトにおける長期にわたる森林の伐採開発は、時代的背景もあって環境保護運動に直面することとなる。九〇年、九一年には「森林開発は生活権の侵害だ」とする住民の反対運動が活発化し、道路封鎖などを通じて、またパプアニューギニア政府からの伐採中止要請もあって、一時、伐採中止に追い込まれた。この問題への対応として、JANT社は、面積約九〇〇〇ヘクタールに達するアカシア、ユーカリなどの植林木への転換が可能な時期に至ったこともあって、天然林の伐採を九七年に終了させ、それ以降は全量植林木によって、年間一八万立方メートルの伐採・チップ加工に切り替えることとなった。それによって、天然林開発時代は完全に幕を閉じ、七年から一〇年ごとに伐採し萌芽更新させる形で循環生産する産業植林の商品化の時代に至ったのである。

2 海外産業植林の新段階―紙パ原料確保戦略とCO_2対策

(1) 九〇年代に本格化した産業植林

海外での植林は、通産省の肝いりで将来の紙パルプ原料確保対策として、一九七一年からの「試験造林」から幕をあけ、七六年にはブラジルでの「日伯紙パルプ資源開発プロジェクト」により産業植林が始まった。それに追随してJANT社等も産業植林を手がけ始める。八一年、八二年には通産省ならびに財界は今後の紙パルプ原料は「海外造林投資による開発輸入の推進」によるべきとの産構審答申や日経調報告を出している。しかしながら、八〇年代前半期は木材・紙パルプ産業の大不況期であり、海外植林はコマーシャルベースでは成立不可能だとさえいわれ、採算難に陥った産業植林は後退を余儀なくされるとともに、試験造林の多くはこの時期にうち切られていった。

この状況を大きく変える要因となったのは、①八五年のプラザ合意を契機とする円高基調への変化、②最も原料依存度の高い北米「森林メジャー」によるチップ価格支配力の高まり、③環境保護運動の高まりと天然林伐採への批判、等であり、大幅円高と石油価格の安定化・輸送コストのダウンは、海外植林の採算難を一気に解消した。また、天然林の伐採開発と異なって「植林」はその内実はともかく、環境改善に寄与し企業イメージのアップにつながるという資本サイドの思惑もあって、再び植林投資が活発に展開することとなった。

すなわち、八九年から九一年にかけて、土地取得も可能で土地問題にかかわるリスクの少ない南米のチリに大王製紙（伊藤忠商事一〇%出資）をはじめとして、三菱製紙（三菱商事五〇%出資）、日本製紙（住友商事と現地企業の三者均等出資）が相次いで進出した。植林を推奨するチリ国政府は海外植林に対しても六割の補助金を付け、きわめて有利な条件にあるが、積出港から採算に合う範囲に立地する適地が少ないため三社にとどまっ

ブラジルでのユーカリの産業植林（日伯紙パルプ資源開発提供）

た。次いで、九〇年代前半には王子製紙がニュージーランド、オーストラリア、ベトナムに進出し、環太平洋地域での植林を積極的に展開した。九七年にかけて約九万ヘクタールの植林目標をたて、現在進行中である。さらに、九〇年代後半に入ると日本製紙がオーストラリア、南アフリカ、中国に新たな展開をみせている。以下にどのようなシステムで海外植林を実施しているかについて、王子製紙の例で概略をみておこう。

①ニュージーランド南島での植林プロジェクト　王子製紙（五一％出資）と伊藤忠商事（四九％）との共同で行われており、土地は放牧地の購入と個人、会社からのリースで、当初事業資金約九〇〇〇万NZドルのうち七割を日本輸出入銀行の融資に依存している。労働者の雇用に関しては自らは組織せずに植林等の現場作業は地元のチップ生産業者であるSWEL社に請け負わせる形態で行っている。

②西オーストラリアでのプロジェクト　王子（五一％）、伊藤忠（二五％）、千趣会（二四％）が出資して行っており、やはり牧場地を対象に地元農家との分収・リース

表3-9　紙パルプ企業の主要海外植林投資状況（1998年8月時点）

プロジェクト名	設立年	進出相手国	植林目標面積	(97年末植林)	主要樹種
日伯紙パルプ資源開発	1973	ブラジル	110,000ha	(103,000ha)	ユーカリ
王子製紙JANT	1975	パプアニューギニア	10,000	(8,400)	ユーカリ
大王製紙	1989	チリ	40,000	(23,000)	ユーカリ等
三菱製紙	1990	チリ	10,000	(8,700)	ユーカリ
日本製紙	1991	チリ	13,500	(7,700)	ユーカリ
王子製紙・日本製紙	1991	ニュージーランド	30,000	(28,900)	ラジアータパイン
王子製紙	1992	ニュージーランド	14,400	(5,000)	ユーカリ
王子製紙	1993	オーストラリア	26,000	(10,800)	ユーカリ
王子製紙	1995	ベトナム	10,500	(4,600)	ユーカリ，アカシア
三菱製紙	1995	オーストラリア	22,500	(2,300)	ユーカリ
日本製紙	1996	オーストラリア	20,000	(2,700)	ユーカリ
日本製紙	1996	南アフリカ	10,000	(4,400)	ユーカリ，アカシア
日本製紙	1997	オーストラリア	10,000	(400)	ユーカリ
王子製紙	1997	オーストラリア	20,000	(400)	ユーカリ
中越・北越等	1997	ニュージーランド	10,000	(100)	アカシア
日本製紙	1998	中国・広東省	10,000		ユーカリ

資料）日本製紙連合会調べ．ただし土地保有面積10,000ha以上のもの．

及び購入によって二万六〇〇〇ヘクタールの土地を確保し、州政府機関であるCALM（Department of Conservation and Land Management）と代理人契約を締結して作業委託の形で事業を進めている。事業資金は、約七割を輸銀からの融資に依存している。

③ベトナムでのプロジェクト　王子製紙がベトナム林業省からの植林協力の要請をうけて試験造林（九二年開始）を行った後、九五年に事業植林を開始したプロジェクトにおいては、土地は地元の人民委員会からのリースによって、植林作業は地方政府（ビンデン省）の公営企業のもとで下請け組織によって日給制によって実行されている。ただし、土地は三五年契約でリース料は収穫の時に支払うという、いわば日本の分収造林のような形態で行われている。

王子製紙の九〇年代の海外植林の展開は、土地問題の少ないオセアニア地域が中心で、ベトナムが例外的であるが、これは国家のバックアップがあること、ベトナムでは農業利用や果樹栽培が可能な土地には植林事業はできず、土地自体が草地や灌木に覆われた「荒廃地」が対象になっていることから住民とのトラブルはないという。王子製紙はこれらの植林プロジェクトを通じて将来的には一五〇万立方メートル前後のチップ材を収穫し、自らの原料確保をめざしている。

(2) 海外植林の変遷の特徴と新段階

八〇年代末から九〇年代に入って本格的な産業植林の時代を迎えたのであるが、これを「試験造林」期と比べると、進出国に著しい違いが見られる。七〇年代に展開した試験造林は、フィリピン、マレーシア、インドネシア、パプアニューギニア、ソロモンなど熱帯地域がほとんどを占めていた。ところが、今日のそれは、一部にベトナム、南アフリカがあるものの、チリ、オーストラリア、ニュージーランドへの進出が目立っている。これは、フィリピンのパンタバンガン森林造成プロジェクトの事例でも明らかにされたように、また、試験造林を通じて浮き彫りにされた諸問題、すなわち、土地問題、カントリーリスク（政情の不安定、政策変更、治安・火災の頻発等）、環境問題等のトラブルが多い熱帯林地域を避けて、リスクの少ない地域が選択された結果に他ならない。企業の論理はいうまでもなく利潤原理が基本にあって、リスクを極力避ける傾向が強いからであり、国際協力という観点はあくまで採算性をクリアした上での副次的なものにすぎないのである。

さて、紙パルプ資本による産業植林は、その原料確保対策として展開し始めたのであるが、これに環境問題とくにCO_2問題がからむようになったのが近年の特徴である。財界としても地球温暖化対策等の環境問題に取り組まざるをえなくなり、九六年には「経団連環境アピール」をだし、それに呼応して九七年には日本製紙連合会は「環境に関する自主行動計画」を制定した。また、個別資本レベルでも九六年に新王子製紙と本州製紙が合併

表 3-10　1990年代後半における財界・紙パルプ資本の植林型環境対策の流れ

年	組織・企業	概　　略
1996	㈱王子製紙	新王子と本州製紙との合併を契機に「王子製紙環境憲章」を制定.「森のリサイクル」・海外植林の推進を図る.
1996	海外産業植林推進研究会	「育てる製紙原料」とCO_2排出水準のクリアに寄与すべく海外産業植林を組織的に推進すべき（97年中間報告）.
1997	日本製紙連合会	「経団連環境アピール」（96年）に呼応して，連合会は「環境に関する自主行動計画」を制定．植林事業の拡大へ.
1998	海外産業植林センター	研究会の報告を受けて，海外産業植林を円滑に進めるための調査，CO_2吸収・固定機能の評価の調査などを行う.
1998	㈱日本製紙	「日本製紙環境憲章」（改訂版）において「Tree Farm 構想」をたて，植林面積100,000 ha 以上の推進計画の樹立.
1998	日本製紙連合会	「紙パルプ産業による地球温暖化問題への取り組み」において海外産業植林の96年の炭素固定量を700,000トンと推定.
1998	経団連	中国に，大規模な環境植林の提案．中国の環境改善に寄与するためと，CO_2削減・排出権取引への活用をねらい.

資料）日本製紙連合会等での調べ.

してできた王子製紙は同年末に「王子製紙環境憲章」を制定し、「森のリサイクル推進」の中で「海外植林を計画的に展開し、持続的森林経営を通して原料資源の確保と地球環境保全に努める」ことをうたっている。同様に、日本製紙も「日本製紙環境憲章」（改訂版九八年）で、具体的な海外植林事業「Tree Farm 構想」をたて、植林面積一〇万ヘクタール以上、年間チップ供給量一〇〇万トン以上、達成年度二〇〇八年で、輸入広葉樹チップに占める植林木比率は七〇％以上を目標としている。

こうして、連合会ないしは個別資本の対応に加えて、九八年には紙パルプ資本（日本製紙連合会）に通産省、林野庁が加わった政府・財界ないしは総資本の対応として、二つのプロジェクトが動き始める。一つは、「海外産業植林センター」の設置である。センターは、海外産業植林の推進、支援を目的に植林適地の発掘（製紙連合会）、環境と調和する森林施業のあり方、技術者の現地派遣体制の確立などの海外植林を円滑に進めるためのマニュアルづくり（林野庁）、産業植林のCO_2吸収・固定機能の科学的評価方法の確立（通産省）などの調査研究を行うことを目的としている。[25] この背景には、紙パルプ原料確保態勢のいっそうの推進と九七年の地球温暖化防止京都会議で「植林」が二酸化炭素吸収源として認められ、植林によって削減されたCO_2を排出権取引に活用しようとする可能性がでてきたことがあげられる。

第二のプロジェクトは、中国での環境植林への協力態勢の提案である。経団連加盟の王子製紙、新日本製鉄など主要二四社が中心になって植林協力部会（会長王子製紙社長）を設置し、中国において大規模な環境植林を展開させ、中国の環境改善に寄与するためと、CO_2削減・排出権取引への活用をねらいとした提案内容で、今後の具体化の過程でODA資金の投入へと展開していく可能性もある。

日本製紙連合会の「環境に関する自主行動計画」によると九六年時点での海外産業植林面積は一九万ヘクタールで、それによる炭素貯蔵量は五三〇万トン、年当たり炭素固定量は七〇万トン程度だという。今後の目標として、二〇一〇年までに海外産業植林面積を四〇万ヘクタールと、現在のほぼ二倍に増やす計画であり、これに中国での環境植林計画や、さらにトヨタ自動車による産業植林（オーストラリア）への参入なども加わって、総資本による資源・環境（CO_2）戦略としての海外植林が新段階を迎えることとなった。

(3) 産業植林の意義と課題

紙・パルプ資本の資源確保戦略の一環として大規模に展開されている産業植林の意義と評価に関しては、いくつかの観点から見る必要がある。

まず第一に環境破壊か改善かという視点から検討すると、前生樹が原生林か、天然生二次林か、それともかなり荒廃した疎林か、あるいは土地生産力の低い草地、農地等であったかどうかによって異なる。原生林や天然生二次林の場合は、多様な生態系（森林の多層構造と無数の動植物の扶養）を持つのに対して、それを伐採して育成したユーカリ等の植林地は著しく単純な森、モノカルチャーとなり、森林として再生されたとしても豊かな生態系保全を含んだ環境資源的価値は低下する。したがって、天然林開発を伴う産業植林は環境悪化につながるものとして問題になる。一方、生産力の低い草地や荒廃地への植林は概ね環境改善につながる。荒廃地、草地への植林は、緑・森林を回復させることを目的とする「環境植林」的機能を持っており、そういう観点からはこのタイプの植林は評価できよう。だが、次の段階では生物多様性に配慮した施業も取り入れる必要がある。単純一斉林だとどうしても病虫害や火災にも弱いという問題点もあるからである。結局は、植林する前の土地の状況如何が、環境視点からみた植林の評価の分かれめとなる。

第二に、土地生産力視点から見た場合、七～一〇年という短伐期で収穫を繰り返すために、地力収奪型生産方式となりがちなことである。産業植林は、まだ始まって年月が浅いため、必ずしもそのことは明らかではないが、三代、四代と収穫・更新を続ければ、地力低下問題に遭遇する可能性がある。休閑期、有機質施肥、伐期等、長期的な土地生産力維持の視点からの技術的配慮が必要となろう。

第三は、資本と住民の関係（生産関係）ないしは土地の人口扶養力にかかわる問題があげられる。すなわち、その土地を社会林業（農林複合利用）形態で利用するならば、フィリピンの例では、三ヘクタールの土地で一家族が自営農民として生計を営め、一万ヘクタールの土地ならば、三〇〇〇世帯（一万人以上）の生活が可能である。これに対して、植林の場合は、例えば、パプアニューギニアのJANT社・ゴゴール造林会社の場合、九〇〇〇ヘクタールの植林地で雇用労働者数は、造林部門で直用・常用が約四〇〇名、下請け労働者が多い季節（雨期）で約六〇〇名に達するといわれる。伐採部門もあわせて約一〇〇〇名の雇用があるが、これを社会林業形態の扶養力と比べるとかなり落ちる。オーストラリア・ニュージーランドのように人口密度が比較的低いところでは、この程度の扶養力で十分かもしれないが、途上国の人口増加が激しい地域にあっては、資本による広大な土地の囲い込みは住民の追い出しにつながりかねない。それはまた、豊富な資本・多国籍企業対貧困という南北問題の図式のもとで、新たな収奪機構を生み出しつつあるのである。

(1) ジャック・ウェストビー(熊崎実訳)『森と人間の歴史』築地書館、一九九〇年、二五〇頁。P. K. Ramachandran Nair, An Introduction to Agroforestry, KLUWER ACADEMIC PUBLISHERS, 一九九三年、一六頁。増井和夫『アグロフォレストリーの発想』農林統計協会、一九九五年。

(2) ジャック・ウェストビー(熊崎実訳)、前掲書、二四六頁。また、上飯坂実編著『総合森林学』地球社、一九九一年の「Ⅲ熱帯地域における"Social Forestry"の展開」も各国の実態、考え方の面で参考になる文献である。

(3) Marites D. Vitug, Power from the Forest, Philippine Center for Investigative Journalism, 1993. Saving the Earth–the Philippine Experience, Philippine Center for Investigative Journalism, 1997.

(4) 榊原芳雄『フィリピン経済入門』日本評論社、一九九四年、七頁。また、同書によるとアキノ政権移行後、八八年に法案の成立とともに新たに農地改革が実施に移されているが、小作農の他に多数存在する兼業農業労働者が農地改革の対象からはずされるなど、貧困層の解消には大きな限界を残した。

(5) P・オークレー編著(勝間靖、斉藤千佳訳)『国際開発論入門』築地書館、一九九三年、二二頁、及びジョン・フリードマン(斉藤千宏他訳)『市民・政府・NGO』新評論、一九九五年参照。

(6) 鶴見和子他編著『内発的発展論』東京大学出版会、一九八九年、一頁。

(7) Noel V. Dungca「A Study on the Development of the Integrated Social Forestry Program and People Participation in the Philippines」『高知大学演習林報告』第二四号、一九九七年。

(8) The State of the Philippine Environment, IBON Foundation, 1997, p. 4.

(9) Marites D. Vitug, op. cit., p. 14.

(10) The State of the Philippine Environment, IBON Foundation, 1997, p. 4.
(11) 外務省経済協力局技術協力課「フィリピン・パンタバンガン林業開発プロジェクト沿革史」、一九八四年、及び国際協力事業団のパンタバンガン調査報告書各年版。
(12) 増子博「フィリピン・パンタバンガン地域林業開発プロジェクトの終了に当たって」『熱帯林業』No.二六、一九九三年、五四頁。
(13) 増子博、前掲論文を参照。
(14) 外務省経済協力局技術協力課、前掲書、六六頁。
(15) Marites D. Vitug, op. cit., p. 60-63.
(16) 関良基「熱帯における森林資源の持続可能性と日本の役割」『平和研究』第二一号、一九九六年、五三頁。フィリピンでの森林再生事業に関する詳しい分析が行われている。
(17) 李天送「い河林業局における森林経営の展開と財政資源危機対策」『高知大学演習林報告』第二二号、一九九五年、七頁。
(18) 国際食糧農業機構編『中国の森林資源と林業』農村文化社、一九八八年、二七四頁。
(19) 李天送「中国華北平原地域における農用林業の展開と木材市場構造」『高知大学演習林報告』第二五号、一九九八年。
(20) 三北防護林プロジェクトに関しては、江藤素彦「砂漠緑化と日中林業技術の交流」『熱帯林業』No.二五、一九九二年参照。
(21) 永田信、井上真、岡裕泰著『森林資源の利用と再生』農山漁村文化協会、一九九四年、一二六頁。
(22) 日本木材総合情報センター『木材情報』一九九八年十月号、二三―二四頁。
(23) 同上、二四頁。また、HTIや造林問題にかかわっては、宮川秀樹「インドネシアの産業造林について」及び前田満「熱帯雨林と研究協力」『熱帯林業』No.二八、一九九三年、そして永田信他著『森林資源の利用と再生』を参照。
(24) 依光良三「海外森林資源の開発と投資―育成林業型開発輸入を中心として―」『林業経済』No.四一四、一九八三年、四頁。
(25) 海外産業植林センター「海外産業植林センターご案内」、一九九八年。

第四章　日本の森林利用の変遷と環境保護問題

天然スギ巨木の切り株で休むカモシカ
（高知県馬路村の国有林にて，中西安男氏提供）

第一節　森林利用の歴史と現段階

1　森林利用の変化

(1)　里山から始まった山林利用と荒廃

日本の国土面積約三七七〇万ヘクタールのうち、森林は約二五〇〇万ヘクタール（六八％）を占める。原始時代以前においては現在の都市や農村部を含めて、国土の大半は森林で覆われていたが、今では平地部の大半は農地や都市となっている。しかし、急峻な山岳性地形が多くを占め、温暖多雨な気候条件にも恵まれているために近代の人口急増期においても比較的森林減少は少なかった。今、われわれが目にする日本の森林は、その中身はともかく豊かな「自然」と移ることも事実である。

しかしながら、歴史をたどってみれば、森林に無理を強い、その再生が待てないほど過度の利用が行われた時期や地域においては、しばしば山の荒廃がみられているのである。文明の発達する初期の段階では手近な森、里山が農耕地や焼畑用にあるいは木材採取のために開発対象となった。古くは八世紀（奈良時代）の藤原京建設のために滋賀県の湖南地方に位置する田上山のヒノキ天然美林が伐採開発され[1]、その後の利用も重なってはげ山と化したことも有名な事例にあげられる。江戸時代にはさらに、奥山の開発もすすみ、山の利用が重なって各地で山林の荒廃、はげ山化が進んだ。それに対して、幕藩による山林の強権力管理が強化されたり、地域によっては入会規制も行われるようになっていった。

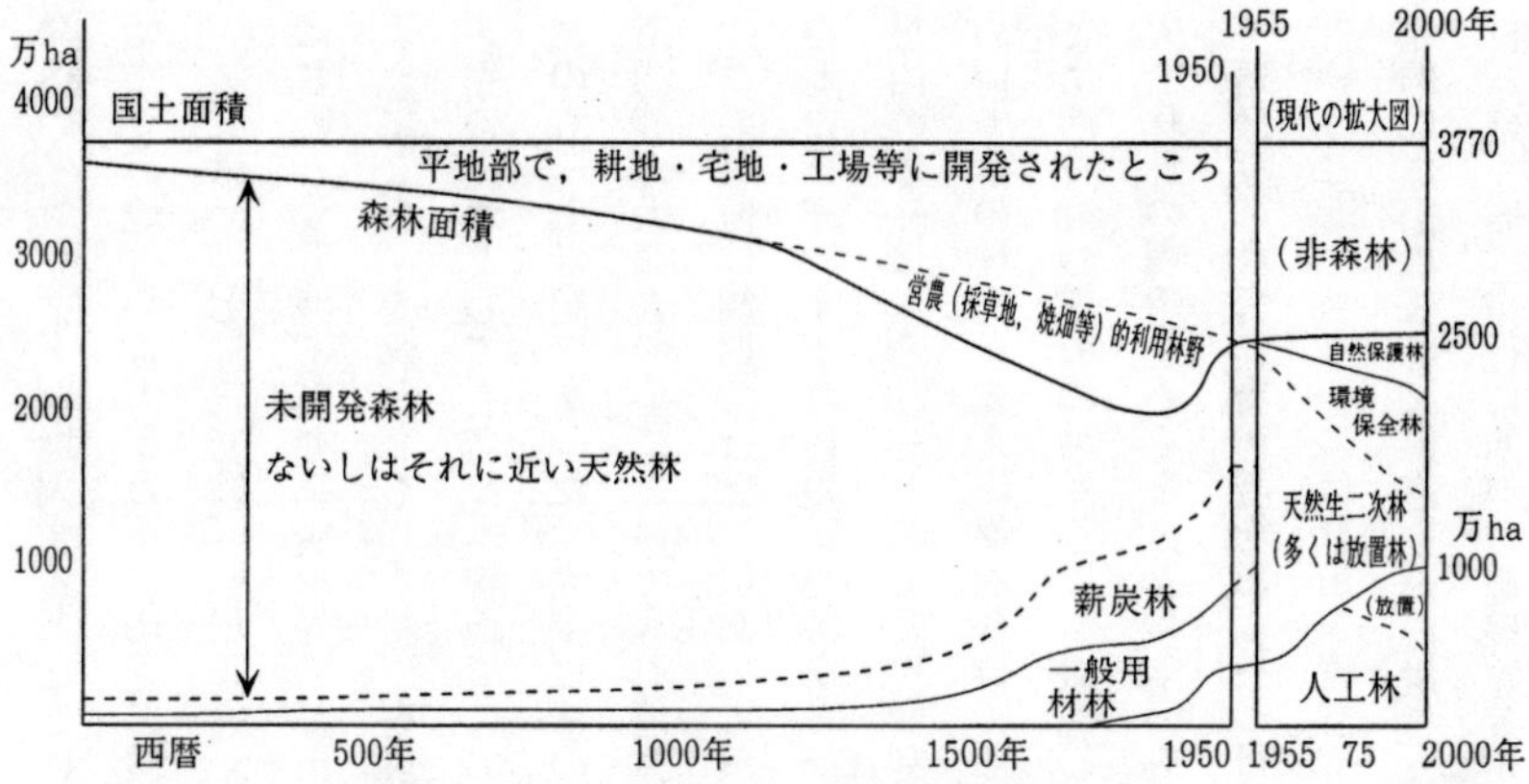

注）自然保護林とは，保安林の禁伐，択伐規制林，自然公園の特別保護地区，第1～2種特別地域，自然環境保全地域の特別地区以上，国有林の森林生態系保護地域等約300万 ha.

出所）依光良三『日本の森林・緑資源』東洋経済新報社，1984年，9頁.

図 4-1　森林・林野の利用展開推定図

豊かな自然に見える日本の山林も、明治期前半には、東海・近畿・中国地方にかけて、とくに里山ははげ山のベルト地帯といってよいほどに荒廃が進んでいたのである。[2] そうした状況を改善するため、明治期後半からまた第二次大戦後においても治山事業と植林によってはげ山の復旧・再生が行われてきた。今日われわれが目にする森の多くは、復旧・環境造林にしろ産業造林（いわゆる人工林）にしろ、人の手によって守り育てられてきたものなのである。

さて、日本の森林・林野利用形態と面積は、およそ図4-1に示されるような変遷をたどってきたと推定される。基本的には人口規模をベースに社会の仕組みや経済・生産力の発展段階によって利用の規模や仕方あるいは反作用としての荒廃現象が現れるのである。ともあれ、森林利用の歴史をみると、だいたい四つの転換期があると考えられる。[3]

(2) 封建制下の山林利用の変化と管理

第一は、一一～一二世紀ごろにおいてである。九世紀ごろの人口は七〇〇万人程度で生産力も低い段階にあったが、この時期から人口は一〇〇〇万人を越え、森林開発へのインパクトが増大するとともに、新たな林野利用形態として芝や草を田畑に敷きこんで肥料にする刈敷が始まり、焼畑の拡大とともに山地の営農的利用が次第に盛んに行われるようになった。(4)

第二は、一七世紀初頭、徳川幕府が成立した時期であり、この時期を境に人口は三〇〇〇万人に達し、江戸をはじめとする城下町や宿場町等の都市の形成・発展が進むにつれて建築用材や薪炭が商品として大量に流通するようになる。それとともに木材、薪炭材生産用の森林開発も次第に奥山に依存するようになっていった。高級ヒノキの産地として有名な木曽地域において、筏流しを軸とする伐出技術の発展とともに、大規模な開発が行われたのも一七世紀であった。(5) 大半は藩の手によって森林開発が行われたが、一方では一七世紀末には紀伊国屋文左衛門等の大商人の手によっても奥地林開発（紀伊国屋は南アルプス、大井川上流の奥地林開発）が行われた。

この幕藩体制期（近世）において藩の権力の基礎は農業生産力にあった。そのために、新田開発とともに田畑の地力を維持するための緑肥源ならびに牛馬用のまぐさ供給源としての利用も一層活発に行われるようになり、里山の多くは入会林野として営農的利用に供されていった。そういう意味で入会林野は農業用水とともに底辺において藩の権力を支える物的基盤であった。(6) 加えて入会林野は家庭用の燃料、道具や茅葺き屋根の材料等、生産と生活資材の採取の場としても機能し、地域の農民にとってなくてはならない重要な役割を担った。それゆえ、入会林野の利用をめぐる村々の争いも各地で頻発した。

藩政期の林野所有の特徴は、一つは面積的にみて農民の共同体的管理下に置かれる入会林野が非常に多かったということ、もう一つは秋田、青森、木曽、飛騨、高知といったとくに優良資源に恵まれた地域をはじめとし全般的に奥山の森林は幕府や藩の厳重な管理下に置かれたことである。入会林野においては、「口開け・鎌止め・村八分」等、慣行に基づく農民管理が行われたのに対して、後者では「法度・厳罰（木一本、首一本）」にあらわされる強権力管理が行われた。とくに一七世紀の乱伐の結果、山林荒廃が進んだため、復旧と資源保護の観点から農民の利用を排除した「留山」とか「留め木」の制度が設けられ、管理が次第に厳重になっていったのである。

(3) 資本主義の発達とともに大きく変わった山林利用

第三の転換期は一九世紀後半、明治期に入り資本主義が生成、発展しはじめる時期である。徳川期においては三〇〇〇万人で推移した人口は、明治期以降、高い増加率を示し、殖産興業政策のもとでの資本主義の発展を通じて経済の拡大とともに、森林開発とくに木材、薪炭用材開発のインパクトは増大した。そのため、河川流送を軸とする森林開発方式に加えて、森林鉄道・軌道あるいは林道が登場し、輸送手段を改善して、奥地林開発も展開されるようになった。また一方では、里山の採草地・原野も含めて、木材資源の育成をめざした植林(国有林野特別経営事業、公有林野造林事業)も行われるなど、基本的には近世の林野利用の形態を残しつつ木材資源利用地の拡大の方向に展開していったのである。

第四の転換期は一九五〇年代に訪れる。この時期は、周知のように戦後復興期から、高度経済成長期への移行期であり、また、人口は一億人近くに膨れ上がる時期である。森林・林野の利用形態の変化はきわめてドラスチックな展開を見せた。まず、「農山村型社会」の崩壊につれて林野の営農的利用がほとんど行われなくなるとともに、いわゆる燃料革命以降、薪炭林利用は急激な崩壊過程をたどっていくこととなり、それによって近世的林野利用の名残は完全になくなっていくのである。

重化学工業化を基軸に展開した高度成長期においては、資本の高度蓄積と都市の肥大化が急速に進み、建築・建設、紙パルプ用材の需要を増大せしめ、原生林を含んだ天然林の開発が大規模に行われた。それによって現代の森林の姿は大きく変わっていく。

工業化・都市化社会への構造的な変化は、人と森林のかかわり・利用の仕方を根底から変えた。農民にかわって表に出てきたのは、企業であったり、都市住民であった。こうして資本主義の高度化とともに、資本と都市の要請によるいろいろな形の森林・林地利用、すなわち、一般用材、パルプ用材等の生産的利用に加えて、水源林、防災林、自然保護林、生活環境林としての保全的利用、そして観光やエコ（グリーン）ツーリズム利用、さらにスキー場、ゴルフ場、別荘地等のリゾートづくりなどの多様な開発が展開した。森林地帯は国土開発計画に導かれつつ、資本による新たな利潤機会の創出の場となったり、都市住民の多様な価値観のもとに、様々な利用が増え、資本と都市民による森林の包摂化が現代の森林利用をめぐる大きな特徴となってきたのである。

さらに、九〇年代、二一世紀を迎える現代においては、九二年の「地球サミット」以降、基本的考え方として、生物多様性、生態系保全など、環境保護重視の風潮が高まり、日本の森林利用や管理のあり方に対しても一定の枠組みの転換が求められるようになった。

2　森林利用の多様化と環境資源的利用の拡大

(1)　都市化社会への変化と森林

高度成長期以前の日本においては、都市人口は一九四五年時点で二八％にとどまり、農山村社会といってよい状況にあった。それが、一九五〇年代半ば以降、復興期から高度成長期の工業化促進政策を経た一九七五年には都市人口は七五％にまで急拡大し、世界史上例を見ないほどのスピードで都市化が進行した。オイルショック以降の低成長期への移行とともに人口移動は鈍化したが、それでも九五年時点では七八％に達した。また、三大都市

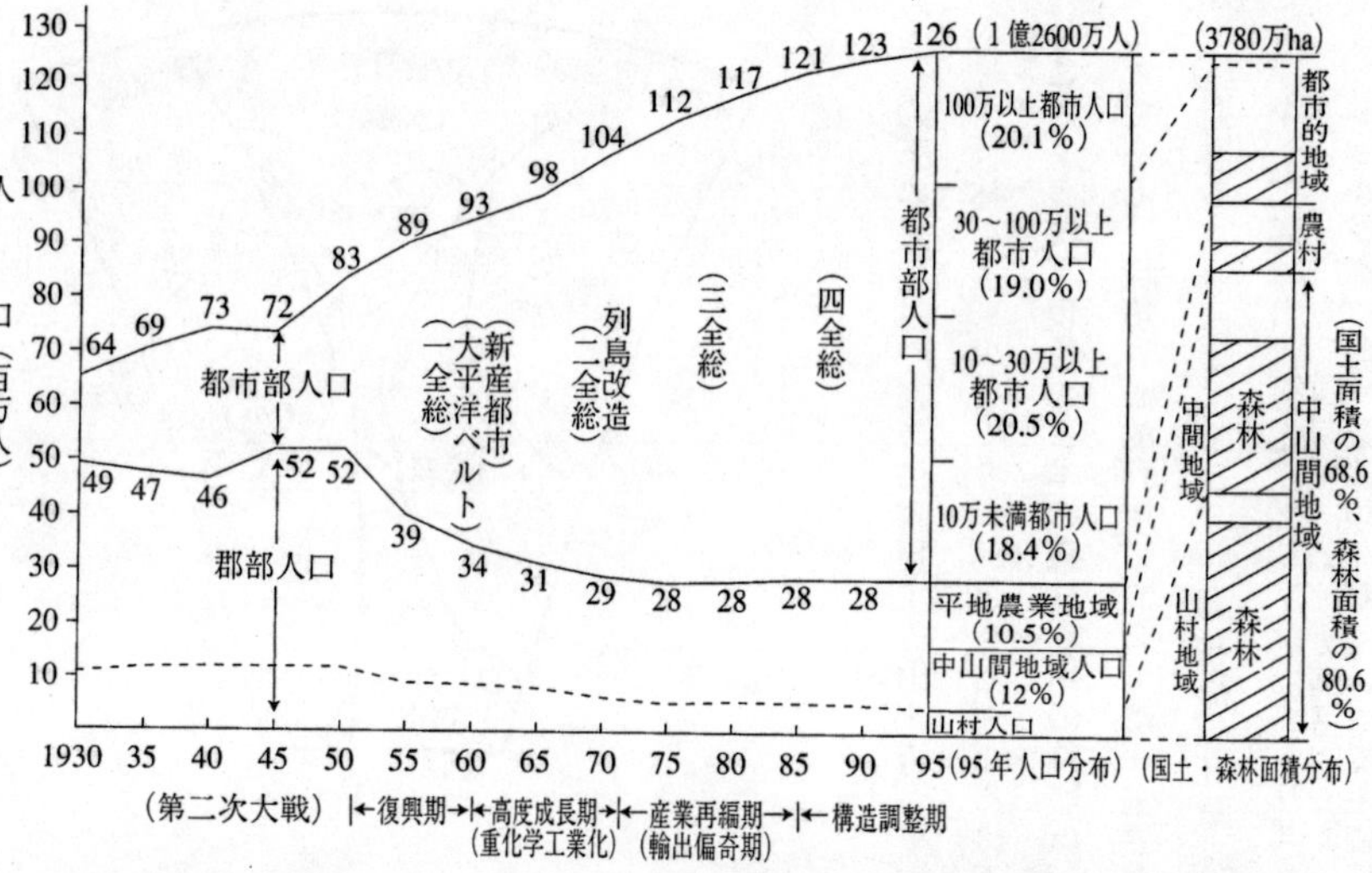

出所）依光良三・栗栖祐子『グリーン・ツーリズムの可能性』日本経済評論社，1996年，173頁.

図 4-2　人口の推移と地帯類型別人口分布および国土・森林分布状況

圏の人口は七五年に五〇〇〇万人、九〇年には六〇〇〇万人、そして今日では実に人口のほぼ半分が国土面積一〇%台の東京圏、名古屋圏、関西圏の三大都市圏に住むようになった。さらに地方中枢都市、中核都市への人口集中化も同時に進行してきた。

日本の急激な都市化、工業化、ハイテク化、サービス産業化という社会の変化は森林利用に大きな変化をもたらしてきた。都市住民や資本（企業）は、森林にみどり資源ないしは森林の公益・環境の側面の機能発揮をより強く要請する。それによって森林に対する利用圧が木材から環境や公益的機能の側面にシフトしてきていることが現代の特徴であり、その結果、森林利用の形態は、観光・レクリエーション、リゾート、グリーン・ツーリズム、そして水源林や防災林など、著しく変化してきたのである。

(2)　多様化した森林利用
―環境資源的利用の増大―

図4-3は、比較的高山のある流域の現代の模式

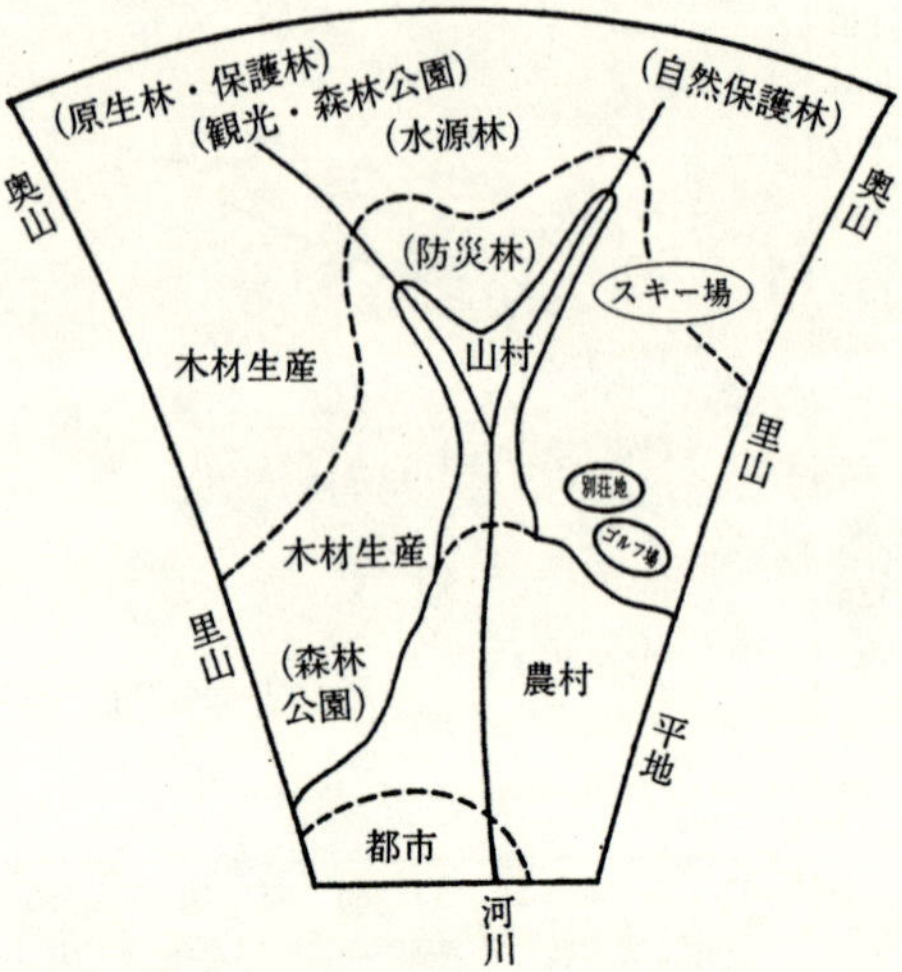

図 4-3　森林・国土利用モデル図

図である。四国でいえば、石鎚・瓶ヶ森山系を頂点とする吉野川や仁淀川流域、そして剣山・三嶺山系からの那賀川や物部川流域が、あるいは御岳山を源とする木曽川や飛騨川なども同じような状況にある。奥山の源流域は自然公園法の指定を受け、また国有林の保護林や自然休養林などが配置されている。その下は相当の奥地まで、過去の開発と植林の結果、木材生産林が拡大して分布している。生産林目的で造られた人工林は日本全体では四〇％余であるが、東海から紀伊半島、四国、九州にかけての西南日本ではおおむね六〇％を超える。逆に中部、上信越、北関東、東北など積雪地帯や景観の優れた地域では、立地条件にもよるがスキー場やリゾート開発地などが多く造成されている。

その下の農山村や都市に隣接する山・森が里山である。宅地やゴルフ場等に開発されたり、放置され荒れた雑木林や竹林なども少なくない。ところどころに、散策できる森林公園や生活環境保全林なども造られている。

このように、現代の日本の森林利用の特徴は、木材資源利用からだんだん環境資源的利用に傾斜してきていることである。環境資源的利用については、主要なものとして概略つぎの四つに分けられる。

①森林レクリエーション　森林浴、紅葉狩り、ハイキング、森での山菜キノコ狩り等広義には、登山、スキー、森林山村観光、グリーン・ツーリズム、エコ・ツーリズム等、森林地帯での景観鑑賞、スポーツやトレッキング、農林業体験などによって主に都市生活者に心身のリフレッシュの場となる。

②水源林　豊かな森林・緑のダム機能によって、森林土壌に水を蓄え、下流の都市生活用水、工業用水、農業用水等の供給源として役割が高まってきた。また、③とも関連するが、ダム的機能は洪水災害を防ぐのに役立つ。

③防災林　森林は根を深く張ることによって、土石流災害や山地崩壊を防止する機能を持つ。高価な木曽天然ヒノキがあるにもかかわらず、禁伐にして森林保全を図り、山麓の住民を災害から守っている長野県南木曽国有林などその典型事例である。

④生活環境保全林　身近な緑・森林が開発によって破壊される中で、都市周辺の雑木林や森林公園、緑地の役割が生活環境にとって重要なものとなった。

この他、原生の森林生態系などわずかに残された自然は、人間による開発・改変を免れ本来の自然の原型であるという意味で「自然遺産」であり、希少化とともに保存対象としての意義が大きくなったものである。

このことは、これまでにも述べてきたように都市化・工業化政策の著しい展開のもとに、資本による開発と都市民による欲求に基づき、資本と都市による森林地帯の包摂化がすすみ、森林レクや環境資源的な利用の拡大が進行してきたことを意味している。また、ごく近年では政策的にも神奈川県のように大都市周辺の森林政策及び国有林にみられるような政策転換が、一層そういった方向性を助長しているのである。

3　森林荒廃期の特徴と環境問題
―過度の利用や乱伐が招いた荒廃―

日本の森林・林野荒廃の歴史をみると、次の四つの目立った時期があった。

田上山の荒廃地緑化事業（1960年代，建設省琵琶湖工事事務所提供）．地力が完全に失われたはげ山の回復には長期間の植林・緑化を要する．

①近世における農民的林野利用が過度に行われたところでのはげ山型荒廃

この時代の林野は、農民によって生活・生産の資材源として利用され、とくに耕地の地力維持のためには必要欠くべからざるものであった。そのため、毎年くり返し利用が行われ、柴・草はもとより表土や根株までもが掘取られるほど過度の利用が集中した地域では、山林は禿げ山化し、下流に洪水災害や土砂流出による農地への被害の発生をみている。[7] また、それに加えて製塩や陶磁器産地など燃料利用が盛んなところでは一層荒廃がひどかったといわれる。[8]

②明治期前半における森林管理の無政府状態下での乱伐による森林荒廃

明治維新後の体制の変革期においては、政府は林野の所有権の整備（確証のない入会林野の官有地化等の官民有区分）にのみ重点を置き、保全管理面においては無政府状態といって良いほどかえりみられなかった。そのため、明治期半ばまでは盗伐、放火、乱伐などが横行し、森林荒廃につながっていったといわれる。[9]

③第二次世界大戦時の森林乱伐による荒廃

大戦中は軍需用材や燃料用材の供出のために強制的な伐採、増伐が行われたが、それに見合う植林が行われなかったために、乱伐放置面積が一〇〇万ヘクタールを超えるほどに急増した。

④「高度成長経済」下における奥地林開発と観光・林地開発、国土開発に伴う荒廃

奥地天然林地帯における大規模な木材資源開発や山岳観光道路開発、そしてリゾート開発などの展開によって、自然・環境破壊等の荒廃問題が発生した（第六章参照）。

森林荒廃の発生は、いずれも過度の利用に対して森林の保全管理が十分に行われていないときにおきている。それによってもたらされたものは、常に大きな災害であった。特に明治期の大洪水災害の頻発や第二次世界大戦後の大洪水災害の頻発は、治山・治水の重要性を大きな教訓として残した。我々の先人は、「森林には無理を強いてはいけない」ことと「適度な伐採と再生産システムの構築、保全管理が必要である」こととを学んだはずである。その証拠に、明治期には治水三法（河川法一八九六年、砂防法、森林法一八九七年）を成立せしめ、保安林政策・治山が重視され、第二次世界大戦後も保安林整備臨時措置法（一九五四年）や治山治水緊急措置法（六〇年）等を制定せしめた。しかし、「高度成長期」には森林の保全管理の重要性、国土保全の観点が再び見失われた。

このように、世界的にも、日本においても歴史的な教訓があるにもかかわらず、荒廃問題が依然として繰り返されているのは、森林をめぐる社会経済システムに欠陥があるからに他ならない。森林はきわめて公益性が強く共有的環境資源の性格を持つにもかかわらず私有財産制によって基本的に処分は自由で、市場原理で伐出生産が行われたこと、国有林にも高度成長初期から利潤獲得を旨とする私企業的な効率原理が森林施業の場に持ち込まれたことなどに起因する。そして総資本の秩序のもとで、市場機構と国家計画機構の両面から森林が律されており、目先の利益のために伐採開発が行われたり、大資本によってスキー場、ゴルフ場等土地開発が行われ、無理な森林開発が展開したことによる。つまり、一九六〇年代以降のみどり森林問題発生の根源は、今日の里山問題

をも含めて日本資本主義の持つ構造的問題に起因する、と考えられるのである。

第二節　高度成長期以降の森林開発と環境保護問題

―バブル経済期までの乱開発の変遷―

1　森林の乱開発の意味

森林開発自体は社会の発展に応じて必要なことも多く、否定すべきではないが、問題は行き過ぎた開発・乱開発にある。それは、次の五点にまとめられよう。

①いかなる開発にしろ森林のもっている国土保全機能等、環境保全面での役割を果たせなくなるほどに、住民・市民の受忍限度ないしはシビルミニマム（あるいはアメニティー）をこえて行うもの、すなわち典型的には開発によって土砂崩れや洪水等の災害、渇水被害がもたらされるようなケースをいう。

②客観的にみて後世に残すべき貴重な自然を破壊すること、すなわち国レベル、県レベル、地域レベルにおいて森林生態系の視点及び景観や憩いの場の視点からみて優れた森林を開発・破壊するケースである。

③奥地林開発において、とくに植林限界地を越えるようなところでは基本的には択伐・天然林施業などの合自然的方法による開発にとどめるべきで、経済効率に基づく皆伐（とくに大面積皆伐）は行き過ぎた開発といわざるをえない。

④生態系視点からの保全等も含んだ「持続可能な森林経営」を前提とすべきで、それを超えるレベルでの伐採

量水準での開発は行き過ぎである。

⑤リゾート開発においては、実体需要を超えて、景気対策・内需拡大等のための公共投資、ならびにバブル的投機資本によるものも乱開発といえる。

本節の以下では、森林開発とくに国有林ならびに森林開発公団によって展開した奥地林開発、そして大資本の手によるリゾート開発を中心に、高度成長期からバブル経済期までの乱開発の背景とそれに伴う環境問題、自然保護問題についてふれておこう。

2　国有林を中心とする奥地林開発と環境問題

(1)　無理を強いた奥地林開発

一九五〇年代の戦後復興期から高度経済成長期に向かう時期は森林利用の形態も大きく変わっていく。紙パルプ原料など木材が不足する中で森林開発においても大きな転換点を迎え、当時豊富に残されていた国有林の奥地天然林・原生林が開発のターゲットとなった。一九五七年の経済計画策定過程においては、通産省は紙パルプ資本の活発な設備投資を背景に不足する原木を確保すべく林野庁に増伐を要請し、また、大資本を代表する経団連・財界も奥地林開発の促進、林業経営合理化等の近代化路線をすすめることを、政府に正式に要請した[10]。このような時代背景、日本資本主義の展開のもとに、後に過伐・乱伐に伴う環境問題の原因ともなった奥地未開発林の大規模な開発が、五〇年代後半から次第に活発化していくこととなるのである。

ところで、北海道の国有林を襲った「洞爺丸台風」（一九五四年）は、当時の一年間の木材消費量に相当する二二〇〇万立方メートルもの風倒木被害を発生せしめ、国有林経営の転換の一定の契機となった。一つは大量の

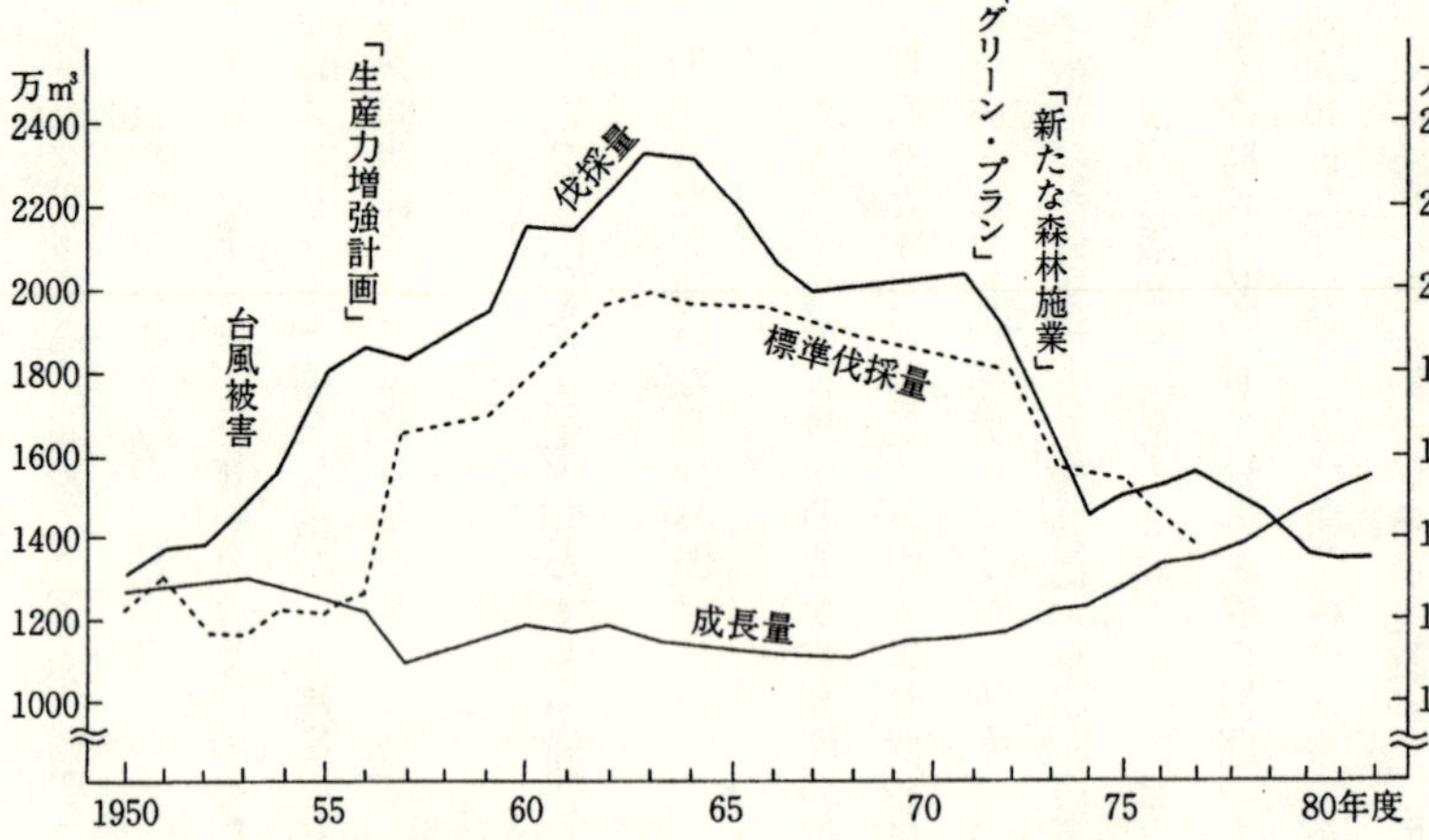

資料）林野庁『国有林野事業統計書』各年版．なお，1997年度の成長量は1,924万m³に対して，伐採量は555万m³に激減させている．

図 4-4　生産力増強期の国有林の伐採量・標準伐採量・成長量の推移

被害木の伐採搬出のために機械化をすすめたこと、もう一つは「老齢過熟林分は災害に弱く、若返りが必要だ」という論拠を与えたことであり、このことも国有林「近代化」の伏線となった。

こうして財界の強い要請と同時に国有林自らの「近代化」への指向もあって、一九五七年には国有林開発史上歴史的画期となった「生産力増強計画」が樹立された。この計画においては、それまでの保続計画におけるほぼ現存資源維持（成長量程度の伐採量）を前提とした収穫量決定の考え方から、成長量の低い天然林（「老齢過熟天然林」）を伐採し、成長の旺盛な樹種（スギ、ヒノキ、カラマツ等）への転換と「若返り」によって将来増加するであろう成長量（見込み成長量）を引き当てにして伐採量を決める、いわゆる「見込み成長量法」に転換を図り、それによって計算上大幅な増伐を可能にしたのである。

こうして奥地林開発では、生物多様性に富む天然林を伐採開発して、成長の旺盛な樹種に転換することにより、土地生産性の高い短伐期育成林業をめざすこととなり、林道建設、機械化、大面積皆伐方式などとあわせて「近代化」・経済効率の論理がベースにおかれた。それとともに、自然との合理的調和を前提とする収穫量決定や施業方法は放棄され、植林木の成長とともに公益機能も満たされる筈という「予定調和」の論理のもとに、拡大再生産・増伐を進めていったのである。そして、この計画では、一九五八年から一九九七年の四〇年間に人工林面積を当時の一一〇万ヘクタールから三二〇万ヘクタールへと増加させる計画、すなわち二〇〇万ヘクタールの天然林開発が計画されたのである。さらに、高度経済成長は国有林に一層の増伐を強いることとなり、六一年の「木材価格安定緊急対策」のもとに「木材増産計画」が樹立され、六二、六三年ごろに増産体制のピークに達し、現実成長量の二倍もの伐採が行われた。それは、まさに資本の高蓄積をめざす日本資本主義の展開と軌を一にし、その原材料基盤としての国有林増伐、奥地林開発が行われたのである。

こうした背景と計画のもとに、一九五〇年代半ばから七〇年代後半にかけて一〇〇万ヘクタール余りの天然林開発と拡大造林が実施されるという森林開発史上かつてない規模とスピードで奥地林開発が展開したのである。そして、そこに生産第一・経済効率至上主義を持ち込んだことが、森林に無理を強いることとなり、そのしっぺ返しとして環境問題へとつながっていったのである。

(2)　自然破壊・環境問題の発生と生産力増強期の終息

大面積皆伐方式で優良資源を食いつぶしながら流域集中的にすすめられた天然林開発は一九七〇年前後には諸問題、主として次の三つの問題を引き起こすこととなった。

①原生林ないしはそれに近い天然林の開発によって、貴重な植生をもった森林が減少し、自然破壊問題が各地で発生した。それは、自然保護の必要性を認識した市民運動の最大の標的となり、マスコミもこれを積極的

に取り上げ、社会問題化した。

②流域集中的に行われた開発によって森林の国土保全機能が破壊され、大量の土砂が河川に流出することによって、大雨の際にはしばしば下流に洪水災害を引き起こしたり、渇水期には水源枯渇問題をもたらし、地域住民にとっての環境問題となった。

③経営条件の劣る奥地林開発ならびに優良資源の食いつぶし――例えば一〇〇〇万立方メートル以上あった秋田天然スギは、開発期を過ぎた一九八〇年には二〇〇万立方メートルまで減少――はやがて国有林の経営条件の悪化につながっていった。

このように、とくに自然破壊や災害等の環境問題の多発によって、市民・住民サイドから自然保護の強い要請が国有林に寄せられたのである。筆者は、一九六二年から七〇年代前半にかけて国有林の開発現場を数多く訪れたが、中でも印象深く残っているのは、静岡県大井川源流部の南アルプス山腹、亜高山帯に延びたきわめて大規模な森林開発、長野県南木曽の与川国有林の伐採跡地の著しい荒廃、三重県尾鷲営林署、大台ヶ原の畏敬の念をも抱かせるようなブナ原生林の開発、谷川は荒れに荒れ、洪水災害問題と同時に自然保護運動もおきていた和歌山県の大塔山開発などである。大阪営林局には七〇年代初頭の二年間だけで、自然保護団体から四〇件を超える自然保護の要請がだされたほどである。(11)

また、一方では、こうした世論を背景として、初期において国有林に増伐を要請し、生産力増強体制を確立せしめる方向に働きかけた財界は、その後海外木材資源依存体制を確立したことによって国内森林資源の開発の必要性は薄らぎ、七一年には経済同友会が「21世紀グリーン・プランへの構え」を発表し、国内森林資源に関しては、「ストック重視」(フロー・伐採量の縮減)の提案を行ったのである。

以上のようにマスコミから後押しされた市民・住民運動ならびに財界からの要請のもとに、林政審議会答申も

表 4-1　全総計画，森林開発・リゾート開発関連政策等の推移

年		地域・森林の諸開発関連政策	概　　略
移行期	1950	【国土総合開発法】	河川開発中心の地域開発・ダム建設，電源開発
	52	【電源開発促進法】	ダム・電源開発～最初の山村過疎化の要因
	54	(「洞爺丸台風」・風倒木被害)	国有林の被害木伐採搬出のため機械化の促進
	56	「森林開発公団法」と公団設立	民有林の奥地林開発（剣山・熊野開発）・林道
	57	通産省・経団連の増伐要請	紙パ原料不足に対して，林野庁へ増伐の要請
	57	**国有林生産力増強計画**	見込み成長量法増伐，奥地林開発，大面積皆伐
高度経済成長期	60	【国民所得倍増計画】	「高度経済成長」・工業化都市化政策の幕開け
	61	国有林木材増産計画	**「木材価格安定緊急対策」**（国有林増伐，外材輸入促進）
	61	森林開発公団法の改正	水源林造成・保安林を対象に分収造林の開始
	62	【全国総合開発計画】	拠点工業化開発地域間の均衡ある発展
	65	スーパー林道の建設開始	森林開発公団による特定地域開発林道の開始
		【新全国総合開発計画】	新幹線・高速道路網整備，山林買占・林地開発
	69	「列島改造論」～70年代前半	**第一次リゾート開発ブームと被害多発，反対運動**
	71	大規模林業圏開発事業	旧薪炭林地域の再開発，公団「大規模林道」
	71	「21世紀グリーン・プランへの構え」	経済同友会：フローから緑資源ストック重視へ
	72	林政審答申「国有林野事業の改善」	公益機能重視の施業，組織の見直し，一般財源導入
	73	**国有林「新たな森林施業」実施**	亜高山帯からの撤退，保護樹帯，小面積皆伐
	74	林地開発許可制度（森林法）	開発で損なわれる森林機能の代替施設義務付け
	74	(第一次オイルショック)	「高度経済成長」の終息・産業再編へ
産業再編・構造調整期	77	【第三次全国総合開発計画】	流域単位での機能分担による地方定住圏構想
	78	**国有林野事業改善特別措置法**	縮小再編：84年二次，87年三次，91年四次改訂
		80年代国際的森林保護ブーム	ナショナルトラスト運動，知床・白神問題等
	85	プラザ合意・円高協調政策	貿易摩擦問題，１ドル240円→160円→120円
	86	民間活力導入法	豊富な民間資金を内需拡大型開発に活用→バブルへ
	87	**国有林ヒューマン・グリーン・プラン**	国有林をスキー場，ゴルフ場等リゾート開発に活用
	87	**【第四次全国総合開発計画】**	定住と交流，国際化と世界都市機能，都市と山村の交流
	87	**総合保養地域整備法(リゾート法)**	開発促進のための整備法，**第二次リゾート開発ブーム**
	89	「特措法」保安林解除の簡素化	「森林の保健機能の増進に関する特別措置法」
	89	国有林保護林の再編整備	従来の保護林を森林生態系保護地域等に見直し
	91	国有林「改善計画」４機能分類	国土保全林，自然維持林，森林空間利用林，生産林
		「バブル経済」崩壊後	民活型リゾート開発の挫折：不良債権問題へ
		93～「官活型」農山村リゾート	公共投資・財投政策の推進：後半**金融恐慌**へ
	98	**【第五次全国総合開発計画】**	多軸型国土軸と連携，中山間「多自然居住空間」
	98	国有林の新たな機能類型３分類	水土保全林，森林と人との共生林，資源の循環利用林

あって、国有林はいわゆる公益機能重視政策への転換を迫られ、七二、七三年を境に伐採量の縮減、亜高山帯等高標高地からの撤退とともに国土保全機能の維持を重視した「新たな森林施業」(亜高山帯での天然林施業、小面積分散伐採、保護樹帯、保残帯等を残した施業)への転換を図った。こうして、奥地天然林開発を中心とする「生産力増強期」は終息し、七〇年代半ばには伐採量は元の水準に戻り、八〇年代以降、過伐による優良資源の枯渇化と木材価格の低迷(伐境の後退)もあって、伐採量水準は漸減過程をたどり、九〇年には一〇〇〇万立方メートルを割り込み、そして九七年度の伐採量はピーク時の実に四分の一以下の五五五万立方メートルにまで減少させたのである。

3　山岳道路建設と環境問題

(1)　森林開発公団とスーパー林道問題

国土開発計画と連動する公団林道建設
森林開発公団は、民有林の奥地未開発林の急速かつ計画的な開発を促進するため、一九五六年に制定された森林開発公団法に基づいて設立されたものである。[12]その背景には国有林開発と同様に紙パルプ資源の確保対策があった。やがて、六〇年代からは国土総合開発計画と連動して地域開発色を強めながら大規模な森林開発林道の建設を公団が担うこととなる。

最初の特定地域開発には、大規模未開発地域として全国一七地域が候補にあがったが、結局、林道建設によって高い経済効果が期待できる紀伊半島の熊野川地域と四国の剣山地域が選定され、二〜三年というきわめて短期間に、合計三二〇キロメートル(三六路線)の林道を完成させ、折からの木材資源不足もあって、地域の天然林開発を著しく促進させた。

公団林道建設の第二は、全国総合開発計画（一九六二年）のもとで都市・山村の格差是正をめざして、六五年から開始された多目的の奥地森林開発をめざす特定森林地域開発林道（スーパー林道）の建設があげられる。それゆえ、スーパー林道は単なる木材資源開発の機能だけでなく、観光等の産業振興を含んだ地域開発型林道の性格をもっている。それまでの、「谷筋行き止まり林道」と異なって、県境をなす峠や山脈をも越える大規模な嶺越し型の林道で、高山で隔てられていた地域間を一本の長距離の幹線となる林道の建設によって、多面的な交流を促進することも意図されている。

そして、第三は新全総計画に伴って一九七〇年には「大規模林業圏開発事業」が制度化された。これは、旧薪炭林等低位利用の広葉樹地帯を対象として「農業、畜産、観光などの開発と調整をとりつつ、森林を中心とした総合的な地域開発を推進する」[13]ことを目的に、その中核的事業に地域の森林地帯を縦横断する大規模林道（舗装、二車線）の建設が位置づけられた。オイルショック以降の財政危機下で事業の進行は遅々たるものであったが、構造調整期の内需拡大・公共投資の大盤振る舞いの中で息を吹き返し、九六年末に四国西南の一部の林道が初の完成をみた。しかし、計画から三〇年が経過し、情勢が変化した今日では北海道や東北の大規模林道建設は、林業振興にはほとんど役に立たずに環境破壊を招くだけの無駄な公共投資として自然保護団体やマスコミからの批判の矢面に立たされており、林野庁も見直しを迫られている。

「南アルプス林道」にみる環境問題

スーパー林道建設は、道東、朝日、奥鬼怒、南アルプス、白山、剣山等、全国で二三路線、総延長一一〇〇キロメートル、総事業費約一〇〇〇億円を費やして、七〇年ごろから八〇年代半ばにかけて完成をみた。だが、その過程では、南アルプス、白山、奥鬼怒スーパー林道などは急峻な山岳地帯、原生林地帯も通るがゆえに、自然破壊問題、環境問題も引き起こし、また、スーパー林道が完成するころには国有林でみたように奥地林開発の時代は終息しており、その機能はどちらかというと観光開発的側面に傾斜していった。観光道路化した典型としては白山スーパー林道があげられ、九〇年代では観光目的の自動車の利用台数は年間一〇万台を超えているほどである。

一方、自然破壊で最も問題となったのは、南ア・スーパー林道である。南アルプス国立公園の核心部の一つ標高二〇三二メートルの北沢峠を越えて山梨県芦安村と長野県長谷村を結ぶ五六キロメートル余りの山岳道路の建設は、自然保護上多くの教訓を今日に残した。峠周辺は、シラビソ、オオシラビソなどの亜高山性植生からなり国立公園第一種特別地域に指定されていて、何よりも保護を優先すべきところであること、山岳道路建設は地形が急峻で、地質がもろく崩れやすいこと、原始的な山岳景観と野生動物などの生息の場として貴重であることなどを理由に反対運動が盛り上がった。座り込み闘争などの運動と国会でも取り上げられるなど、建設凍結までこぎつけていたが、七〇年代後半の環境庁長官の姿勢・環境行政の後退の中で建設が再開され、七九年末に完成した。(14)

八〇年から開通したものの、翌八一年そして八二年と相次いで、大雨で法面崩壊や土石流の発生によって、ほとんどの橋は流失し、谷は土砂で埋まって荒れに荒れたといわれ、その復旧工事費が本建設費の四分の一の一〇億円余にも達したという。その後も多額の維持費を要し、土建業を潤すだけで、林業にはほとんど利用されないばかりか、観光面でもさほど地域振興に寄与せず、巨額の公共投資は自然破壊という大きな負の経済を招いた。ダム建設や諫早湾、長良川、吉野川の河口堰など、政府が一旦決定した計画は、たとえそれが環境面で大きな負の遺産を後世に残すことが分かったとしても、行政はメンツをかけて完成に向けて押し通そうとするのである。

開発優先の公共投資事業の問題を浮き彫りにさせ、第三者機関による真に科学的・客観的なアセスメントのもとに環境優先ないしは調和のスタンスにたって、事業の是非を広く国民（住民・市民）に問うシステムの確立を教訓として残している。

岐阜県・乗鞍岳．スカイライン建設と車道によって崩壊地が発生し，爪跡は元に戻らない（1995年9月撮影）．

(2) 山岳観光道路建設をめぐる問題

高度成長期以降、観光開発を目的とする山岳観光道路も、全国総合開発計画のもとで日本道路公団や県が事業主体となり全国的にたくさん建設されていった。大雪山、八幡平、蔵王、塩那、日光・尾瀬、乗鞍岳、大山、石鎚山等々優れた景観を有し、国立・国定公園に指定されている山岳地帯での観光道路建設は、観光客の倍増、数倍増につながっていったが、一方では、それに伴う自然破壊もまたすさまじいものがあった。『自然破壊黒書』には四国最高峰の石鎚スカイライン建設によって大量の土砂が四国随一といって良い面河渓谷を埋め、栃木県の塩那スカイラインの法面崩壊の痛々しい爪痕を残し、そして乗鞍スカイラインそして山小屋に延びた車道による崩壊によって山頂近くの植生が破壊されている様が写真によって生々しく解説されている。(15)

一九七〇年に開通し、建設からほぼ三〇年を経た今日では、石鎚スカイラインは法面や渓谷は回復過程をたどったことは事実であるが、ところによっては河床は流出土砂で一〇メートルも上昇し、もはや元には戻らないのである。また、筆者が九五年に訪れた乗鞍岳（標高三〇二六メートル）は写真が示すように、植生は回復するどころか、大勢の観光客が押し寄せることによってむしろ破壊が進行しているのである。筆者のように健脚でない者にとっては、スカイラインは高山にまで足を運べるありがたい施設ではあるが、国立・国定公園の特別地域が無惨にも破壊されている様を見ると、高山部での山岳観光道路の建設は極力差し控えるべきとの感を否めない。

当然、これらの大型観光道路建設をめぐっても各地で自然保護運動が展開したことはいうまでもない。と同時に地元町村による誘致活動もまた、活発に行われ、開発か保護かのはざまで開発行政が押し切る形が一般的であった。中には、東大山有料道計画線（一九七一年、鳥取県計画）のように激しい自然保護運動の展開と、発足したばかりの環境庁（七一年）の姿勢が環境保護を強く打ち出したことによって、建設断念に追い込まれた所もあるが、大方は建設計画が押し通されたのである。

4　リゾート開発の展開と環境問題

(1)　新全総・列島改造期の乱開発と環境問題

「列島改造」に誘発された第一次リゾート開発ブーム

新全総計画および「列島改造」政策においては、高速道路網の整備とともに国土開発の一環として一〇〇万ヘクタール以上もの林野が農業用地、工業用地そしてレジャー用地のために開発予定地とされた。また、この時期は国際収支の大幅黒字と緩い金融条件等を背景として、企業の豊富な余剰資金が新全総計画等に導かれながら投機的ともいえる土地投資へと回されることとなった。新全総計画が始まった六九年から七三年にかけての五年間

別荘地等のリゾート開発地（静岡県東部函南町・韮山町）

に約七〇万ヘクタールもの山林原野が、不動産、電鉄、金融、商社、建設等の大資本の手によって買い占められたのである。(16)

買い占められた林地は莫大な公共投資による交通網の整備とともにゴルフ場や別荘地、スキー場、レジャーランドなどに開発されていき、第一次リゾート開発ブームを招くこととなる。大都市周辺あるいは地方中核都市周辺の山林が開発対象となったゴルフ場の場合、一九六〇年はわずか一六二カ所であったものが、七〇年には六一九カ所、さらに七六年には一二二八カ所に急増した。一方、別荘地は、既存の軽井沢、那須、箱根等の外延部へ拡大するとともに、新たに信越地方、東北、北海道、中国、九州等、国土開発計画の中で交通網の整備がすすめられる予定とされる地域の山林が買い占められ、七〇年代前半には利便性に優れる景勝地では開発ラッシュといわれるほどのブーム期を迎えた。かつて調査を行った静岡県東部地域の場合、東名高速道路の開通とともに小山町だけでゴルフ場が実に一〇を超える。函南町から伊豆半島にかけての山林では別荘地開発が大規模で、韮山町・函南町の山林地帯では実に一万五〇〇〇区画もの別荘地の造成が行われた。

一方、中部地域の御岳山麓高根村（岐阜県）のように大規模に買い占められたものの、交通網の整備が不十分で利便性に欠けるため、また、オイルショックを契機に開発ブームが去ったために、手つかずのまま土地だけ

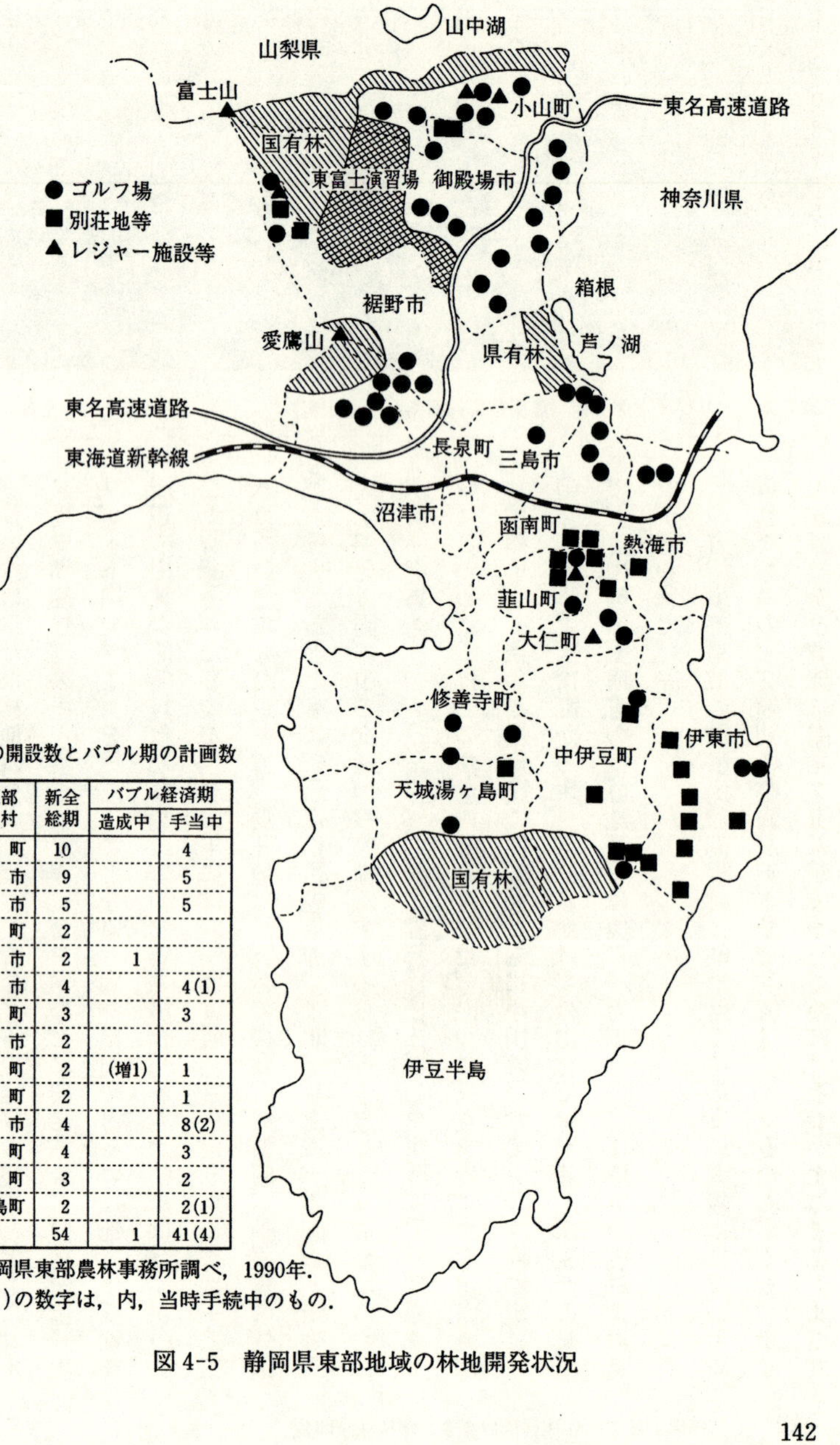

ゴルフ場の開設数とバブル期の計画数

静岡県東部 市町村	新全 総期	バブル経済期	
		造成中	手当中
小山町	10		4
御殿場市	9		5
裾野市	5		5
長泉町	2		
三島市	2	1	
沼津市	4		4(1)
函南町	3		3
熱海市	2		
韮山町	2	(増1)	1
大仁町	2		1
伊東市	4		8(2)
中伊豆町	4		3
修善寺町	3		2
天城湯ヶ島町	2		2(1)
合計	54	1	41(4)

注) 1. 静岡県東部農林事務所調べ，1990年.
2. ( )の数字は，内，当時手続中のもの.

図 4-5 静岡県東部地域の林地開発状況

が大資本にわたったままになっているところも少なくない。

環境問題の多発と林地開発許可制度の創設

林地開発・リゾート開発にともなう環境問題は、全国的な広がりをもっていろいろな形で発生をみた。林野庁の調査によると、表面化したものだけでも一九七〇年から三カ年間において四二一件もの問題が発生し、とくに土砂流出による災害等の被害が二五八件にも達し、最大の問題点となった。森林の乱開発が急展開するなかで、森林の国土保全機能が失われている時、ちょっとした大雨を誘因として被害がいかに多く発生したかを物語っている。別荘地もゴルフ場も、開発造成に当たっては、木を伐採し根こそぎはぎ取った後、ブルドーザーで整地するため、開発時は山は裸同然で大雨は大量の土砂を流出させて、災害を引き起こしたし、乾期には渇水問題も発生せしめた。

表4-2が示すように、土砂流出被害や渇水問題の他に水質の汚濁や自然破壊、生活環境の悪化などの環境問題が各地から報告されている。筆者も静岡県東部地域、富士・箱根山麓から伊豆半島にかけてのリゾート開発地を調査して歩いたが、開発の規模も極めて大きいこともあって、深刻な洪水災害被害にあったり、水質汚濁のトラブルが開発企業と住民の間でおきたり、何らかの環境問題がほとんどの開発地でみられたのである。

こうした環境問題の多発とともに、被害者の立場から住民が開発反対運動、自然保護運動に立ち上がり、トラブルも増加していった。そのため、地方自治体が指導要綱によって一定の規制を行い始めるなど社会問題化していき、林野庁は、七四年に森林法を一部改正して林地開発許可制度を導入したのである。この制度は災害防止・国土保全を中心とする森林のもっている機能の維持を前提として、開発によって損なわれる機能を代替施設（調整池、排水施設など）の建設によって補い、土砂流出災害等の発生のおそれがない場合には、知事が許可しなけ

表 4-2　森林の開発行為による問題発生状況

(単位：件，ha)

問題の内容　＼　開発規模／件数・面積	1～10ha		10ha 以上		合　計	
	件数	面積	件数	面積	件数	面積
① 土砂流出による農用地等への被害	131	497	127	9,384	258	9,881
② 土地崩壊等による道路等への被害	13	21	5	310	18	331
③ 水量の減少	6	37	20	1,935	26	1,972
④ 水質の汚濁	4	27	12	1,457	16	1,484
⑤ 自然破壊(風致破壊等を含む)	8	20	19	1,022	27	1,042
⑥ 生活環境の悪化(騒音等)	29	80	27	1,257	56	1,337
⑦ その他	6	15	14	954	20	969
合　　計	197	697	224	16,319	421	17,016

注）本表は，1970年から３カ年間に森林の開発行為に伴って特に問題が生じた事例を都道府県に照会して，その結果をとりまとめたものである．

資料）林野庁調べ（農林大臣官房企画室『農林業の土地利用の現状と今後の方向』より）．

ればならないというものである。したがって、森林法では林地開発、リゾート開発が基本的に否定されたのではなく、国土保全面での外部不経済を一定の範囲内にとどめれば許可されるという内容のものであった。開発にともなって発生する渇水問題や水質汚濁（レジャー施設・別荘地からの汚水の排水やゴルフ場の農薬汚染）や騒音等生活環境の悪化、自然破壊などの側面は、許可条件にはならず、開発企業はこの面での外部負経済の負担をすることなく、国や地方自治体が税金によって尻ぬぐいするケースもあるが、多くは住民が環境悪化に対して泣き寝入りをせざるをえないのである。

林地許可制度はできても環境問題の解決は一部に過ぎず、住民の多くはシステムの外にあって、確かに被害を受けた住民や被害が予想されると認識した住民が反対運動に立ち上がったところも少なくはない。しかし、開発資本に対抗するだけの法的論拠もなく、環境保護運動には限界があるし、運動すら起きない地域も多い。環境アセスメント等の形で住民の参加が欠落しているところに、資本のなすがままの構図があった。

(2) 四全総・リゾート法下での開発と環境保護

貿易摩擦・内需拡大からリゾート・バブルへ

森林地帯におけるリゾート開発は、八〇年代後半において「列島改造」期の再現ないしはそれを上回る規模で、開発ブームを迎えた。八〇年代後半から九〇年代前半にかけてのリゾート開発は、四全総の中でも戦略的重点課題とされ、新全総・列島改造期の第一次リゾート開発ブーム期以上に国土総合開発計画に誘導されているという側面が強く、リゾート開発がより一層国策として位置づけられて進められたのである。第一次ブーム期においては国の指針のもとにどちらかというと企業が金儲けのために奔走したのに対して、第二次ブーム期においては貿易摩擦下でアメリカ等の要求に応じて内需拡大の手段としてリゾート開発を推進する政府、東京一極集中下で取り残された地域の振興をめざす地方自治体、さらに内部留保を増やした金余り大企業とが三位一体となって異常ともいえるほど激しく展開したものである。

年表に示したように、八七年に策定、制定された四全総、総合保養地域整備法（リゾート法）を機軸に「民活導入」すなわち大企業に蓄積された資金（七五年の一八兆円から八六年の六二兆円へ増大した内部留保）ならびに低金利政策下で金融資本からの融資等によって膨大な民間資金が土地投機やリゾート開発に投入されたのである。リゾート法では「良好な自然条件を備えた」地域（面積は最高一五万ヘクタール、三〇〇〇ヘクタール以下の重点整備地区数カ所）を対象に、法の指定を受けると、開発資金や土地転用の許認可、税制面での優遇措置などがとられ、ゴルフ場、スキー場、各種スポーツ・レジャー施設、ホテルなど長期滞在のための施設を民活導入によって整備しようとするものであった。全国的に地方自治体がリゾート法の指定を受けるべく競ってリゾート開発計画を打ち出し、計画面積は実に国土面積の二〇％にも達したほどである。

リゾート開発促進政策の中で、林野行政においても「ヒューマン・グリーン・プラン」(八七年)、「森林の保健機能の増進に関する特別措置法」(八九年)などの制定によって、リゾート法を補強する政策がとられた。前者では泥沼の財政危機下で収入確保対策に懸命の国有林が、第三セクターに対してスキー場、ゴルフ場等の施設開発を認めるもので、実態的には大手資本に対して景観等に優れる国有林を開放するものとなった。後者の場合、「開発行為の許可の特例」や「保安林における制限の特例(森林保健施設を整備するために行う立木の伐採については、森林法の規定は適用しない)」などが条文化され、開発規制の緩和がすすめられていった。

こうして森林地帯にあっても国策的誘導があったとはいえ、実体的には大資本中心の外来型リゾート開発の嵐が、バブルの時代に吹きまくったのであるが、実体需要を超えたリゾート開発ブームもまたバブルそのものであった。九一年末のバブル経済の崩壊とともに大方は企業が撤退し、あっけなく崩壊していった。そうした中で、卓越した自然景観条件を誇る御岳山などではバブル崩壊後もリゾート開発が継続した。

御岳山にみるヒューマン・グリーン・プラン

長野県の木曽から岐阜県の飛騨地方にかけて裾野を広げてそびえ立つ御岳山(標高三〇六七メートル)は、一九八八年以前は標高一八〇〇メートルから森林限界の二四〇〇メートルにかけてコメツガ、トウヒ、アオモリトドマツ、シラベ、カンバなどの亜高山帯植生の自然林・原生林に帯状に覆われていた。同じ国有林地帯にありながらも木曽ヒノキのような高価な材がとれないことが幸いして自然林のまま残されていた。ところが、八九年に長野県側の「御岳山ロープウエイ・スキー場」の開設を皮切りに、開田高原スキー場、そして岐阜県側に「チャオ御嶽スノーリゾート」と相次いで開発の手が入った。[17] 後の三つはヒューマン・グリーン・プラン(以下HGPと略す)によるものである。

表4-3 「御岳ヒューマン・グリーン・プラン（H. G. P.）」の経緯

(営林局からの提示と地元町村の対応)	
1988.12	名古屋営林支局が「御嶽・鈴蘭高原森林空間総合利用整備事業促進調査報告書」を発表.
1989. 4	小坂町・久々野町・朝日村・高根村の関係4町村で「御嶽・鈴蘭高原森林空間総合利用促進協議会」を設置.
(三セク会社の設立と対象地域の「レクの森」指定)	
1989.11	「㈱御嶽山総合開発」(小坂町・第三セクター）を設立.
1991. 6	「御嶽・鈴蘭高原 H.G.P. 総合計画」を策定.
1991.12	「飛騨森林都市企画㈱」(高根村，朝日村・第三セクター）設立.
1992. 3	H.G.P. エリアの「レクリエーションの森」指定.
1992. 4	「促進協議会」の組織変更（久々野町は国体を控えて，脱会). 「御嶽森林空間総合利用促進協議会」(3町村）に名称変更.
(環境アセスメントの実施及び自然保護団体との話し合い)	
1992. 6	「環境影響評価」(アセスメント）調査,「森林施業影響調査」の開始.
1994. 9	「環境影響評価準備書」地元説明会（高根村，小坂町，朝日村）の実施.
1994. 9,10	自然保護団体（日本自然保護協会，岐阜県自然環境保全連合等，約10団体）が「環境アセスメント準備書」への意見提出.
1995. 3	「環境影響評価書」の提出.
1995. 3 ~95. 7	自然保護団体（日本自然保護協会，岐阜県自然環境保全連合，飛騨自然保護協会）との意見交換会. 3回の話し合いの上95年7月に合意.
96,97	保安林解除，その他必要な手続きを経て，H.G.P. 指定・一部着工.
1998.12	高根村側の「チャオ御嶽スノーリゾート」オープン. しかし，小坂町側は金融問題等で着工のメド立たず.

環境アセスメントが制度化された県（国の制度化九七年、実施九九年）でのHGPのプロセスには次の三段階がある。第一は、営林局の提示に対して地元市町村との合意形成の段階、第二は、開発・運営は第三セクターを前提とするため企業との合意形成と計画策定の段階、第三は、環境アセスメントの実施と自然保護団体等との話し合い・合意形成である。環境アセスメントについては、要綱や条例化していない県も多かったり、営林局の姿勢によって第一、第二の合意形成ができたところでは早々に、開発そしてオープンへとすすめたところも少なくない。この時期は地方自治体、企業ともに開発指向が強く、国有林の優れた山林を貸付の形で提供されるとなれば、飛びつかないところは少ない。八七年からは八九年の間に一〇カ所が着工にまでこぎ

御岳山原生林でのスキー場開発（国有林のヒューマン・グリーン・プラン）

つけているが、とくに、前橋営林局では群馬県草津町の二カ所をはじめ、五カ所に達しており、スキー場を中心にゴルフ場、テニスコート、ふれあいの森、キャンプ場、ペンション、ホテルなどのリゾート関連施設が建設された。

御岳山の場合は、環境アセスメントの手続きが必要なこともあって表に示すように、名古屋営林局の提示から着工までにはほぼ一〇年を要している。ともあれ、スキー場等の開発計画地は標高一六〇〇~二二〇〇メートルの地域に位置し、原生林であるばかりでなく、オサバグサ等の希少植物種も生育し、上部にはライチョウ等も棲息する保護に値する地域であるという。かつて、御岳山の自然林・原生林に関しては、一九七〇年代初頭、環境庁の発足のもとで「自然環境保全法」が制定され、自然保護制度が前進したころであるが、保護寸前まで煮詰まっていたことがある。当時、岐阜県は「岐阜県自然環境保全条例」に基づいて県自然環境保全地域として、御岳山の標高一六〇〇メートル以上のところを指定し、一八〇〇から二〇〇〇メートル以高山頂にかけての地域を特別保護地区にする必要があるとの報告をまとめている。そして、その保護案は七三年に岐阜県自然環境保全審議会で承認され、保護にむけての答申が知事に出された。しかし、その後結局は指定にまで至らなかった。それは多分、林野行政と環境行政との間の保護林をめぐる一種の「なわばり争い」のもとで林野行政の壁を崩せなかったからであろう。

そういうところにリゾート開発をすすめようとしたのであるから当然のことながら自然保護運動も起きた。

環境アセスメントと自然保護運動の限界―参加システムの欠陥

御岳山開発をめぐる自然保護運動は開発の発表とともに高山市の自然保護グループが活動を開始したり、岐阜県自然環境保全連合が自然保護に関する要望書、質問書を提出する形で展開していた。本格的に表面化するのは九四年からで、マスコミが取り上げるとともに日本自然保護協会が「岐阜県御嶽山・自然林地域における大規模リゾート計画に関する意見書」を関係各省庁、県、町村、事業体に提出し、かなり大きく問題化した。そして、岐阜県の環境アセスメントに関する要綱（九三年成立）に基づいて、開発事業体は県に「環境アセスメント書」を提出しなければならないが、その前段階に「環境アセスメント準備書」を公告、縦覧（一般の人々が自由に閲覧）し、各方面からの意見書をもとに最終報告書をまとめるという手続きをとるわけであるが、この時期に自然保護団体が意見をいう機会が与えられており、日本自然保護協会、岐阜県自然環境保全連合、日本野鳥の会岐阜県支部、飛騨植物研究会、など一〇団体から意見書が提出され、自然保護への関心が高いことが示された。

一方、高根村などにおいても環境アセス準備書ができた段階で地元説明会を開催し、住民の意見を聞く手続きがとられたが、なかには河川が汚染されてイワナ等の棲息環境の悪化を心配する声も聞かれたというが、村の説明では「過疎からの脱却」をめざして圧倒的多数の住民は開発に賛成する意見が占めたという。過疎化・高齢化の中で後継者難等、危機的状況を実感している山村住民にとっては、村首脳が主導する開発とはいえ地域再生・活性化を旗印にし、子供がUターンし、孫の職場ができると説明されれば、結果はどうあれ大方は賛成するであろう。地域経済の論理・生活の論理の前には自然保護や環境保全の問題は認識の外側の問題に追いやられるのは住民にとっては当然のことであろう。

自然保護団体は、県が特別保護区に指定しようとしたほど貴重なところであること、保護すべき豊かな生態系・自然環境（国の「自然遺産」としての価値）を有していること、景観的にも自然状態を維持すべきこと、などを理由にさらに保護運動を展開した。しかし、山村危機・過疎からの脱却を強調する村、赤字対策もあって「ヒューマン・グリーン・プラン」を推進する林野庁、そして開発支援に回った県等の開発を推進する側の強力なスクラムの前に、外からの保護運動にはどうしても限界がみられた。とくに、「環境アセス書」が出されて以降は、計画の一部見直しを求める運動が展開され、開発会社はオサバグサの自生地をスキーコースから迂回させるなどの一定の対応を示した。

九五年三月には自然保護団体（日本自然保護協会、県自然環境保全連合、飛騨自然保護協議会）と事業者、関係町村、県、営林局が一同に会して意見交換会を開始し、意見交換会は、七月にかけて三回にわたって開催され、その結果、開発の一方では「県立自然公園」に指定するよう県に要望書を出すことで、一応の決着をみた。

この種の問題に遭遇した場合、たいていは地域の論理、一種の「資源リージョナブル」の考えが優位に立つという形で決着する場合が多い。とくに、高根村のような山村の場合、これまで都市・工業のための電源開発・ダム建設の犠牲になりつつ、過疎・高齢化現象を迎えており、それゆえこれ以上都市の人々からの保護優先の論理の犠牲にならないで、地域の資源は地域の振興・活性化のために使うという「資源リージョナブル」を主張する山村側の論理が貫かれるケースが多い。環境保護サイドが弱いのは、保護を唱えた場合に「では、地域の危機をどう救ってくれるのか」という代案を要求されることである。たいていはこの論理を突破できないまま開発に進み、乱開発列島となるのである。

一方、保護の立場に立った場合、これまで親しんできた自然・原生の森を守ろうというミクロの観点ばかりでなく、御岳山の原生林というのは地域レベル、国レベルで保護に値する森林ではないか、優れた景観をもつ日本の名山の一つであることからも自然のまま保つべき山・森ではないか、といったマクロの観点からも絶対的な価値を持つ森であること、それも国有林という、本来国民の共有財産たるべきものを経済の論理で切ってよいのであろうか、との思いが強いのは当然のことであろう。

そして、本来、客観的・科学的な環境アセスメントという形で行われるべきであるが、現実に行われてきたアセスは開発ありきのもとに企業が自らの都合にあわせて調査を実施し、一般に縦覧させて意見は聞くという形をとっても、自然保護サイドからの意見が採択される保証はほとんどないといってよい。つまり、環境にかかわる市民・住民の参加が形式に流れ、実体的には内部化されないまま、リゾート開発がすすめられてきたところにシステムの欠陥があったし、「リゾート法」体系は開発促進のあまりに市民排除、環境軽視をますます助長して進められたのである。その真の原因は、山村側にあるのではなく、民活導入型リゾート開発政策をやみくもにすすめ、そういう状況をもたらしてきた国政のあり方にこそ問題がありはしないか、御岳山のリゾート開発問題はわれわれにそうした問いを投げかけているのである。

第三節　現代資本主義下の森林開発と保全のシステム

本節ではこれまで述べてきた具体的な現代の森林の諸開発、乱開発が何故どのようなシステムのもとで行われたのか、また、環境保護や自然保護運動の位置づけ、役割について多少一般論的にまとめておこう。

1　現代資本主義と計画機構―森林開発のシステム

日本の経済体制すなわち資本主義体制は明治期に生成、発展をみ、今日においては富や資産の半分以上をごく一部の大資本が所有し政府と結合しながら経済を運営していくという国家独占資本主義といわれる段階にまで展開をとげてきており、このことが高度成長期及びそれ以降の現代の森林開発のシステムを大枠において規定していることはいうまでもない。大資本の支配と結合した国家の政策は、計画機構（行政）を通じて現代の森林開発の特徴をなす奥地未開発林の開発、里山再開発を大規模に促進させ、また、観光開発や水資源開発、そして森林地帯におけるゴルフ場、別荘地等の開発（林地開発・リゾート開発）をもドラスチックに展開せしめてきた。

資本主義体制のもとでは、生産手段の私有制と私的資本の利潤追求そして消費者の嗜好、欲求を行動原理として、市場における取引価格をバロメータに経済が自動調整されるという市場機構を基本としているが、現在の資本主義体制では、同時に政府による経済計画が大きな役割を担っており、いわば、市場・計画混合型の経済システムを形成している。そうした中で、財政投融資政策・公共投資を手法とし、これまで五次にわたって樹立されてきた国土開発計画は、総資本主導の「発展」計画的性格をもっている。前節でみたように森林開発公団事業やリゾート開発等の森林地帯での開発に大きな先導的役割を果たしてきた。

計画機構（国家を中心に計画的な政策事業を遂行していくシステム）においては、通常、開発事業を計画・実行する場合、まず、「全国総合開発計画」のように国家が直面する課題または解決すべき「基本的課題」に対して、長期的見通しのうえに立って、解決や発展の「基本目標」を定め、「開発方式」と投資規模を提示する形で計画を樹立する。そのもとで、森林計画では、長期計画とともに一〇カ年計画や五カ年計画等の具体的な中期計画に基づき、さらに年次ごとにふりわけた年次計画がたてられる。その実行に際しては、国家を頂点として都道府県あるいは公社・公団、さらには市町村や森林組合その他協業体等が計画実行主体となっていくのである。計画機構は上からの政策事業実行というシステムをもつと同時に、開発事業には国家財政（財投資金）、地方自治体の負担のもとに公共投資という形で行われ、事業の性格によっては一部を受益者負担のもとに行われる場合もある。

ところで、筆者の対象としている森林開発（木材資源開発と環境資源開発）は、国家経済計画・社会計画のサブシステムであることから、国家計画のもとに開発計画——たとえば、「四全総」計画下におけるリゾート開発やヒューマン・グリーン・プラン、森林・山村のレクリエーション活用計画——が樹てられ、計画システムのもとに財政との関連で実行に移される。市場システムのなかで私企業の活動の活発な林産物資源開発においても計画システムがかなりに導入されているが、森林の環境資源的側面については、公共財的性格をもつがゆえにほぼ全面的に計画システムによって、開発・保全が担われている。こうした、国家計画という大きな枠組みの中で森林資源開発計画が樹てられるのであるが、今日の資本主義体制のもとでは、それらは基本的には大資本の秩序のもとに組織されているといっても過言ではない。

2　森林開発と環境保全の構図

(1)　社会システムと市民・住民

こうした上部構造のもとで、一方では、下部構造において森林と環境面で密接なかかわりをもつ市民・住民も存在している。森林開発システムにおいてはどのように位置づけられ、環境保全面でいかなる機能を果たしているのであろうか。

図4-6は、森林資源の開発と環境保護をめぐる諸関係を表したものである。システムの上部には、一方には国家を頂点とする計画システム、もう一方には大資本を頂点とする不完全な市場機構が存在し、環境問題がらみで市民・住民そしてマスコミがシステムに影響力を持つ。経団連や経済同友会等の大資本の利益団体は、節目節目に林野庁に政策転換の要請を行い、政策の枠組みの変更の契機となる場合が多い。こうした総資本は時には奥地林開発を要請したり、水資源利用やあるいは労働者の再生産（レクリエート）のための保健休養機能の高度化を要請する。また、木材資本として市場機構のなかで生産活動を行い、社会資本投資やその他の助成を行政に要

請する。これに対して、システムの下部及び右横に位置する住民・市民は、林業労働者や木材製品消費者として市場行動を行うとともに、森林とのかかわりにおいて市場機構では捕捉されない環境資源の側面に関しては、矛盾が生じたとき、それを認識し組織的能動的運動が行われる場合には、計画機構へ働きかける主体として機能する。その時にマスコミが報道するかしないかによって影響力は大きく異なる。計画機構・行政はしばしば盛り上がった世論の批判を恐れ、何らかの対応を行わざるをえない場合が多いからである。このようなシステムが形成されたのは、一九七〇年前後の乱開発期における自然保護運動が盛り上がったときであり、八〇年代後半に同様の盛り上がりを見せたときには顕著に当てはまる。

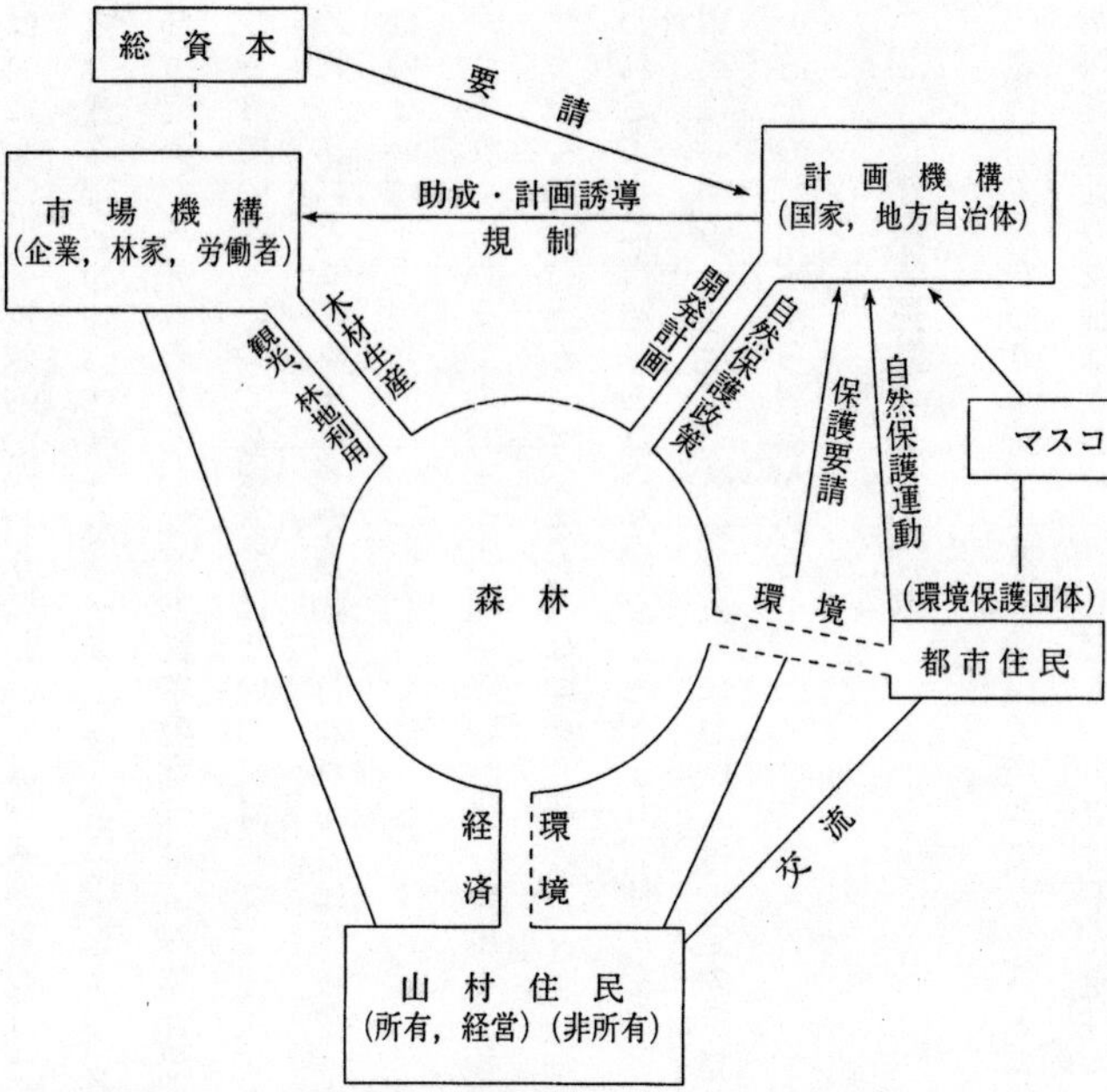

図4-6　森林開発と保護をめぐる社会・経済システム

ところで、今日の体制下において、大資本は強力な組織をもち、かつ国家との結合関係が強いために、市場システムのみならず計画システムを通じて、その意志が容易に伝わり実現しやすいのに対して、市民・住民の意志は、とくに環境資源的かかわりにおいては、その重要性を認識し組織的能動的働きかけがないかぎり、資本に対抗できるほどの強い要請となってその意志を実現することはできない。それゆえ、今日の森林資源をめぐる社会・経済システムのもとでは、大資本の意志は、森林資源を直接掌握している市場・計画システムに、ほぼ内部化されているといっても過言ではないのに対して、住民・市民の意志は組織的運動を通じて初めて具体化するために、常にどこでもそうした運動が行われるとは限らず、森林資源をめぐるシステムには必ずしも内部化されてはいない。

つまり、これまでの計画から環境影響評価、実施の過程で住民参加は、とくに直接かかわるすべがない市民はまったく枠外におかれているし、住民にしてもたとえば国有林の開発・施業に当たっては、「内輪の参加」といわれるように自治体の意見を聞くにとどまり、住民参加とはほど遠いシステムにある。新たに制度化された公共事業に対する「環境アセスメント」においては一定の意見をいう場はできるものの基本的には開発を前提としているため、自ずから限界がある。

(2) 自然保護運動の果たす役割

環境面でかかわりを持つ市民・住民であってもシステムに内部化されていないがゆえに、外から働きかける自然保護運動の役割は大きい。けれども一方では不安定性も内包している。とくに、草の根型ないしは被害告発型自然保護運動の場合、その成果として開発を縮小させたり、森林施業方式の改善によって住民への被害が減少した場合には、しばしば運動は消滅するといった性格のものである。また、運動にかかわる人々もボランタリーなものであるだけに、問題が解決したり、逆にどうにもならずに無力感に襲われて、それを担った人々の熱意が失われたときには消滅したり、一過的に盛り上がった後に存続しても有名無実なものになる場合も必ずしも少なくはない。前述したようにこの種の運動は問題を認識して組織的に行動することが前提になっており、時代的風潮に左右されて運動はいつでもどこでも展開するとは限らない。そういう意味で、住民・市民は森林との環境資源的かかわりにおいては、システムのなかでは不安定な位置におかれているのである。もっとも近年のナショナルトラスト運動の中には、柿田川の事例で述べるように住民によるボランタリーで精力的な活動は行政をも動かし、持続的な運動に発展しているケースも見られる。

そうした市民運動は、今日の大資本の秩序のもとに国家を中心とする計画機構が主体となり、下向的に地方へ降ろして具体的な森林開発がすすめられるというシステムが支配的な中で、住民・市民からの上向的な力として作用し、ときには認識不足から行きすぎの場合も見られるものの、概して計画や開発方式を大幅にあるいは部分的に修正させる等、市場・計画システムの欠陥を補足し、社会的・長期的にみてよりよき開発（ないしは保全）の方向に発展の原動力として位置づけられ、そういう観点からは重要な役割を担っているのである。

一般に、計画システムに働きかける「社会的要請」とよばれるものの内容には、こうした住民運動、市民運動を通じての下部構造からの上向的なものと、もう一つに上部構造における大資本によるいわば横ないしは上からの要請という二形態が存在する。とくに森林の環境資源的側面の最適配分に関しては市場システムだけでは欠落している側面であるし、将来の人々への「遺産資源」の観点からみると一層欠落が顕著である。それを計画機構が補足していくのであるが、今日の混合システム下においては大資本との結びつきに対比して、住民・市民との結合関係は不安定であるという問題点を内包しており、それゆえ、住民・市民の内発的運動による計画機構への働きかけは社会的に大きな役割を担っているのである。

また、システムの下部構造において、住民・市民相互間においては一定の矛盾関係がないわけではない。すなわち、リゾート開発なども含んだいかなる形態の森林開発にしろ、住民にとって地域開発効果をもち、就労機会の増大、林業や観光産業、土建業の発展に寄与する側面等、産業の乏しい山村にとっては大きな役割を果たしている。開発が一定の自然破壊をもたらすとしても、多くの山村住民は地域開発には大きな期待を寄せる。しばしば反開発の自然保護運動に対立して開発誘致運動を展開するケースが見られるのは、山村の脆弱な産業構造、貧しさを反映するものにほかならない。

第四節　日本の植林・緑化と環境保全

1　環境植林の展開と住民

(1)　環境植林の展開

日本の環境植林は明治初期からオランダ人技師デレーケ等の指導のもとで、当時一万六〇〇〇ヘクタールもの荒廃山地があった淀川流域などから国の直轄事業によって本格的に始まった。今日われわれが目にする山林からいえば想像もつかないほどの荒廃した山々が連なり、そのため「山津波」といわれた恐ろしい土石流災害や下流の洪水災害が頻発し、それを治めるべく「流域管理」ともいえる治水・治山事業の一環として山腹工事とともに植林・緑化が行われたのである。初期はマツのみの植栽で成林率は低かったが、明治三〇年ごろ（今から一〇〇年あまり前の一八九七年、森林法・砂防法・河川法の治水三法が制定された頃）にはヤシャブシ、ヒメヤシャブシとマツの混植方法が開発され、それによって山地緑化の成功率は高まり、はげ山への植林緑化が着実に進展するようになった。

その後大正期、昭和戦前期にかけて環境植林が積極的に行われ、現代ではその名残は田上山など一部にしかみることができない状況にまで緑化に成功している。淀川流域などのように森林伐採ならびに農民による過剰利用にともなうはげ山は、とくに東海・近畿・中国地方の花崗岩深層風化地帯には広く分布していたし、また足尾鉱山などの鉱毒によるはげ山なども含んで、植林・緑化事業が長期間をかけて行われ環境保全面で著しく前進し、成功を収めてきた。そして、地力が徹底的に収奪された山地の場合、本格的な森林再生には、莫大な資金と適切な技術、そして一〇〇年単位の長期間を要するのであり、再び破壊されることのないよう森林の維持管理の重要性を教訓として残している。

また、戦時乱伐にともない一〇〇万ヘクタールにも達するはげ山(草地・原野も含む)が発生し、これらを対象に一九四八年には「第一次治山五カ年計画」が策定されるとともに「保安林整備強化実施要項」のもとに戦時強制伐採跡地、原野等を対象に「水源林造成事業」(都道府県が事業主体、国費三分の二補助)が行われたり、五〇年の「造林臨時措置法」が制定され、五二年からはせき悪林地改良事業に高い補助率が適用され、また、国の補助事業の他にも例えば静岡県では原野を対象に「箱根山造林事業」や「富士山麓造林事業」が展開するなど、活発な植林によって急速に荒廃地の回復が進められていった。

(2) 環境植林と住民

第三章でみた人為的火災の多いフィリピンや半乾燥地帯と農民の山林利用が多い中国と比較すると、産業植林も含めた日本の植林の成功率はきわめて高い。すなわち、過去五〇年間に植林した場合に、中国、フィリピンでは成林率はせいぜい二~三割の間にあるのに対して日本は多分九割あるいはそれ以上に達するであろう。温暖多雨地帯という自然条件に恵まれているため、活着率が高く、かつ植林の歴史の過程で蓄積されてきた技術も優れており、後々の保育・手入れも一九七〇年代までは着実に実行されてきたからである。いわゆる不成績造林地は尾根際とか高標高地の土壌条件が悪いところで発生しているものの、一般的なところではほとんどが成林しているのである。

はげ山のように極めて条件の悪い環境植林の場合、現代の中国では長江上流域で行われている山地での環境植林においては伐採を禁止するばかりでなく、一部ではあるが人の入山を禁止した「封山」政策のもとに緑化事業が行われている。日本でもかつては、淀川流域などでは全く同じやり方で、植栽後は住民の入山を禁止して、緑の回復を見守る形をとった。当時の日本、現代の中国の山地の荒れ方は入山禁止になってもしかたないほどのものであったこと、国家の指示が守られやすい社会機構にあったこと、この二つの要因がそのことを可能にした。中国では排除される住民の仕事を植林・緑化労働者等として再編成するとも伝えられる。もっともこれまでの中国の植林は住民参加型のものも決して少なくはない。一方、フィリピンの場合、パンタバンガンダム水源林造成では植林後は基本的に住民を排除していくのであるが、現実にはそうはならずに、むしろ住民が戻ってくる傾向が認められる。これは、山地荒廃といっても放牧などにまだ使用可能な草地であること、政府と住民の間に強い不信感があるという社会的矛盾をかかえていること、このふたつの理由が人為的火災という形で、高温多雨という自然条件に恵まれているにもかかわらず成林率が低い要因となっているのである。

したがって、環境植林に当たっては、土地の利用の現状と荒廃の程度から、植栽後の管理や住民参加のあり方、時には緑の養生のために手入れ時以外の山林利用の排除の問題は、ケース・バイ・ケースで住民参加のもとで判断すべき課題となろう。

2　産業植林（造林）の展開と課題

(1)　史上かつてない規模で進んだ植林──復興期から高度成長期──

日本の産業植林及び人工林面積は図4-7に示すように、戦前期は年間一〇万ヘクタール水準で推移し、戦後の五〇年代半ばから高度成長期を通じて年間三五万～四〇万ヘクタール前後というきわめて高い水準で植林が行われた。そしてそのうち、約四分の三は天然林跡地や原野などに植林する拡大造林であった。

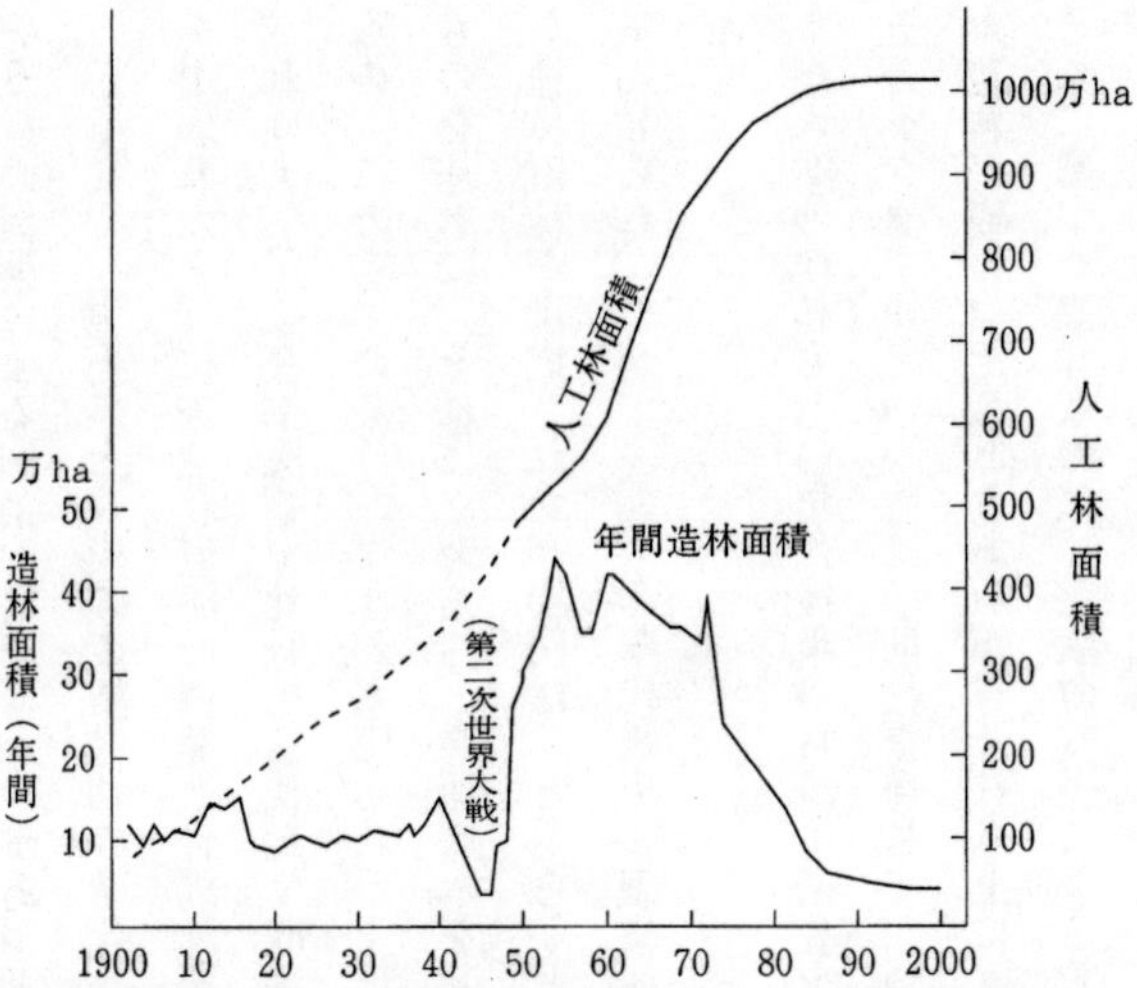

資料）『林業統計要覧』，林政総合協議会編『日本の造林百年史』（日本林業調査会，1980年）．

図4-7　造林（植林）面積と人工林面積の推移

天然林開発・拡大造林を進めた国有林や大規模林家はもとより、とくに家族労力による農家林家の植林が普及活動と補助金に誘導されて活発化し、それに加えて県・地域レベルの造林促進機関（資金を出し地主と分収形態で植林を促進する機関）である林業公社、国レベルで保安林を対象に水源林造成を目的とした森林開発公団などの手によって日本の造林史上最高水準の植林が実行された。この背景には、過去の山林利用形態が大きく崩れる中で高度成長のもとで木材資源不足による価格高騰という市場機構からの働きかけがあり、同時に森林資源開発、海外木材輸入促進と並んで、造林促進・資源育成政策という計画機構による国策的な働きかけがあったのである。

かくして、史上最大規模の産業植林の時代へと突入したわけであるが、これは基本的には、第二節の国有林開発でふれたように天然林資源の開発と育成林業への転換・資源造成という「近代化路線」上に位置づけられる。それゆえ、①成長が旺盛で比較的短伐期で収穫できるもの、②木材として加工しやすく、経済的利用価値の高いもの、この二つの条件、すなわち限られた土地でできるだけ多くの資源を育成し、しかも経済性をも兼ね備えたものを基本に、それに立地条件・適地適木などが加味されてスギ、ヒノキ、マツ、カラマツなどの針葉樹の中から植林樹種が選択された。初期は、どちらかというと成長量最大すなわち土地の量的生産性を最大にする樹種が重んじられ、やがて一九六〇年代後半に価格体系に変化・樹種間格差が生じだすと経済性の重視に変わっていった。

高水準の植林も七〇年代後半から減少過程をたどり八四年に一〇万ヘクタールを割り込み、九〇年代では四～五万ヘクタールといった二〇世紀を通じてかつてないほどの低水準に至った。これは、植林適地にはおおむね拡大造林が終わったこともあるが、それ以上に木材価格の長期低迷・低落という市場条件の著しい悪化と採算難、それに基づく農林家の植林意欲の喪失によるもので、国有林と公的機関造林の著しい経営悪化もそれに拍車をかけていることはいうまでもない。

(2) 資源造成視点から環境視点へ—ボーダレス時代のシフト—

大規模な植林の展開は基本的には資源造成の観点によるものであったが、環境視点からプラス、マイナスの両側面を含めて植林の問題を考えると次の四点が指摘される。

まず第一に森林の機能の再生の観点からみると、七〇年代までの産業植林は、「予定調和」すなわち天然林を

表 4-4 戦後植林及び関連政策の推移

年	法・制度等	内容概略
1945	森林資源造成法	農林中金を通じての証券造林，新植2分の1（48年度まで）.
48	水源林造成事業	保安林の整備強化を目的に3分の2補助（59年度まで）.
49	挙国造林決議	戦時乱伐・伐採跡地，原野への植林推進を衆議院で決議.
50	造林臨時措置法	要造林地に第三者造林，緊急造林が必要な無立木地に造林補助金.
54	査定係数の導入	造林補助金の基礎係数として，林種転換（拡大造林）125，戦時伐跡地・原野110，新規伐跡地・広葉樹植栽60，等で査定.
58	分収造林特別措置法	分収造林は，土地所有者，費用負担者，造林者の二者ないし三者の契約のもとに行われる造林で，公団・公社造林への途を開いた.
60	公団造林の開始	森林開発公団法の改正によって保安林を対象に水源林造成を開始.
	林業公社の設立	津島林業公社の設立（59年）を契機に，県レベルで全国に広がる.
64	林業基本法	林業構造改善事業（65年）を通じ森林組合の育成，次第に担い手に成長.
67	団地造林実施要項	団地造林とは20ha以上，施業計画に基づく場合には10ha以上.
72	団地共同施業計画	一定の団地単位に立てる共同施業（植林・保育・伐採等）計画.
79	森林総合整備事業	植林・下刈・除間伐等を町村の指導のもとに集団的組織的に推進．除間伐は25年生未満を対象.
81	間伐促進総合対策事業	緊急に間伐を要する森林1,000 ha以上の市町村で，35年生までの間伐を集団的組織的に推進.
83	分収育林制度	「分収林特別措置法」，25年生程度の森林を対象とする分収制度.
91	流域管理システム	流域単位に川上から川下（加工分野）の一体的整備.
92	森林整備促進特別緊急対策事業	長伐期化のための高齢級林分に対する抜き切り等の保育，作業路の整備等を行う（一部の町村でモデル的に実施）.
95	流域総合間伐実施事業	流域内の重点地域において高性能機械による集団間伐を実施するとともに作業道の整備も行う.
97	機能保全緊急間伐実施事業	放置すれば間伐が手遅れとなる森林を対象に緊急に間伐を実施する事業.
98	水土保全森林緊急間伐実施事業	公益機能を高度に発揮させる必要のある森林が集団的に存在し，市町村の主導のもとに，間伐及び林道の整備を集中的に実施する.

伐採した後の植林は成長とともにやがて公益機能もみたす筈だ、という考え方のもとに、森林の機能の回復・再生の役割を担った。植林分野だけを見れば、この時代までは植林後の手入れもほぼ十分に行われており、奥地・高標高地の問題とモノカルチュア化という生物多様性の低下問題を除けば樹木の成長とともに森林環境機能の再生に寄与していったことは事実であろう。

第二は、八〇年代林業の構造不況化を契機としてとくに九〇年代後半の採算難と担い手不足により間伐等の手入れが十分できなくなってきた問題である。植林地はできたものの放置林では林地の表土流出により森林の保水機能が低下するようになり、「緑の砂漠」ともいわれる現代的荒廃・環境問題をきたすようになった。この問題に対して、行政は、表に示したように九〇年代後半には、「機能保全緊急間伐実施事業」や「水土保全森林緊急間伐実施事業」を制度化するものの、林業者の意欲そのものが著しく低下しているために、十分に機能しておらず、今日的課題となっている。

第三は、フィリピンの森林減少（第三章）のところで述べたように、日本の木材輸入は六〇年代以降東南アジアを中心とする熱帯林破壊に大きくかかわってきたし、八〇年代後半から九〇年代にとくに社会問題になった北米太平洋沿岸の原生林伐採と環境保護問題にも、六〇年代以来行われてきた日本の北米材の大量輸入が少なからずかかわっているのである。つまり、グローバルな環境保護視点からみれば、破壊的な輸入を減らし、日本はもっと自国の資源で木材需要を満たすべきで、これまで木材資源の蓄積を増やしてきた植林は、他国の環境破壊を減らし自給率の向上の可能性を高めるものとして位置づけられる。

第四は、元々意図せざる機能の側面であるが、近年のCO_2問題にかかわって、成長の旺盛な植林木は炭素吸収・蓄積機能が高く、温暖化防止の視点から炭素貯蔵の役割が認識されるようになってきたことである。

(1) 田上山の開発は、奈良の都造営用材のために七世紀末から盛んに行われ、山作所が設けられ、伐採した木は木津川を筏を組み、木津から陸路を運搬した（所三男『近世林業史の研究』吉川弘文館、一九八〇年、一七、八頁）。

(2) 千葉徳爾『はげ山の文化』学生社、一九七三年。はげ山・荒廃に関する叙述は、主に本書によっている。

(3) 依光良三『日本の森林・緑資源』東洋経済新報社、一九八四年。本章第一節は主に本書をベースに一部加筆・修正したものである。

(4) 井上清『日本の歴史』岩波新書、一九六三年、二〇五頁。

(5) 所三男、前掲書、及び北沢啓司『木曽の山林をめぐる歴史』などに詳しい。

(6) 古島敏雄『近世日本の農業の構造』東京大学出版会、一九五七年、一一七頁。

(7) 林野庁「明治期以前における林野制度の大要」、一九六〇年によると彦根藩の記録に「田地の上に在る山林へ多数の者出入りし、木根を掘り小柴を刈り取るため、山林の荒廃を来たし、田地に砂押し入りたる……」という記述があり、荒廃発生の過程を如実に示している。

(8) 千葉徳爾、前掲書に詳しい。

(9) 服部希信『林業経済研究』地球出版、一九六七年、二二五頁には、「旧時（藩政期）は法禁厳しく山役酷なり……故に荒れたりと雖も今日の比にあらず然るに維新以来古制去り旧法廃れ人民自在に私有の森林を過伐し或いは山番なきを幸ひ野山を荒らし時として郷村の共有林を盗伐し甚だしきは監守の隙を窺いふて官林を盗伐し又はこれに放火して焼木の払下げを待つ不良の徒ありしに由れり」という当時の森林管理の無政府状態を示す記述がある。

(10) 田中紀夫「嵐の中の森林資源対策」『資源』六八号、一九五八年。

(11) 依光良三、前掲書、一九八頁。

(12) 森林開発公団は、アメリカの余剰農産物の受け入れに伴う見返り円資金を原資として設立された。公団事業は林道事業と同時に、六一年からは民有保安林を対象として「水源林造成」・植林事業を行っている。六一年から始まったこの事業は、公団が植林資金を出し土地所有者とは伐採時に収益を分け合うという分収造林形態で行われる。筆者が調査した剣山地域においては、山林所有者は伐採後、条件に恵まれたところは自分で植林し、条件の良くないところを公団造林に出すという補完的傾向が見られた。

(13) 森林開発公団『森林開発公団三十年史』同公団、一九八七年。

(14) 全国自然保護連合『自然保護事典』①山と森林、緑風出版、一九八九年。

(15) 全国自然保護連合『自然は泣いている　自然破壊黒書Ⅰ』高陽書院、一九七四年。

(16) 依光良三、前掲書ならびに『森林「開発」の経済分析』日本林業調査会、一九七四年に、林地開発・リゾート開発の事例も含めて詳しい。

(17) 依光良三・栗栖祐子『グリーン・ツーリズムの可能性』日本経済評論社、一九九六年、第三章。

第五章　市民・住民運動が変えた天然林保護

―自然保護運動と森林の保護制度―

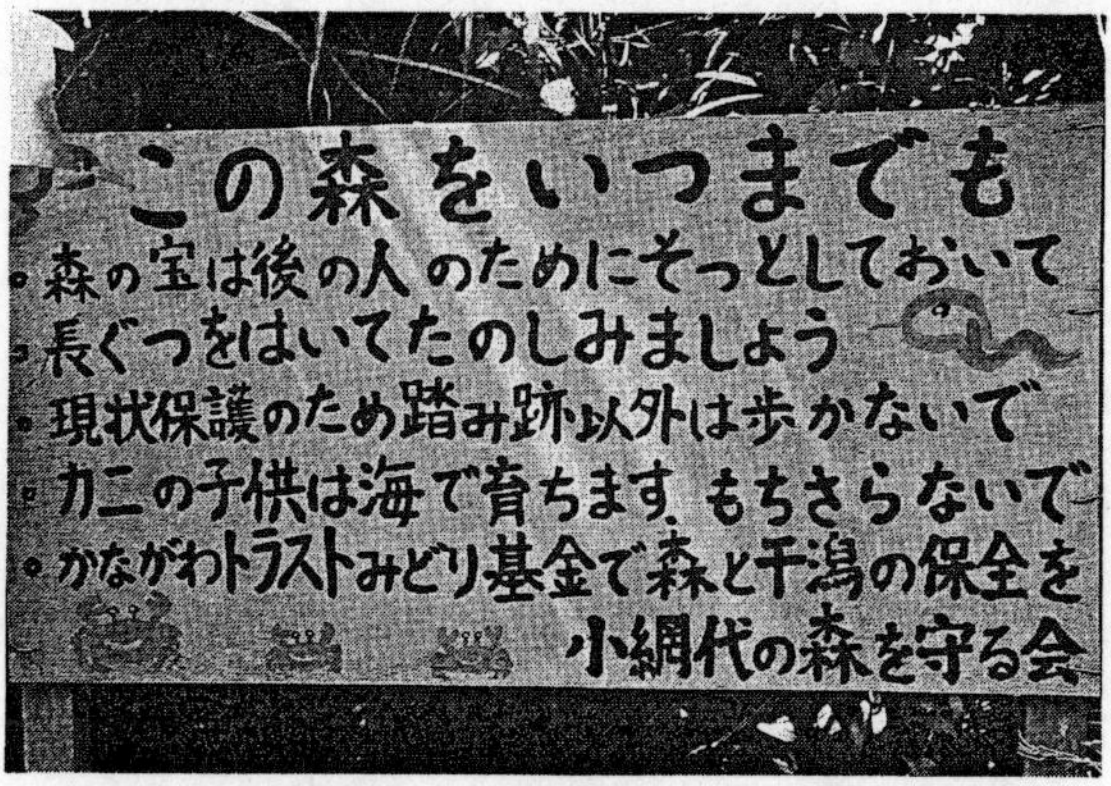

「小網代の森を守る会」（神奈川県三浦市）の手づくりの看板

第一節　自然保護運動の変遷と性格

1　「保護運動」の流れと理念

(1)　「保護運動」の始まり

文明の発展、生産や消費の拡大とともに環境問題がめだってくるにしたがい、自然保護の必要性が認識され、運動が行われだす。とくに、中世以降徹底的に原始自然を破壊してきたヨーロッパでは、早くも一九世紀に自然愛好家や教師、学者、文人等から郷土愛護と景観保護の観点から自然保護の運動が行われるようになり、イギリスでは一八五九年に「史蹟および風景保存協会」という自然保護団体が設立され、組織的な自然保護運動のさきがけとなった。一八九五年にはナショナル・トラスト運動も組織され、二〇世紀初めにかけてヨーロッパ各国で展開した自然保護運動は、鳥類保護、ナショナル・トラスト法、国立公園等の自然保護制度を制定させる原動力として機能した。(1)

一方、アメリカにおいては、一九世紀の半ばごろから、近代工業の躍進とともに西部開拓が急激にすすめられ、原始自然が急速に失われる過程で、思想的にはヨーロッパの自然保護の影響をうけた学者、文人等により自然保護の重要性が主張され、国民的共感のもとに原始自然の保護の提唱が行われた。この運動に対して、政府は早くも一八七二年にはイエローストーンを世界初の国立公園に指定し、ついで、一八九〇年にはセコイヤならびにヨセミテを国立公園に指定し、以降、ひきつづき、原始自然の保護が国立公園の形で行われだしたのである。(2)

また、この時期には、現在「国際環境保護団体」として活動を続けている自然保護団体も設立されている。National Geographic Society（一八八八年設立の世界的組織、一九九〇年代会員数約一〇〇〇万人）、Sierra Club（一八九二年設立、九〇年代会員数六五万人、予算約三〇〇〇万ドル、活発な保護運動を展開、現代の北米太平洋沿岸の森林保護運動にもかかわる）、National Audubon Society（一九〇五年、現在会員数六〇万人、予算約三〇〇〇万ドル、太平洋沿岸森林保護運動に積極的）などがある。(3)

日本における自然保護は、一九〇七年ごろ学者により「自然物の保存及保護」、「天然記念物の保存」の必要性が説かれ、ドイツからの天然自然物保護思想の影響も加わって「史蹟名勝天然記念物保存協会」が一九一一年に創立されたことから始まる。そうした運動と折からの日清・日露そして第一次世界大戦を背景とするナショナリズムのもとに、一九一九年には「史蹟名勝天然記念物保存法」が成立する。(4)また、一方では、アメリカの国立公園制度の影響のもとに、一九一二年には、日光市長から国立公園の指定方請願が提出され、その後各地から観光客誘致を目的とする国立公園設立運動が展開された。

しかし、日本において自然保護運動が、市民・住民参加によって主体的かつ本格的に展開されるようになるのは、戦後の高度経済成長期に入ってからである。

一九六〇年代以前段階では主として都市に住む学者や文人等の知識階層を中心とした運動が主流を占め、一九四九年に結成された「尾瀬保存期成同盟」が発展的に移行した「日本自然保護協会」（五〇年）の設立が大きな画期をなした。同協会は、一九五〇年代を通じ、阿寒湖のマリモ保護、屋久杉の保護、富士山の原生林保護、秩父の原生林伐採に反対等の陳情書、請願書を出すという形で運動を展開するとともに、六〇年には財団法人「日本自然保護協会」に移行し、雑誌「自然保護」（六〇年創刊）の発行によって啓蒙活動をくりひろげていった。それによって、一九五〇年代、六〇年代を通じて自然保護の考え方を一般化させる役割を担っていったのであ

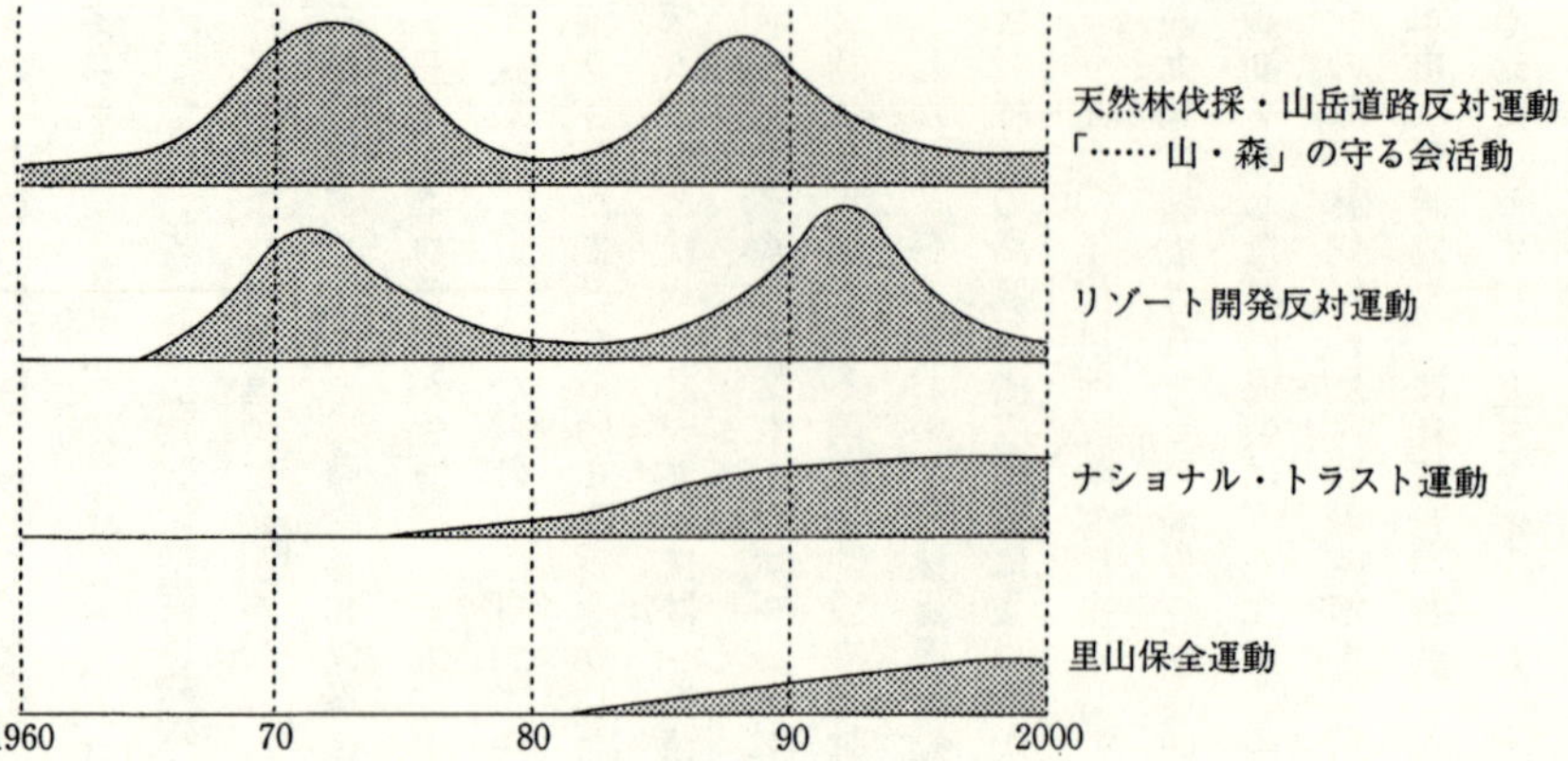

図 5-1　みどり森林をめぐる自然保護運動の変化概略図

る。⑤

(2) 戦後の自然保護運動の流れと理念

図5-1は、日本における戦後の自然保護・環境保護運動のタイプ別展開を示したものである。天然林伐採問題とリゾート開発に対する自然保護運動は時期的にズレはあるが、二つの大きな波がある。山岳道路建設も含めて、運動の性格は乱開発から自然を守ろうとする反開発運動であり、当然のことながら前章で述べた乱開発期において大きな山がある。ただし、八〇年代半ばの伐採開発問題は、乱開発期ではないにもかかわらず、盛り上がりがあるのは「みどり森林ブーム」、環境保護意識の変化の中で知床・白神山地等残された原生的森林を守ろうとする国民的運動に発展していったからである。

反開発運動は対抗する開発そのものが弱まれば、運動のエネルギーも低下して、消滅するケースが多い。中には、運動の成果が保護制度で守られることになっても、その山・森に対する思いや愛着が強い人々のグループは「……の森を守る会」の形で存続し、行政と一線を画しつつも一定のパートナーシップのもとに定期的に山・森の保全活動を継続するケースも少なくない。一過性でない持続的な環境保全への住民の参加があってこそ、一般の人々の意識・認識も高まり、森の保全・維持につながるのである。

つぎに、ナショナル・トラスト運動が、当初は反開発運動の延長線で森を守るための手法として七〇年代半ばから展開し始めた。八〇年代半ばからは住民と行政（地方自治体）とのパートナーシップのもとにみどり保全の手段として、そして九〇年代にかけては「基金」の設置による行政主導的な「ローカル・トラスト」としても展開してきた。そうした中で、住民主体型のそれは、参加者の負担や犠牲が大きいが、それだけに熱心な方々の継続的な運動によって国民的な募金活動に広がり、なおかつ、募金者との交流・参加などを通じて環境教育活動に発展するケースが一般的となっている。

また、八〇年代半ばから、里山・里地の身近な緑も保全運動の対象として認識されはじめ、反開発運動、ローカル・トラスト型運動、環境教育型運動など、地域やケースによっていろいろな形態で運動の展開がみられる。自然保護運動の理念的な変化についても簡単にふれておこう。高度成長期後半においては、工業都市部の反公害運動が生活・生存を守ろうとするシビルミニマムの観点から行われたように、われわれの分野においても一面では、森林の乱開発被害から生活生存を守ろうとするシビルミニマム的なものから、日弁連のいう「人が生まれながらにして有する自然の恵沢を享有する権利である自然享有権的」[6]なものと幅をもっていたが、八〇年代以降では自然享有権ないしは環境権的な視点からのものがより増加し、それにアメニティー（快適な環境）の維持や改善の考え方も加わってきた。

また、都留重人氏の指摘する環境についての規範性確立のための命題[7]「自然環境は、自由財ではなく、稀少性のある価値物で、しかも損なわれやすいこと」、「いったん損なわれてしまうと、人々の間にそれを評価する価値意識そのものが失われていくこと」、「もともと自然環境の価値は対象者である人間がつくり出すものと考えるべきであること」、そして、原生林は特に稀少化しているがゆえに、景観の保存と同時に地域地域での原自然の保存、多様な種からなる生態系と遺伝子の保存が大切になっており、その価値の認識と保護する仕組みをつくることが、自然保護の基本的理念といえよう。そして、都留氏の第一と第二の命題にかかわって、「これ以上自然をこわすまい。美しい自然を子孫に伝えよう」、「国民共有の貴重な財産を子孫に残そう」といった考え方が自然保護運動の共通の理念となっている。

2 高度成長期の乱開発と第一次自然保護ブーム

(1) 燃えさかった内発型保護運動

戦後、初期の知識層による啓蒙期を経て、一九六〇年代後半から七〇代初頭に至ると、それまであまり関心を示さなかった一般市民、住民をも自然保護運動に参加せしめることとなり、市民運動型の自然保護運動が大きな盛り上がりをみせる。日本資本主義の高度蓄積・「成長」政策のもとでの工業の発展と国土開発とは、生活と自然のバランスを大きく崩し、環境悪化のもとでの人間性の疎外も契機となって、従来からの都市知識層を中心に展開されてきたいわば「外発型」自然保護運動にも一般市民参加の一定の広がりがみられるとともに、地域に根ざした「内発型」ないしは「地元型」の自然保護運動も各地で展開するようになった。また一九七一年には「全国自然保護連合」の第一回総会が一二〇団体、三五〇人の参加のもとに開催され、全国的な連帯が深められた。こうして、総資本による激しい開発と破壊に対する対抗力が、市民・住民の草の根運動として形成されていくのである。七〇年代初頭におけるこうした運動は、しばしば被害者(住民・市民)の立場にたち、反体制的市民運動として展開していったところに特徴が見出される。そして、それは世論を形成し自然保護行政を大きく前進させる力として機能したことはいうまでもない。

図5-2は、全国自然保護連合の「自然破壊黒書1」「同2」と日本自然保護協会の機関誌「自然保護」、一般新聞、その他から拾った六〇年代後半から七〇年代半ばにかけて自然保護問題として比較的大きくとりあげられたところを示したものである。森林地帯における自然破壊問題としては、ひとつは、大雪、八幡平、立山、大山等における山岳観光道路建設、もうひとつは、朝日、早池峰、奥秩父、大台ヶ原、大崩山等における奥地未開発の木材資源開発、あるいは両方の開発を目的としたスーパー林道建設等が、この時期にはとくに問題視された。原生林の伐採開発ばかりでなく、観光開発を含んだ道路建設そのものも破壊の元凶として自然保護運動の対象となった。

図5-2　1970年代の主要な森林、自然破壊の生じた地域

　この時期、反公害関係団体は一九七〇年の二九二から七四年には一二四九団体に急増し、また、自然保護団体も七二年には約七〇〇

を数えるに至った、といわれる。(8) 森林に関する自然保護団体としては「大雪の自然を守る会」、「青森自然保護の会」、「早池峰の自然を守る会」、「朝日連峰のブナを守る会」等々の「守る会」や「自然保護の会」あるいは「野鳥の会」や「山岳会」、「自然に親しむ会」等の名称で結成され、自然保護運動が展開され、新聞やテレビ等のマスコミもこれを支援する形で自然保護の世論を盛り上げていった。そのため、開発を推進してきた政府も、次節で述べるように環境政策の一環として自然保護行政を軽視できなくなり、一九七二、七三年ごろには森林開発方式の見直しと新たな自然保護林等の設定を行わざるをえなくなっていくのである。

ところで、現代の自然保護運動には都市の人々中心の「外発型」と地域の人々から発した「内発型」とがあり、前者の展開を契機として後者が発展していったところに特徴がみられる。外発型の自然保護運動と内発型のそれとの差異は、前者がしばしば地元住民を通りこして、マスコミ等の支援を受けつつ、環境庁や県との交渉といった「高次」の運動形態をとりがちであるのに対して、後者のそれは、そうした運動形態とともに地元の住民の意志を署名や集会等の形で結集し、地域に根ざした運動が展開される点にある。一方、自然保護の対象となる山村は、概して過疎地域であり、いかなる形態にしろ多額の補助金が交付されたり、就労機会や産業発展の可能性に対して過剰といってもよいくらいの期待をもつ。ほとんどの地元行政は、生態系保存のための自然保護よりも、公共事業による土木事業優先の枠組みのもとに開発を選択するであろう。それゆえ、開発に反対する自然保護運動がおこれば、地元は開発促進運動によって対抗する傾向がみられる。一般的に地元議会に対して行使力をもちえない外発型自然保護運動に対してはもちろん、内発型の場合においても、開発促進論者が多数を占めるかぎり、やはり地元行政は開発促進にまわる。だいたいにおいて、大規模な観光道路やスーパー林道が計画されたとき、開発に反対する自然保護論者は、地元ではきわめて少数派にすぎない。むしろ、それらの開発の過程で破壊の進行とともに自然保護の意識が芽生えてくることがしばしばみられ、そこにおいて真の地元型自然保護運動が発展する。

一般的には、国家と資本、そして地元自治体が結びついた開発行政に対して、自然保護運動は、どうしても一定の限界をもたざるをえないが、しかし、七〇年代前半における運動の成果が大きかったのは、外発型に加えて内発型の運動が盛り上がりをみせたこと、そして、乱開発ともいわれた国土開発行政の進行の過程であまりにも自然破壊、環境破壊が顕著であったために、地元を含めた世論の強い支持がえられたことによるのである。

(2) 運動の「体制化」と環境行政の後退―七〇年代後半の動向―

この時期の自然保護運動は、地域に根ざし、親しまれてきた自然を乱開発から守ろうとする自発的運動として大いなる活力を発揮し、環境保全の重要性を認識した世論の盛り上がりを背景に、現代資本主義に欠けていた側面(環境資源の配分)を補足するという重要な役割を果たした。そして、この時期に各地で展開された自然保護運動は深刻な公害問題とともに、環境行政を動かす大きな力として作用し、環境庁の発足、自然環境保全法の成立、あるいは林地開発許可制度(七四年)の発足をみることとなるのである。

発足当初の環境庁は、自然保護を重視し、しばしば自然保護運動サイドに立った裁量を下した。東大山有料道路計画や日光国立公園の尾瀬を貫く道路建設を中止させ、南ア・スーパー林道についても七二年に建設凍結を行う等、自然保護行政の前進に寄与することも少なくなかった。そうしたなかで、自然保護団体を中心に識者が参加し環境庁のバックアップのもとで、七四年には「自然保護憲章」の発表によって、自然保護は政治的にも市民権をえることとなり、「反体制」的運動から脱皮したかにみられた。事実、東京都や神奈川県ではいち早く自然環境保全審議会の委員に自然保護団体の役員が参加(当時、東京都の場合は、委員二五人中七人が自然保護団体からの参加)し、全国的にもこのような方式が広がっていった。

自然保護団体の開発行政への参加は、当初は成果を収めることも少なくないが、しかし、所詮は少数派にすぎないために、行政側から綿密に準備された資料、文書による原案諮問の前には概して無力化しがちであった。すなわち、「整然と形式化された文書に対して、象徴化された内容の理解に苦しむ委員から多くの疑問が出され、これをめぐって討議が行われるかぎり、告発されるべき真の責任者である乱開発の元凶は姿をかくし、法の公正な執行の名のもとに結果的に開発者を擁護する地方自治体と、反対運動の対立という図式が形成される。また、提案者（行政）対委員（自然保護団体）の攻防となれば、参加にとってもっとも重要な行政による情報の公開を鈍らせ、行政の閉鎖的状況が起き、これにより参加は形式化され単なるみせかけに陥り、そこには参加の制度化による行政側の包絡作用のみが結果として残り、生活防衛と民主化のための住民エネルギーの吸収という目的は見失われる」(9)傾向にあるのである。

こうして、一九七〇年代半ば以降においては審議会への参加によって、行政による体制内への一定の〝取り込み〟がすすめられ、同時に、通産省や大資本による環境アセスメント法案の骨抜き化と流産の経過(10)あるいは南ア・スーパー林道の建設再開合意（一九七七年）に端的に示されたように、財界の巻返しと結合した環境行政の後退とあいまって、自然保護運動の一定の分断と弱体化がもたらされたのである。加えて、この時期には「減速成長」経済期に入ることによって、さしもの国土開発ブームにも水がさされ、開発の停滞化とともに、それに対抗し、自然破壊の歯止め的機能を果たした自然保護運動も少しずつエネルギーを失っていった。けれども各地に根をおろし、乱開発、自然破壊に対する歯止めないしは監視的機能という点ではその後も重要な役割を担い、たとえば、東北地方の朝日連峰や白神山地においてはいくつかの「ブナ林を守る会」が活発な運動を継続していくし、屋久杉を守ろうとする「屋久島を守る会」、奥鬼怒等のスーパー林道建設における反対運動等、しばしば自然保護視点からの提起と反対運動が行われ、やがてそうした運動は八〇年代半ばの第二次自然保護ブームへとつながっていくのである。

3　「森林・緑ブーム」と第二次自然保護ブーム

(1)　八〇年代における森林・緑ブーム

一九八〇年代はみどり森林に対する認識の仕方が大きく変化した時期であり、これまでの乱開発対抗型保護運動とは異なった視点のもとに、グローバルな視点や社会的視点も含めて環境保護にむけての普及啓蒙団体が多数設立された時期である。森林文化協会、緑の地球防衛基金、国民森林会議、森とむらの会等の諸団体の設立や自然保護団体による積極的な啓蒙活動を通じて、さらには国連食糧農業機構（ＦＡＯ）による「国際森林年」（八五年）の指定や国際的な環境保護運動の盛り上がり等、八〇年代の半ばには、世界的潮流としては自然保護から環境保護へと新たな運動の広がりがみられていくのである。そして政府や地方自治体、朝日新聞、ＮＨＫをはじめとするマスコミによる報道特集やグリーンキャンペーン等も加わって、国民一般に広く、森林・緑の重要性の認識がブームといってよいほどに深まっていったのもこの時期の特徴である。(11)

こうした森林・緑ブームや環境保護ブームが深まった背景には、第一章でもみたように米政府による『西暦二〇〇〇年の地球』やＦＡＯによる熱帯林資源調査の結果、途上国を中心として危機的ともいえる規模と速度で世界の森林減少が進行し、地球環境・人間環境への影響の深刻さが認識されたこと、そして同時に、ヨーロッパでの酸性雨による森林被害も深刻化し、これらの問題は世界的レベルで取り組むべき問題として国連人間環境会議やサミット等でも取り上げられたことがあった。

このような国際的な森林・緑保護ブームの盛り上がった時期に、日本においても第二次自然保護ブームといってよいほどの保護運動の盛り上がりをみせた。そうした自然保護運動は全国的な広がりをみせていったが、とくに象徴的なものとして「知床伐採問題」と「白神山地問題」がマスコミでも大きく取り上げられ、その動向は国民一般の関心を強く引きつけた。

(2) 知床・白神問題の生起と帰結

知床伐採問題―生態系としての自然遺産保護へ

知床伐採問題は、一九八一年に営林局の「施業計画」で国立公園内の森林（第三種特別保護地域〜法的には伐採は可能な森林）での伐採計画がたてられたところから始まる。この計画に対しては地元の斜里町や「しれとこ一〇〇平方メートル運動」関係者、自然保護団体などの強い反対で営林局は、次の計画までの期間の伐採を見合わせた。そして、一九八六年からの「地域施業計画」では、伐採計画が再浮上し、抜き伐り（択伐）方式でヘリコプターによる集材方法をとることを発表した。これに対して地元の自然保護団体である「青い海と緑を守る会」が強く反発し、伐採計画の白紙撤回を求めて、林野庁や営林局・署に要望書を提出した。しかし、林野庁は予定どおり伐採計画の実施を決定し、環境庁も伐採計画に同意した。

事態が全国的に知られるようになるのは、朝日新聞が八六年四月に「知床の森の危機」を訴えるコラムや連載漫画に載ってからである。また、NHKも一〇月に「原生林は訴える」ETV特集では、後述する白神山地問題と併せて知床伐採問題の特集を放映した。その後の一年間は、伐採反対の自然保護団体と開発促進の営林局や木材協会、などそれぞれに度重なるシンポジウムを開いたり、東京、大阪等での緊急集会も開催されたり、アイヌ先住民も反対運動に加わるなど、伐採をめぐっての激しい攻防が繰りひろげられた。また、生息環境への影響が心配されることから八六年一二月には営林局が、そして八七年二月からは北海道自然保護課がシマフクロウやクマゲラの生息・生態調査を開始するなど、森林施業と環境への影響に関する科学的な対応も進められた。さほど影響がないとの報告のもとに営林局は八七年四月に伐採に着手したところ、抗議文や緊急反対集会、さらには反対者が現場に入って木に抱きつく「チプコ運動」を展開するなど、激しい抵抗が続き、その様子はNHKを初めとするテレビや新聞でも大きく報道された。そうした中で、四月末の斜里町長選挙においては、伐採反対の先頭に立ってきた自然保護運動のリーダーが伐採容認の現職を破って、地元住民の意志がはっきりしたことによって、翌五月に、林野庁は伐採継続を断念するに至ったのである。(12)

知床伐採問題は、「原生林」そのものの保護に加えて、シマフクロウやオジロワシ、クマゲラといった野生動物の生息環境の保全という生態系全体の保護をかかげて運動を展開するという、七〇年代の主流であった被害告発型や景観や植生視点からの原生林保護とは異なった次元の運動となり、それは九〇年代の「絶滅の恐れのある野生動植物の種の保存に関する法律」にもつながっていった。筆者は、適正に設定された保護地区以外での抜き切り自体には反対ではなく、正しい択伐・天然林施業は人と自然が共生していける賢明な方式だと思う。ところが、国有林の択伐は往々にして高価な良木ばかりを抜き切りして、後に残された樹木は良くないものが多いという傾向もみられ、また、国有林自体が七〇年代前半までの乱伐によって多くの原生林を伐採し信用を失っていたことも、反対運動の矢面に立つ要因となった。

白神山地問題—日本最大規模のブナ林保護へ

白神山地の場合は、表5-1からも明らかなように、最初は過疎化をたどる山村側から開発への要請があり、それを受けて、秋田・青森両県は峰越しの「広域基幹林道」の建設計画をたて、一九八二年から工事に着手した。一方国有林も赤石川林道建設などを行いつつ、周辺部から森林資源の伐採開発を進めていた。こうして、国

表 5-1　白神山地における林道等，開発計画と自然保護運動の展開

年次	林道等開発計画と開発の動向	自然保護運動等の動向
1978	西目屋村など関係 4 町村が，森林開発・観光開発のために，県・国に白神山地の開発陳情	
1979	青森・秋田両県，林道建設計画の開始	
1981	広域基幹林道青秋線の路線決定，青秋線の調査報告書～開発に問題なしの結論	
1982	青秋林道両県から工事着手（1991年完成計画）	「秋田自然を守る友の会」，「秋田県野鳥の会」，「青森県自然保護の会」，「野鳥の会弘前支部」林道建設中止の要望書を秋田県，青森県に提出
1983	白神山地中核部を通る「奥赤石川林道」建設計画（下流は1970年代に工事着手）	「白神山地のブナ原生林を守る会」を結成 「青秋林道に反対する連絡協議会」を結成 日本生態学会，ブナ林保全を計画再検討要望
1984	営林局「白神山地森林施業総合調査」実施計画	「白神山地のブナ原生林を守る会」工事中止要請
1985		ブナ・シンポジウムを開催（秋田市）
1986	林野庁「白神山地森林施業総合調査報告」発表 営林局「白神山地の取り扱いについて」発表	（朝日新聞，等～ブナ林保護キャンペーン） （NHK～ブナ林は訴える・白神山地を放映）
1987	「青秋林道」建設が国有林内に入る．営林局，県境部分の保安林解除の申請を農水省に提出 「青秋林道の意義を考える町民集会」（八森町）	「ブナ原生林を守る会」工事の一部凍結申し入れ 「日弁連」シンポで工事凍結と原生林破壊反対 保安林解除の意義申し立て，14,000通に達する． 赤石川流域住民と「青秋林道に反対する連絡協議会」秋田県に計画中止凍結を要請 流域住民「赤石川を守る会」を結成
1988	青森・秋田両県，林野庁に青秋林道建設予算申請 青森県は 8 月に当年度工事を断念，予算返上	「赤石川を守る会」「ブナ原生林を守る会」は，日本自然保護協会とともに林野庁長官にブナ原生林保護の要望を行う．全林野秋田地本，青秋林道は凍結すべきとの方針決定．
1989	青森・秋田両県，青秋林道建設見送りに合意	

1990　白神山地のブナ原生林約16,971 ha（うち保存地区10,139 ha）が「森林生態系保護地域」に指定された．

1992　白神山地のブナ原生林のうち14,043 ha が自然環境保全法の「自然環境保全地域」に指定された．

白神山地は，屋久島とともにユネスコの「世界遺産」に登録を推薦された．

1993年12月　白神山地は，屋久島とともに日本初の「世界遺産」への登録が決定した．

資料）日本自然保護協会「自然保護」誌，等

白神山地のブナ林．森林生態系保護地域に指定され，世界遺産にも登録された．

内随一に残されていた約一万六〇〇〇ヘクタールの大規模なブナ原生林地帯が開発の危機に直面すると、一九八二、八三年ごろから各種自然保護団体が反対運動を展開することとなった。

この問題が全国的な問題として認識されだすのは、八五年の「ブナ・シンポジウム」（参加者七〇〇人）であった。森林資源開発とともに激減してきたブナ林の状況が各地から報告され、その生物多様性・生態系や水をはじめとする人間環境に及ぼす機能の重要性の共通認識を深めたことによって、以降、各地のブナ林保護運動の契機となったシンポジウムとして位置づけられる。翌八六年には、マスコミが全国版で特集記事やテレビ報道特集を組み、白神山地の名前は一躍全国的に知られるようになっていった。八七年には、赤石川林道建設に当たっての保安林解除に対する意義申し立てが実に一万四〇〇〇件にも達し、また、赤石川下流鯵ヶ沢町の住民「林道建設と開発は、飲料水、農業用水など、住民生活に影響がで、地元住民には何等のメリットがない」として、「赤石川を守る会」を結成し、他の自然保護団体と連携して保護運動を展開するなど、地元住民も反対運動に立ち上がったことと、保安林指定解除にかかわる「直接の利害関係者」である地元住民が意義申し立てを行ったことは林道建設凍結への大きなベクトルとして作用したのである。こうした、激しい反対運動とマスコミ報道による世論形成もあって、八八年には青森県が、そして八九年には秋田県が、「青秋林道」建設の見送りを決定して、決着をみた。(13)

そして、その後は一九九〇年に国有林の新たな保護林制度である「森林生態系保護地域」に指定され、さらに、九三年には白神山地は屋久島とともに、「鑑賞上、学術上又は保存上顕著な普遍的価値を有する、特徴ある自然の地域」である自然遺産としての「世界遺産」に登録されたのである。このことは、屋久島はもちろん白神山地も世界的にユニークな「学術的に顕著な普遍的価値」が認められたことを意味する。

以上この時期の自然保護運動の象徴ともなった「知床伐採」問題と「白神山地」問題の展開を見てきたが、この二つの運動は各地の保護運動にも影響を及ぼし、特に東北を中心とするブナ林保護運動(栗駒・船形山、五葉山、月山・朝日連峰等)に広がっていった。こうして、この「第二次保護ブーム期」においては、世界的な森林保護ブーム、活発なマスコミ報道、そして外来型自然保護運動と地域の人々による保護運動(内発型運動)がうまくかみ合って、「開発への対抗力」が形成されていったところで、自然保護に成功していったのである。そして、これらの運動が国有林の森林開発と森林保護のあり方を再考させる契機となり、「林業と自然保護に関する検討小委員会」が八七年一〇月に設けられ、八八年一二月に報告のとりまとめが発表された。これを契機に後節で述べるように国有林の保護林が九〇年代には「森林生態系保護地域」を中心に大きく再編・拡充されていくこととなるのである。

八〇年代の伐採開発問題は国有林に集中したが、それはまた、先述したように七〇年代問題とは性格を異にしていた。すなわち、七〇年代のそれは乱開発から景観や生活環境等を守ろうとする広い意味での「被害救済型」

であったのに対して、八〇年代半ばのそれは、原生林が激減した中で国民共有の残された貴重な自然遺産、貴重な森林植生だけでなく多種・多様な動植物等、生態系としての自然遺産を守ろうとする、より文化的視点にも発展を見ているのである。

4　反リゾート開発から里山保全へ――九〇年代の保護運動

(1)　リゾート開発と大規模林道建設をめぐる保護運動

八〇年代末から九〇年代前半にかけてのリゾート開発は、四全総・リゾート法のもとで国策として進められたために、保安林解除や国立公園などでも開発規制を緩め、「列島改造期」に大都市圏では開発規制を行った地方自治体でも、それまでのゴルフ場凍結を解除するなどによって再び開発ブームが到来し、それに伴うトラブルが発生した。ゴルフ場問題もさることながら、とりわけスキーリゾート開発（船形山、鳥海山、岩菅山、等々）をめぐる保護運動が各地で生じた。これらのうち、長野オリンピックの予定地とされ、志賀高原に唯一残されていた岩菅山自然林の開発をめぐっても開発案の発表（八七年）とともに「岩菅山を考える会」が組織されて反対運動がおこり、国際的な運動の連帯もあって議論の末にJOCは九〇年に開発断念に至った。(14) この背景には、現代は国際的な環境保護時代に至ったこともあって、環境破壊・自然保護問題が大きくなり長野のイメージダウンになることを避けた結果の結論であった。札幌オリンピックの時代には、自然保護運動があっても原生林開発に突っ走り、未だにその傷跡を残していることを思うと、国際的な「環境の時代」にシフトしたことが一定の変化を及ぼした。その他でも、「絶滅危急種」のオオタカの営巣地が開発予定地に発見されたため開発を断念するケースもみられるなど、以前よりは保護の方向に向かっている側面はみられる。

しかしながら、一般的にリゾート開発が動きだした場合には、前章の御岳山開発で述べたように、九〇年代の半ばにおいても、開発優先の枠組みのもとで進められるのがほとんどで、自然保護運動はその枠組みのもとでは限界があり、一定の修正機能にとどまる。しかし、運動があるとないとでは大違いである。未だなお、国際的問題になるものと国内レベルの問題とでは扱いが異なり、そういう意味では岩菅山は稀なケースといってよい。もっともリゾート開発は九一年末のバブルの崩壊とともに、実需なき虚像が浮き彫りにされ、御岳山等一部の地域を除いて開発企業の多くが撤退したり、計画の縮小化などの形で、その後は概ねしりすぼみとなっていった。

こうして九二年ごろ以降においては、リゾート開発のしりすぼみ、国有林等の原生林開発の縮小と保護林の拡大、「種の保存法」の制定など保護政策の前進によっても、反開発問題は減少していく。そうした中で、なお、朝日連峰の天然林を縦断し、観光開発道路の色彩を強めた「大規模林道」問題等がくすぶり続けてきた。これは、新全総下で一九七三年から建設が開始され、一旦決定された公共投資事業であり、時代の変化とともに当初目的が現状にあわなくなっても依然として細々ながらも続けられ、「南ア・スーパー林道問題」と同様の問題、開発と保護のはざまで、当初の開発の役割が大幅に低下した中で自然保護に転換すべきものとして、九〇年代において一層の反対運動が続けられてきた。こうした世論のもとに、林野庁は再評価委員会をつくり、九八年末に朝日連峰の大規模林道事業の中止を発表した。

(2) 里山・里地の保全問題—「小網代の森」にみる保護運動—

里山は、ゴルフ場などのリゾート開発、宅地開発、農地開発、工場開発のために企業や自治体の手によって開発対象となった。大都市周辺の里山・里地はいうまでもなく、地方の都市周辺においても宅地化や公共投資事業などによって里山・里地のみどり自然の破壊が相次いだ。里山・里地は人々の生活と密着し、かつ山の森、鎮守の森、棚田、池や用水路など「緑と水と土」という自然の基本をなす三大要素をもつこともあって、オープンなところに適応した固有の動物や昆虫がすみ、豊かな生態系が形成されていた。こうしたみどり・自然も民間投資と公共投資事業とが車の両輪となって破壊されつづけてきた。

そうした中で、環境教育とからめながら保護運動を展開し、成果をあげてきた神奈川県小網代の森のケースについてふれておこう。

小網代の森．森・川・干潟からなる小流域には豊かな生態系がある．

小網代の森は、かつて農民が薪炭林として利用し、谷間の水田で稲作を営むという普通の里山の森であった。農民的利用が行われなくなると放置され、七〇年代の第一次リゾート開発ブームの終わりの頃に、京浜急行によるリゾート開発（ゴルフ場とマリーンリゾート開発）構想が立てられた。しかし、神奈川県はゴルフ場凍結（七三年）に踏み切っていたため、本格的な開発問題が生じたのは、第二次リゾート開発期に至り神奈川県は条件付きでゴルフ場開発凍結を解除し、三浦市が凍結解除を県に要請した八八年からである。

ところで、「小網代の森」は、三浦半島近くに位置し、その周辺はダイコンとスイカ産地で農地が多く、近年は都市化・宅地化の波に飲まれて多くの自然が失われてきたところである。小網代の森は残されているわずか一〇〇ヘクタール程度の森ではあるが、その特徴は浦の川という小さな沢を中心に森林、湿地、干潟、海へと連続する流域の縮図があり、かつ、そこに生息する生物（アカテガニ等）が豊富であるという点にある。とくに、他の多くの流域で欠けている干潟の存在はこの森の生物相の豊富さにつながっている。その豊かさに早くから気づき、保全を訴えていたのは慶応大学の先生であった。地元住民も参加して、八三年には「ポラーノ村を考える会」が発足し、保全地区と教育観察区を中心とした独自のリゾート開発を提唱するとともに、調査活動を通じて流域の生態系保護の大切さを本や冊子にしてPR活動も行い始めた。

八八年にリゾート開発への動きが再燃すると、「小網代から学ぶ会」が発足し、自然観察・写真展・フォーラムなどを開催し、保全の意義を一般の人々に訴えるとともに、翌年には、ゴルフ場建設反対署名運動を展開し、約四万人の署名を県に提出して中止方の要請を行った。九〇年には運動に加わっていた地域の女性たちが中心になって「小網代の森を守る会」が発足し、地主の協力も得つつ、私有地であっても自由に立ち入れる「赤道」、「青道」といわれる農道、沢水路を利用して、自然観察会と清掃活動を定例的に行い始めた。そして、同九〇年に横浜市で国際生態学会が開催され、そのエクスカーションの一つとして小網代の森が選ばれ、生態学的に貴重な地域であることの認識が深められた。そして、この年からマスコミにも盛んにとりあげられるようになり、国際学会とあわせて世論は保護運動に有利な風を吹かせた。(15)

こうして、有利な風を受け、環境教育的意義をもつ自然観察会（参加者累計一万人を超える）などの地道な活動、ホームページからの発信、一定の募金（アカテガニ募金）活動等が実って、九四年には三浦市がゴルフ場開発を断念し、九五年には、県の「かながわトラストみどり基金」による七五ヘクタールの保全案が示され、さらに九七年には「神奈川県新総合計画21」に小網代の森の保全が重点対策にあげられ、〇・二三ヘクタールではあるが、トラスト財団による最初の買い上げが行われるなど、保全に向けて歩みはじめている。このように小網代の森をめぐる保護活動は世論を動かし、行政とのパートナーシップの確立が、ナショナル・トラスト的保全につながりつつあるのである。

第二節　ナショナル・トラスト運動の意義

1　ナショナル・トラスト運動の動向

(1)　イギリスの運動と日本の違い

森林の保護・保全をめぐっては、一九七〇年代後半からは一九世紀末にイギリスで生まれたナショナル・トラスト運動も繰り広げられるようになる。イギリスのナショナル・トラスト運動とは、「国民のために国民自身の手で価値ある美しい自然と歴史的建造物を寄贈、遺贈、買い取りなどで入手し、保護管理し、公開する」形の基本的に国民参加の保護運動の性格をもっている。(16)かつて、産業革命のころ徹底的に森林が破壊されたイギリスでは、快適な環境（アメニティー）を守り、後世に伝えていくべく、残されている水辺環境、庭園、島や海岸線などの自然、ならびに歴史的建造物などを、みんなが資金や土地を出し合って保存しようという運動が展開してきた。当初三人で出発した運動は、会員数でみると一九六〇年で約一〇万人、そして今日では実に二〇〇万人にもひろがり、買い取りや寄贈によって保存される海岸線だけでも五〇〇キロメートルにも達したという。一つの組織で、全国的に守るべき対象を調査し、破壊の前に買い取って保存していこうとする国民参加の運動は、自然破壊の歴史的教訓の中から自然保護を社会システムに組み込んだものとして評価される。

日本では、和歌山県の天神崎を別荘地等の開発から守るため、市民の募金による土地買取り運動（一九七六年）および北海道の知床の原生林を復活させるため「しれとこ一〇〇平方メートル運動」（一九七七年）等をはじめとして、北海道の小清水町のキタキツネの森、神奈川県鎌倉市の歴史的景観等の保護・保存運動、静岡県柿田川流域の森の保全運動が、個別にではあるがナショナル・トラスト運動形態によって、地域から内発的に起きてきた自然保護運動として注目されてきた。

これらの運動をみても明らかなように、日本の「ナショナル・トラスト」運動は開発・破壊に直面したとき、それに対抗する自然保護運動の手段として、イギリスの手法を学んで応用しているものであって、それも、運動主体が地域ごとに行われてきたものであった。全国的組織は、六〇年代末に歴史建造物の保存の組織（日本ナショナルトラスト、JNT）ができたり、八〇年代半ばからは、全国的組織を進める会がつくられ、九二年に「日本ナショナルトラスト協会」が設立されるものの、国民参加の保存運動という本来の趣旨から言えば活動自体はまだこれからといったところである。結局、イギリスの手法を応用して全国組織、県や市町村といった地方自治体レベルの組織、個別民間ボランティアレベルの組織といった多様な形で展開しているのが、現段階の日本型ナショナル・トラスト運動といえよう。

(2) 日本のナショナル・トラスト運動の動向

日本におけるナショナル・トラスト運動は表5-2に示すように「鎌倉風致保存会」の運動が最初のものであった。鎌倉の鶴ヶ丘八幡宮の裏山が業者に買い取られ、宅地開発の危機・風致環境破壊に直面した市民や文化人によって運動が展開され、署名、寄付金そして鎌倉市の援助もあって一九六六年には業者から買い戻しに成功し、緑環境は守られたのである。その他、歴史的文化遺産や町並み保存運動がナショナル・トラスト運動としても展開するが、ここでは森林にかかわるものに限定してふれている。

表5-2　ナショナル・トラスト運動型森林・緑の保全の動向

年	ナショナル・トラストの名称及び関連事項
1964	鎌倉風致保存会設立（神奈川県鎌倉市）
	66年に鶴ヶ丘八幡宮の裏山（1.5 ha）を買い取り
1974	天神崎の自然を大切にする会結成（和歌山県田辺市）
1977	国立公園内しれとこ100平方メートル運動開始（北海道斜里町）
1978	小清水自然と語る会結成「オホーツクの村」（北海道小清水町）
1982	環境庁ナショナルトラスト研究会を発足
	ナショナルトラストを考えるシンポで「知床アピール」を採択
1983	ナショナルトラストを進める全国の会発足
	天神崎で第1回ナショナルトラスト全国大会開催（以降毎年）
1984	(財)さいたま緑のトラスト設立
1985	自然環境保全法人に優遇税制，86年相続税優遇
	(財)かながわトラストみどり財団設立，みどりのかながわ県民会議
1986	かながわトラストみどり基金（県）～（29市町にみどり基金設置）
1987	(財)天神崎の自然を大切にする会が自然環境保全法人
	（ナショナルトラスト法人）の第1号に認定される
1988	柿田川みどりのトラスト委員会発足
1989	(財)せたがやトラスト協会発足（東京都世田谷区）
	(財)小清水自然と語る会，ナショナルトラスト法人第2号
1990	トトロのふるさと基金発足（東京・埼玉にまたがる狭山丘陵）
	(財)大阪みどりのトラスト協会，ナショナルトラスト法人第3号
	92年「ゼフィルスの森トラスト」開始
1991	(財)柿田川みどりのトラスト，設立総会，川沿いの森購入
	(財)グリーントラストうつのみや発足（栃木県宇都宮市）
1992	(社)日本ナショナルトラスト協会が発足
	（ナショナルトラストを進める全国の会の発展的移行）
	東京で第10回ナショナルトラスト全国大会開催
1993	はんのう景観トラスト発足（埼玉県飯能市）
1994	軽井沢ナショナルトラスト発足（長野県）
1996	富士山ナショナルトラスト発足
	赤目の里山を育てる会発足（三重県名張市）
	横浜市で第14回ナショナルトラスト全国大会開催

柿田川みどりのトラストが買い取った自然林.

年表に示した一連のナショナル・トラスト運動の展開の過程で、八二年には「しれとこ一〇〇平方メートル運動」五周年記念シンポジウムで「知床アピール」が出され、翌八三年には「ナショナル・トラストをすすめる全国の会」が設立の運びとなり、既存の法律では破壊をまぬがれえない自然の保護を目的とし、全国的に運動の輪が広げられた。なお、同会の申し合せによるナショナル・トラスト運動とは「自然環境や歴史的環境を守るため、住民や自治体などが中心になり、広く国民から基金を募ったり、寄贈を受けて、その資産を取得、保護、活用するもの」である。こうしたナショナル・トラスト運動の盛り上がりのなかで、行政としても対応を迫られることとなり、環境庁の「ナショナル・トラスト研究会」は八三年に「わが国における国民環境基金運動の展開の方向」をまとめた。報告書では、日本での運動は地域問題色が強く、国民的広がりをもつ環境基金運動としてはまだ「初期の段階」にあり、運動発展のためには地域の実情に明るい市町村が積極的に運動と連携し、ついで都道府県が広域的連携を図る必要性が強調され、「ローカルトラスト制」導入の提言にとどまった。しかし、これを契機に、八四年の埼玉県、八五年の神奈川県をはじめとして、大阪府、あるいは東京都世田谷区などがトラスト運動に取り組み、買い取り資金として「基金」を設け、とくに都市の緑地保全の手段として政策に取り入れていった。とりわけ、神奈川県では前後して二九もの市・町が緑地保全のための基金制度を設けた。

また、環境庁は民間団体に対しては制度的な改善を図ることとなり、八五年にナショナル・トラスト団体として「自然環境保全公益法人（ナショナル・トラスト法人）」の設立を認め、寄付金に対して所得税と法人税の控除、固定資産税・不動産取得税の免除を認めた。八七年には天神崎がこの「ナショナル・トラスト法人」の第一号として指定され、税の減免措置を受けることとなった。

九一年には、富士山の最大の湧水河川である柿田川が工業化・都市化の中で破壊にさらされていることに危機感を抱いた地元の人々が、清流とみどり環境を保全しようとする「柿田川みどりのトラスト」を設立し、岸辺の自然林を買い取り、ミシマバイカモの生育やアユの産卵場の整備など本来の生態系保全のための作業を行うとともに、訪れるたくさんの人々に環境教育ともいえる活動を展開しているのである。それだけにとどまらず、近年は湧水の源となる富士山に植林にでかけるという活動にも広がりをみせている。

九〇年代には、柿田川のケースのように地元住民による買い取り運動が一部に展開するもののどちらかというと、地方自治体ないしは、関連団体による基金による緑地保全が主流を占めていくようになる。この方式は、神奈川県の事例でみるように、買い取りと地主との協力契約（借り入れ）などの手法によって、近年急速に失われてきた「身近な緑」（里山・里地）の保全に大きな役割を果たす可能性をもっている。

2 ナショナル・トラスト運動のタイプと意義

日本型ナショナル・トラスト運動は、大別すると住民主体の個別グループが特定の自然等を守るべく全国に募金を呼びかけ、その資金で買い取り、それをみんなに公開するタイプと地方自治体が主体になって広く募金を呼びかけて特定の自然を保存していくタイプ、または、県民運動の範囲で募金や土地の寄贈などを呼びかけ、「基金」などを設置して保護に当たるタイプに分けられよう。なお、全国組織については未だ自然の買い取りは一カ所に過ぎない段階なのでここでは省略する。以下に、その典型事例をのべ、その意義に触れておこう。

(1) 住民運動主体のナショナル・トラスト運動―天神崎のケース―

和歌山県天神崎や北海道小清水の「オホーツクの村」、静岡県柿田川の場合などがこのタイプに当たる。天神崎は県立公園であるが、第三種特別地域のために国の制度による買い上げ対象地(国立・国定公園の第一種特別地域以上のところ)には含まれておらず、許可制のもとに民有地の開発は可能なところである。そのため、たとえば天神崎の場合は民間資本による別荘地開発計画がもち上がり、開発による自然破壊の危機にさらされているところであった。先にふれたように林地開発・リゾート開発に対する行政の歯止め機能は必ずしも強力ではなく、許可条件さえみたしておれば「許可しなければならない」のである。そのため、景観・環境及び自然観察・教育的価値の高い天神崎に対して自然破壊の危機を認識した住民は「天神崎の自然を大切にする会」を一九七四年に発足させた。最初は短期間で一万六〇〇〇人もの市民の署名を集め、田辺市や県に対して保存方の陳情という形で働きかけを行った。しかし、それが制度の壁のもとに開発の歯止めの役割を果たしえないことを知ると、ナショナル・トラスト運動形態の、買い取り運動に発展させ、七八年には「天神崎保全市民協議会」(三三団体、個人参加一四三人)に運動の輪を広げていった。

しばらくは役員たちが借金を重ねるなど苦労の連続だったが、八二年には環境庁のナショナルトラスト研究会がとりあげたり、何よりも同年にみどり環境保全のキャンペーンを開始した朝日新聞に取り上げられたことによって、全国的注目を集めることとなり、これを契機に募金が順調に集まるようになった。全国の市民から集まった募金によって、段階的に少しずつ土地の買い取りをすすめていった。こうしたボランタリーでねばり強い努力・協力のもとで行われた運動は行政をも動かし、和歌山県は八二年に自然保護基金条例を変更し、第一種でなくても補助対象とする制度化を決めた。それによって、和歌山県の一定の補助、田辺市の補助も加えられ、全国にわたる一般市民からの募金をベースに八二年の第一次買い取りから始まり、九六年の第一〇次買い取り（うち、財団所有五カ所、田辺市所有五カ所）が九八年末までの間に行われた。その結果、買い上げ計画地約一四ヘクタールのうち、六・三ヘクタールが買い入れられたことになる。

このような精力的活動を展開してきた「天神崎の自然を大切にする会」は、同時に海と山・森の生物の関係を学ぶ自然観察教室も開くなど環境教育の場ともなっている。公開活動を含めて、国民そして行政とのパートナーシップのもとに敬服に値する息の長い継続的活動が行われているのである。

(2) 自治体主体の募金・買い取り運動—知床の事例—

一方、北海道斜里町・知床の場合は、ときの町長がイギリスのナショナル・トラスト運動に触発されて、離農者や業者の所有している土地を一口八〇〇〇円で買い取る「国立公園内しれとこ一〇〇平方メートル運動」を一九七七年に開始し、「知床で夢を買いませんか」とのキャッチフレーズのもとに全国に募金方の発信を行った。マスコミ報道に載り、イメージに優れ、有名人の参加もあって一般市民からの大きな反響をよび、毎年着実に募金が集まった。募金者には、町から「しれとこ通信」が送られ、土地の買い取りと植林事業の報告、そして寄付者が参加して植林を行う交流事業などの案内が届く。八〇年には、募金者が最も多い関東地区に支部がつくられ、次いで関西支部もつくられるなど、着実に発展していった。

一〇年目の八七年には約三億円の募金が集まり、それによって二四三ヘクタールの土地が買い取られ、さらにその一〇年後の九七年には五億円（五万人）の募金が集まり、目標面積（四七三ヘクタール）のほぼ九五％の買い取りを終了した。買い取られた土地には、アカエゾマツ、ミズナラ、シラカンバなどの植樹が行われ、みどりの回復と保全管理を進めるとともに、毎年一万人の人々が参加する自然体験学習の場としての機能も果たすようになった。また、「かけがえのない知床の自然を守り、それを国民共有の財産として後世に残そう」という理念と全国すべての都道府県から募金者が集まったことも、ナショナル・トラストの理念に合致しているといえよう。また、こうした運動は、前述の知床国有林の伐採反対運動に影響を与えたことはいうまでもない。

この二つのケースとも、出発点においては、一九七〇年代の乱開発に対抗する自然保護運動の延長線上にあるが、買い取り運動まで展開したところに違いがある。また、前者は自発的な住民運動型自然保護運動から出発し、それが全国的に発展していくのに対して、後者は町行政における離農者対策と自然保護対策から出発しそれが全国の市民レベルに広がっていくという形で、運動形態は異なっているが、いずれも地域の内発的な自然保護運動として展開し、土地買い取り、自然を自らのものとするという従来の保護運動の枠を超える新たな発展を示した。

(3) 自治体主体の「基金」による緑地保全—かながわトラスト運動の事例—

大都市圏に位置する神奈川県の都市近郊の丘陵地帯の森林は、宅地、農地、ゴルフ場等に開発され続け、今や都市周辺のみどり森林は著しく減少した。そうした都市周辺の身近な里山や緑地を対象として、神奈川県は県主導で「県民参加」の組織化を進め、いわば「ローカル・トラスト」といえる保全の仕組みをつくった。

一九八三年に都市緑化にかかわる協議会をつくり、八五年には、ナショナル・トラスト型運動をめざす「㈶みどりのまち・かながわ県民会議」を発足させ、県民参加によるみどり保全をめざすことから個人及び団体の会員

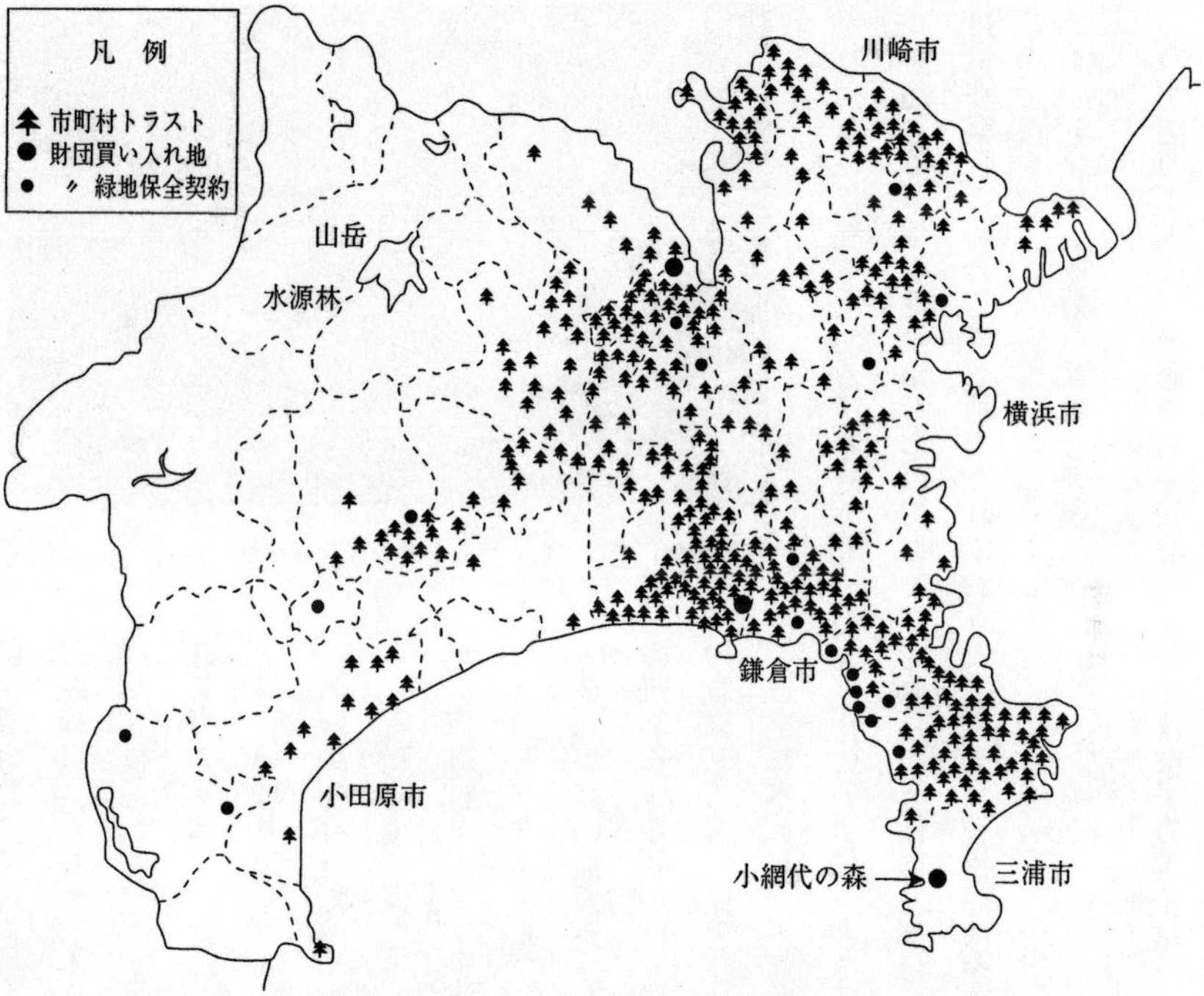

図5-3　神奈川県におけるトラスト保全緑地（1998年時点）

を募った。翌八六年に県は「かながわトラストみどり基金」を創設し、財源の確保を図った。基金は、県の出資と個人、団体、企業からの寄付金で積み立てられ、とくに県は八六年から九二年の間に一〇七億円を出資し、一般からの寄付金も九八年までに累計六億一〇〇〇万円を超えた。また、県民会議は九五年に「(財)かながわトラストみどり財団」と名称変更し現在に至っている。会員は発足当初の六五〇〇人から九八年の三万三〇〇〇人に増加をたどり、会費納入によって会報の配布を受け、自然観察会やイベントなどへの参加を通じて県民参加の輪が広がっている。財団の運営は基金からの助成と会費などによって行われる。

保全の形態は、①緑地の買い取り保全、②緑地の契約保全（一〇年契約での土地の借り入れ保全、更新あり）、③寄

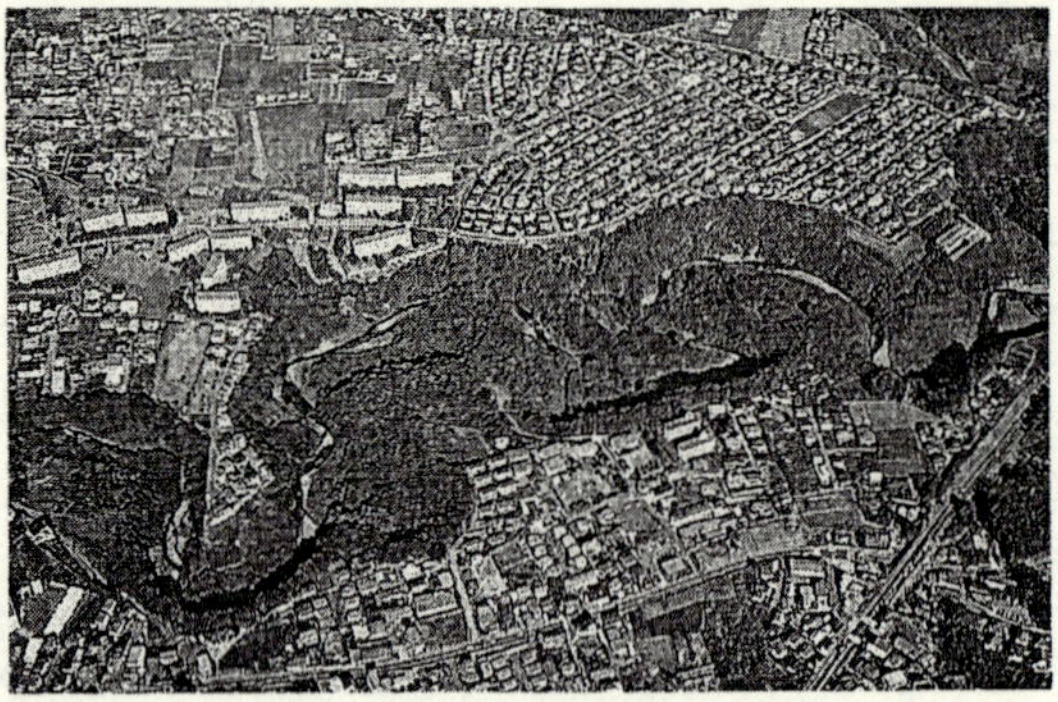

葛葉緑地．かながわトラストでの保全緑地第１号．

贈を受けた土地の保全、④市町村トラストへの支援、であり、①から③の緑地は「かながわトラストみどり財団」が維持管理（緑地の巡視・草刈り・枝落とし等）を行い、④は市町村が維持管理に当たる。九八年八月までの実績は、次のとおりである。

買い取り地～三カ所、一・九九ヘクタール

緑地保存契約地～五カ所、一七・九〇ヘクタール

寄贈緑地の保存～一二カ所、一七・〇五ヘクタール

市町村トラスト支援地～一〇七六・五五ヘクタール（うち買い取り一三ヘクタール）

地価が高い地域だけに、「基金」は大きいとはいえ低金利もあってその果実による買い取りは容易なことではない。先の事例であげた小網代の森にしても、県と三浦市とが地主から借り入れ契約を結んで保全することを基本とし、一部買い入れ方式と組み合わせて保全を図る手法しかとりえない状況下にある。それでも、図5-3に示されるように全部あわせると四〇〇カ所、一一〇〇ヘクタールを超える緑地の保全が行われており、それらの土地の一部は住民参加による緑地整備等のボランティア活動や自然観察会の場としても活用されており、借り入れ契約形態が多いとはいえ、その意義は決して小さくはない。

(4)　トラスト運動の意義と課題

わが国のように、地価の高い状況のもとでは市民のボランティア活動によるナショナル・トラスト運動には大

きな限界があり、運動の担い手の方々の犠牲の大きさゆえに一定の広がりをこえがたい側面をもっている。しかし、天神崎にしろ、知床にしろ、あるいは柿田川にしろ一度運動が展開しだすと一般市民への反響は大きく、環境教育をともなった持続性のある運動だけにその意義はきわめて大きい。当初、無視していた行政や一般市民が後から認知して協力し、参加の輪の広がりと継続性をもつものだけに、環境時代にとって先駆性をもった活動と評価されよう。

一九八〇年代半ば以降は先の年表に示したように市民運動に加えて神奈川をはじめとする地方自治体が基金の拠出と市民・企業等からの寄付金を組み合わせた形でかなり積極的に参加するようになり、ローカル・トラストが全国的な広がりを見せつつ今日ではそうした団体数は一〇〇近くに達した。貴重なみどり森林や文化財は、基本的には国や地方自治体による買い取りが行われるべきであるが、神奈川県のようにトラスト運動の一環としてほとんどの市町村が基金を設けて身近な緑の保全に役割を果たしていることも自らの町づくりのあり方として注目される。また、その企画段階から多様な価値観をもつ住民が参画し、議論しあい、住民自らが地域を誇れる緑豊かな美しい町・村づくりが大切なことであるし、それは内発的発展性をもった地域づくりにもつながる可能性をもつものでもある。また、その運営や・実施の過程、すなわち、身近な緑地をどう維持し、改善していくか、というプロセスにおいても住民の参加がえられやすくなり、地域ぐるみの緑保全システムがつくられる可能性が高まる。現段階では、こうしたローカル・トラストにおいて、役所が企画し、市民・住民がイベント的に参加するケースがほとんどであるが、企画段階からの住民参画があって住民自らの問題として考えられるようになってこそ、次の段階の発展性につなげられるのである。

そういう観点から、市民ボランティア型の発展形態としてのナショナル・トラスト運動に加えて行政と住民参加によるパートナーシップのもとでのローカル・トラスト的な身近な緑の保全運動が根をおろし発展していくことは、これまでの経済優先・目先の利便性の向上の視点から環境を犠牲にした公共投資事業優先の社会の仕組みの中に大きく欠落している部分を補完する役割を担っている。そのためには、環境時代にふさわしい地域づくりの理念と実現すべき内発的なシステムの形成が今日の課題なのである。

第三節　森林をめぐる自然保護・環境保護制度

1　主要な保護制度の流れ

自然ないしは環境資源の側面は、経済を中心とする市場システムの枠外におかれ、市場原理に基づく資源の開発・利用にゆだねておくと、その破壊はまぬがれることはできない。そのため保護制度によって行政的にカバーしていかなければならない性格のものである。古くをたどれば、「自然保護」は近世の封建体制下において領主が藩財源確保のために優良森林資源を維持するべく禁伐制度をしいたり、あるいはヨーロッパでは領主が狩場のために特定の森林を保護する、といったいわば強権力管理により、市民・住民を排除した為政者による独占的な制度のもとで行われ始めた。近代に至ると資本主義の発展過程で国家による資源政策、国土保全政策ならびに文化的発展による自然保護思想の台頭と文化人による一定の運動によって自然保護制度の発展がみられはじめる。しかし、自然保護が市民・住民のサイドから位置づけられるようになったのはようやく現代に至ってからである。

さて、戦前期に制度化され今日に引き継がれている自然保護行政の主要なものとしては、①保安林制度、②史

表5-3　主要な自然保護・森林保護制度及び保安林の変遷

	自然公園法・他	自然環境保全法・他	国有林の保護林・他	保安林の変遷
戦前	1931 国立公園法	1919 天然記念物保存法	1915 保護林制度 学術参考保護林等	1897 森林法 （保安林制度）
復興・高度成長期	1949 国定公園制度 1957 自然公園法 （国立・国定・県立）	1950 文化財保護法 （天然記念物） 1971 環境庁発足 1972 自然環境保全法	1967 自然休養林 1973 （新たな森林施業）	1954 保安林整備臨時措置法 1955 第1期整備計画 1965 第2期整備計画 1974 （林地開発許可制度）
バブル・環境の時代	1989 （自然公園の利用のあり方について） 1992 世界遺産条約批准 1993 屋久島・白神山地世界遺産に登録	1981 環境影響評価制度（閣議決定） 1992 種の保存法 1993 環境基本法 1997 環境影響評価法	1989 保護林の再編 1990 森林生態系保護地域の指定開始 1991 （4機能分類） 1998 （3機能分類）	1975 第3期整備計画 1985 第4期整備計画 1995 第5期整備計画

蹟名勝天然記念物保存法、③国有林の保護林制度、④国立公園法、⑤鳥獣保護法などがあげられる。これらの制度は、明治期以降、近代日本の資本主義の発展過程における森林の開発と荒廃に対応し、あるいは欧米の自然保護思想や保護制度の流入、そして自然保護運動の展開等を通して、森林の環境資源的重要性と文化財的価値の重要性の認識が行われることによって確立されてきたものである。

表5-3は、森林の保護ないしは保存にかかわる主要な制度と変遷を示したものである。この表にあるように、特徴としては一九七〇年代前半には環境庁の発足と自然環境保全法の設置、国有林の転換と保護林の拡大、林地開発許可制度の創設など大きな対応が見られることと、九〇年前後から今日にかけてやはり保護林の再編や「絶滅の恐れのある野生動植物の種の保存に関する法律」（種の保存法）の制度化、環境アセス法の制定などが

みられることである。これは、四章でふれたような乱開発・環境問題の生起とのかかわりを強くもっている。

そこで本節では、最初に森林の保護制度の性格についてふれ、次いで国有林を中心とする七〇年前後の乱開発への対応とその後の展開、そして三番目には八〇年代後半から九〇年代前半にかけての乱開発ともう一面では国際的環境保護の潮流への対応、環境アセスメント制度などについて、その意義や限界、課題も含めて述べておこう。

2　現行保護制度の性格と保全森林面積

(1)　保存型と利用調和型の制度

自然保護の考え方には二つの流れがある。一つは、理念的な枠組みの違いとしてエコロジー中心主義と人間中心主義とがある。前者の見方では、「自然はそれ自体のために尊重されるべきであるような、環境本来の価値のために」[17]保護すべきとするものであり、自然保護のプリザベイション（preservation）の考え方はこの範ちゅうに属する。一方、後者は人間の賢明な利用を前提に自然をコントロールしながら維持管理しようとする考え方であり、自然保護のコンサベイション（conservation）に相当し、いわゆる「自然と人間の共生」の理念のもとでの自然・環境保護といえよう。

歴史的な流れとしては、この二つの視点からの論争を展開しながら一部にプリザベイション的手法を取り入れつつも、どちらかというと人間中心主義、コンサベイション的自然保護が中心をなしてきた。典型的には「自然公園法」の国立・国定公園など、観光資源としての利用を前提に保護の形をゾーニング（土地利用区分）であらわし、一部は伐採や採取等いっさいの開発を禁じたゾーン（特別保護地区）、開発可能な第二種、三種特別地域、施設地区、そしてきわめて規制の緩い普通地区などの形で区分・運用をしている。この場合のプリザベイション的保護がなされる特別保護地区は景観価値、学術的価値の観点から特に傑出した地域が指定され、環境・生態系保護の視点からのものは主たる位置づけになかったといってよい。これに対して、「自然環境保全法」は理念としては利用を前提にしないものであり、原生自然環境保全地域はいっさいの人間の利用を排除して貴重な植生、生態系を保護しようとするものであり、環境・生態系保護を主たる目的としている。

現実に行われている森林保護は、次の三つの形態に分けられよう。

①原始自然ないしはそれに近い森林生態系や個別森林の保存する制度〜自然環境保全法（原生自然環境保全地域、自然環境保全地域の特別地区）、自然公園法（国立公園特別保護地区、第一種特別地域）、国有林の森林生態系保護地域（コアゾーン）、文化財保護法（史跡名勝天然記念物）などがある。

②人間の利用を前提に、一定の規制によって保全する森林〜自然公園法の第二種、三種特別地域、国有林のレクリエーションの森、森林生態系保護地域のバッファーゾーンなどもそうした考え方に立っている。

③人の生命・財産・生活環境を守るための森林の保存・保護〜山崩れや土石流の発生しやすい地形の地域では、土砂崩壊防備保安林として禁伐にし、その機能を維持したり、みどり環境が破壊される中で生活環境保全林・保健保安林などの整備が行われる。防災林、生活環境保全林など、環境保全という目的の手段として森林の保存・保護が行われているもので、前二者と立脚点が異なる。

おおむねこれら三つの観点から森林の保護が行われているが、一般的に自然保護制度としては前二者が中心となる。この他、「絶滅の恐れのある野生動植物の種の保存に関する法律」（九二年）では絶滅に瀕した希少野生動物保護のために「生息地等保護区」「管理区」が設けられる。たとえば、オオタカやシマフクロウなど絶滅の恐れがある危急種の営巣地が発見されるとそのための保護区が必要となり、ゴルフ場等の開発断念に至ることがある。この場合は動物種の生息環境維持のために森林等生態系の保護が必要となるものである。また、屋久島、白神山地のように世界遺産への登録も保存が前提となるが、一方では観光客の増加によってコンサベイション的管理も必要となる。

(2) 保護・保全されている森林面積の推定

次節からは主要な保護制度について具体的にみていくが、その前に総括的に、主要保護制度によってカバーされている九七年時点の森林の数字をあげておくと、概略次のように示せる。なお、資料の出所は環境庁と林野庁、( )の数字は国有林面積である。

国有林保護林	森林生態系保護地域	三二万(三二万)ヘクタール
	植物群落他保護林計	一九万(一九万)ヘクタール
自然公園法	特別保護地区	二四万(二〇万)ヘクタール
	第一種特別地域	三九万(三一万)ヘクタール
	第二種特別地域	九四万(三五万)ヘクタール
自然環境保全法	原生・特別地域	三万(三万)ヘクタール
	都道府県特別地域	二万(二万)ヘクタール

これらを単純集計すると、二一三万ヘクタール、自然公園法第二種を除くと一一九万ヘクタールとなる。このうち、自然公園法と自然環境保全法とでは重複指定はないが、国有林の保護林と他の二法の保護地域は重複する部分はかなり多くを占める。

この他、国有林の「レクリエーションの森」の中に自然休養林の自然観察教育ゾーン、風景ゾーン、風致探勝ゾーンまた風景林、自然観察教育林など保全的林地がおよそ三〇万ヘクタール（「レクの森」合計では四一万ヘクタール、九八年時点）に達する。他にも法制度で保全される森林があるが、かなり指定が重複しており、ここでは省略する。

もう一つの推定の根拠にできるのは国有林の機能類型である。「自然維持林」がおよそ一四〇万ヘクタールあって、レクの森の保全的林地とあわせると一七〇万ヘクタールに達する。これに民有林の保全的林地も加えるとおよそ二〇〇万ヘクタール、森林面積の八％程度がレク利用地も含む保全的林地と推定されよう。さらに、これに保安林の禁伐・択伐面積を加えると三〇〇万ヘクタール程度となろう。

第四節　国有林の保護林と機能分類

1　高度成長期以前の保護林制度

(1)　国有林の保護林制度の成り立ち

保護林制度と史蹟名勝天然記念物保存法

一九一五年に、山林局長通牒によって、国有林の「保護林制度」が初めての自然保護制度として実施された。これは文化財保存的な観点から一九一九年に法制化された「史蹟名勝天然記念物保存法」と同じ考え方に立ち、それと軌を一にして制度化されたものである。すなわち、天然記念物保存法の法制化の過程においては、東京大学教授三好学が「自然物の保存及保護」、「天然記念物の保存の必要性」を説いて以降、一九一一年に「史蹟天然記念物保存に関する建議案」が帝国議会を通過し、同年「史蹟名勝天然記念物保存協会」も設立された。さらに当時の郷土愛護のナショナリズムの一連の動向が「史蹟名勝天然記念物保存法」のみならず、国有林の保護林設定の契機となっていったのであろう。

国有林の保護林の設定にあたっては、八種類の該当条件が示されたが、それは概ねつぎの二類型に整理される。

①　学術参考または施業上の考証に必要なもの

ア　原生林またはこれに準ずる林相をもつ森林

イ　高山植物の生育する区域

ウ　保護を要する鳥獣の繁殖する地域

エ　旧記、伝記等による名木等

②風致、景観維持に必要なもの

ア　汽車、汽船、その他道路等から望見しえる林分で著名な景勝地の風致維持に必要なもの

イ　名所、旧蹟の風致を助長するために必要なもの

ウ　公衆の享楽地または将来享楽地となる見込みのある地域の森林

エ　旧記、伝説等による名木等

これらの条件は、史蹟名勝天然記念物の指定基準と共通する部分が多い。すなわち、名勝とは、わが国のすぐれた国土美として欠くことのできないものであって、その自然的なものにおいては、風致景観の優秀なもの、名所的あるいは学術的価値の高いものをいい、また、森林にかかわる天然記念物とは、動植物等学術上貴重で、代表的原始林、稀有の森林植物相、代表的高山植物帯、あるいは名木、巨樹、があげられてる。(4) ここにおいて、同

白髪山学術参考保護林（現在は「白髪山林木遺伝資源保存林」）

一の背景のもとに①の学術的価値の観点から原生林を保護しようとする二つの制度がはじめて確立されたのである。ただし、国有林の制度は、法的根拠をもたない内部規制であるため、時代の変化とともに曲折を経るのである。

初期の保護林指定状況

学術参考保護林の指定は高知県の白髪山（天然ヒノキ林、二〇八ヘクタール）をはじめとして、大正期後半（一九一五〜二六年）に指定されたものとしては、青森ヒバの津軽学術参考保護林等（二二八ヘクタール）、岩手県の早池峰山高山植物保護林（一三八四ヘクタール）、高野山学術参考保護林（三〇ヘクタール）、高知県の千本山（天然スギ一七九ヘクタール）、東霧島学術参考保護林三カ所（一三九八ヘクタール）および屋久島学術参考保護林等二カ所（四三一五ヘクタール）、そして何といっても上高地、白馬連峰、高瀬川、立山、槍穂高、白山等の中部山岳地帯にそれぞれ一万ヘクタール以上、合計約七万ヘクタールもの大規模な保護林が相次いで指定された。これらのうち、屋久島は保護林に指定されて三年後の一九二四年には、特別天然記念物にも指定されるのである。また、同時期に天然記念物に指定された森林としては、屋久島のほかには、富士山原始林（二七八ヘクタール）、白馬連山高山植物帯（一万二四六六ヘクタール）等があげられる。

しかし、これらの保護地域は中部山岳地帯や早池峰山に代表されるように、また、屋久島や白髪山の場合も標高一四〇〇メートル以上といったように稜線部に近く、とくにめずらしいか、特別にすぐれた景観とマッチした森林かあるいは白骨林を交えたような「森林」が面積的には多くを占め、ブナ等の一般的な原生林は、当時は比較的潤沢であったためか、その指定はわずかにとどまっている。このように初期の学術研究、生態系視点からの自然保護は、ごく特異なものにかぎられていたのである。

一方、風致景観視点からの保護林は、国有林のそれは、初期の段階は少なく、奈良県の高取山城跡の風致保護林（一九二一年三八ヘクタール）、茨城県の花貫川風致保護林等三カ所（一九三二年一五〇ヘクタール）、静岡県の湯ヶ島風致保護林（一九三二年四五ヘクタール）等がめだったところである。また名勝地、特別名勝地の指定は、後楽園、六義園、天龍寺庭園等の庭園、および嵐山、箕面山、昇仙峡、等の有名な名勝、旧蹟（主に都市部や近郊に所在する名勝）が多くを占めていたが、一九二八年に上高地（一万一四〇〇ヘクタール）が特別名勝地および特別天然記念物に指定され、森林・山岳地帯への広がりをみせる。

戦後においては、国有林の保護林制度もそのまま引き継がれ、史蹟名勝天然記念物保存法は「文化財保護法」（一九五〇年）に引き継がれるが、新たな森林の保護面での役割は自然公園法、自然環境保全法の制度化によって、引き継がれることとなる。

(2)「高度成長期」以降の保護林の急増―乱開発批判への対応―

国有林の保護林は一九五〇年代後半には一〇万ヘクタール余に増加したが、六〇年代には大幅に減少し、六七年には約二万四〇〇〇ヘクタール（八〇九カ所）にまで落ち込んだ。この要因として、上高地、高瀬川、白馬、立山、槍穂高などの大規模な保護林をはじめ、かなりの保護林が、自然公園法（国立・国定・県立公園）の特別地域や保護区に指定されたため、解除されたことがあげられる。つまり、この時点では、景観価値、学術的価値の高い保護林は国立公園などのベースとなり、国立公園等自然公園に移行したことによって一旦はその役割を大幅に減じていたのである。また、奥地林開発という伐採圧のもとで、保護林の一部が伐採対象となり、解除された可能性もある。このように、六〇年代は自然保護運動等の外部からの歯止め機能が弱く、内部規定ゆえに保護林の解除が容易な運用がなされていたのである。

ところが、七〇年代に入ってこの傾向は一変する。前述したように高度成長下の乱開発は自然保護運動や世論という外部の力を大きくせしめ、国有林の内部規定を規制するような方向に変わるとともに、保護林を増加させるパワーとなっていった。

学術参考保護林及び保護林合計面積について、保護林再編の通達が出た八九年までの変化をみていくと、次のように七〇年代、八〇年代には大幅な増加をたどったことが分かる。

一九六〇年～一万五三八四ヘクタール（一三四カ所）（保護林計四・五万ヘクタール）
一九七〇年～一万七八〇五ヘクタール（二〇一カ所）（保護林計三・三万ヘクタール）
一九八〇年～四万二六五五ヘクタール（三一四カ所）（保護林計約一五万ヘクタール）
一九八九年～九万八二七二ヘクタール（三九二カ所）（保護林計約一七万ヘクタール）

一九九八年～（保護林、八〇八カ所、面積合計五一万ヘクタール）

その面積は七〇年代には二・四倍、八〇年代にも二・三倍もの増大をみた。七〇年代の場合は「高度成長」下における国有林の「生産力増強」・奥地林開発の大規模な展開によって原生林が激減し、各地で自然破壊問題を生み、六〇年代末から七〇年代前半にかけて激しい〝草の根〟型ないしは内発型の自然保護運動の洗礼を受け、それへの対応として保護林を増加させたものであった。

このように国有林の保護林の急増の要因は、第一は森林開発が急激に展開し、原生林ないしはそれに近い天然林が希少化してきたこと、第二は、森林開発過程で生じた自然破壊に対して、自然保護運動が盛り上がりをみせたこと、そしてそれに加えて、第三は、環境庁の発足と自然環境保全法の施行によって、官庁間のなわばり争いのなかで自然環境地域の指定に対抗して保護林指定を行っていったこと等があげられるが、これらの要因はいずれも相互連関性をもっている。つまり、日本の近代化、工業化の過程で激しくすすめられた森林開発と、膨大な森林の破壊が自然保護運動を展開させ、環境行政の必要性を生んできたからであり、国有林としても乱開発批判への対応として、公益機能の重視・調和の方向に転換を図り、自然保護を重視せざるをえなくなったからである。それゆえ、自然環境保全法の施行と時を同じくして、保護林が急増するのは単なる偶然ではない。

たとえば、七〇年代初頭に約四〇件の自然保護の要請が出されていた大阪営林局では、七三年時において要請件数をはるかに上回る約八〇件、面積にして一万ヘクタール余りの保護林（風致保護林も含む）の設定が行われた。大山、蒜山、大杉谷、大塔山、山王谷等のほとんどが保護林等に指定されたが、このうち、和歌山県随一の天然林があった大塔山の場合は自然保護運動に加えて、県からの自然環境保全地域への指定の要請もあり、それに対応ないしは対抗して、それまでの伐採開発予定地面積の約半分が、学術参考保護林に指定されたのである。

2　大きく変わった国有林の保護林——環境・生態系重視へ

(1)　知床・白神問題を契機とする保護林の見直し

一九八〇年代も同様に、国有林の保護林は増加の一途をたどる。七〇年問題の延長に加えて、八〇年代半ばからは国際的な環境保護運動が盛り上がったのと、国内でも知床・白神山地の伐採開発や林道建設をめぐる自然保護運動が展開し、国民的関心事となったことである。すなわち、マスコミが国内の森林伐採問題を世界的な森林危機問題とオーバーラップさせつつ、以前にも増して頻繁に報道を行うようになり、原生的森林が激減する中で、それを保存しようとする社会的パワーがいっそう増大したからである。

これらの問題を契機に、国有林は、既存の保護林を増やすとともに、新たに「生物遺伝資源保存林」（八六年通達）の制度をつくり、さらには、「林業と自然保護に関する検討委員会報告」（八八年）を受けて、八九年の通達「保護林の再編・拡充について」によって、これまでの保護林体系を見直し、大きく転換が図られることとなった。

見直し以前の保護林の内容としては、「学術参考保護林」と「風致保護林」で大半を占め、前者は学術的に貴重な樹木群からなる森林の保存、後者は景観的に優れた森林の保護を設定の目的としており、内容的には樹木を価値基準においた比較的単純なものとなっていた（大正期に制度化された時には保護林内容は多種類に及んだが、各種法制度が進む中で主に二種類となった）。

見直し後の変化は、最も中心となった「森林生態系保護地域」という名前に示されるように、森林・樹木だけでなく野生動物を含む森林生態系を価値基準として保護対象をとらえるようになったことである。単純に貴重とか希少樹木群といった物差しだけでなく、生物循環システムとしての森林生態系としてトータルな視点からみら

表 5-4　種類別国有林保護林の指定状況（1998年）

種　類	目　　　　　　的	箇所数	面積
森林生態系保護地域	森林生態系の保存，野生動植物の保護等	26	320,024
森林生物遺伝資源保存林	森林生態系の生物全般の遺伝資源の保存	10	28,599
林木遺伝資源保存林	林業樹種と希少樹種の遺伝資源の保存	331	9,286
植物群落保護林	希少高山植物，学術価値の高い樹木の保存	347	102,220
特定動物生息地保護林	希少野生動物とその生息地・繁殖地の保護	30	15,342
特定地理等保護林	岩石，温泉噴出物，氷河跡等，特殊地理の保護	32	30,080
郷土の森	地域の自然・文化のシンボルとしての森林保存	32	2,307
	合　　　　計	808	507,858

資料）林野庁経営企画課調べ.

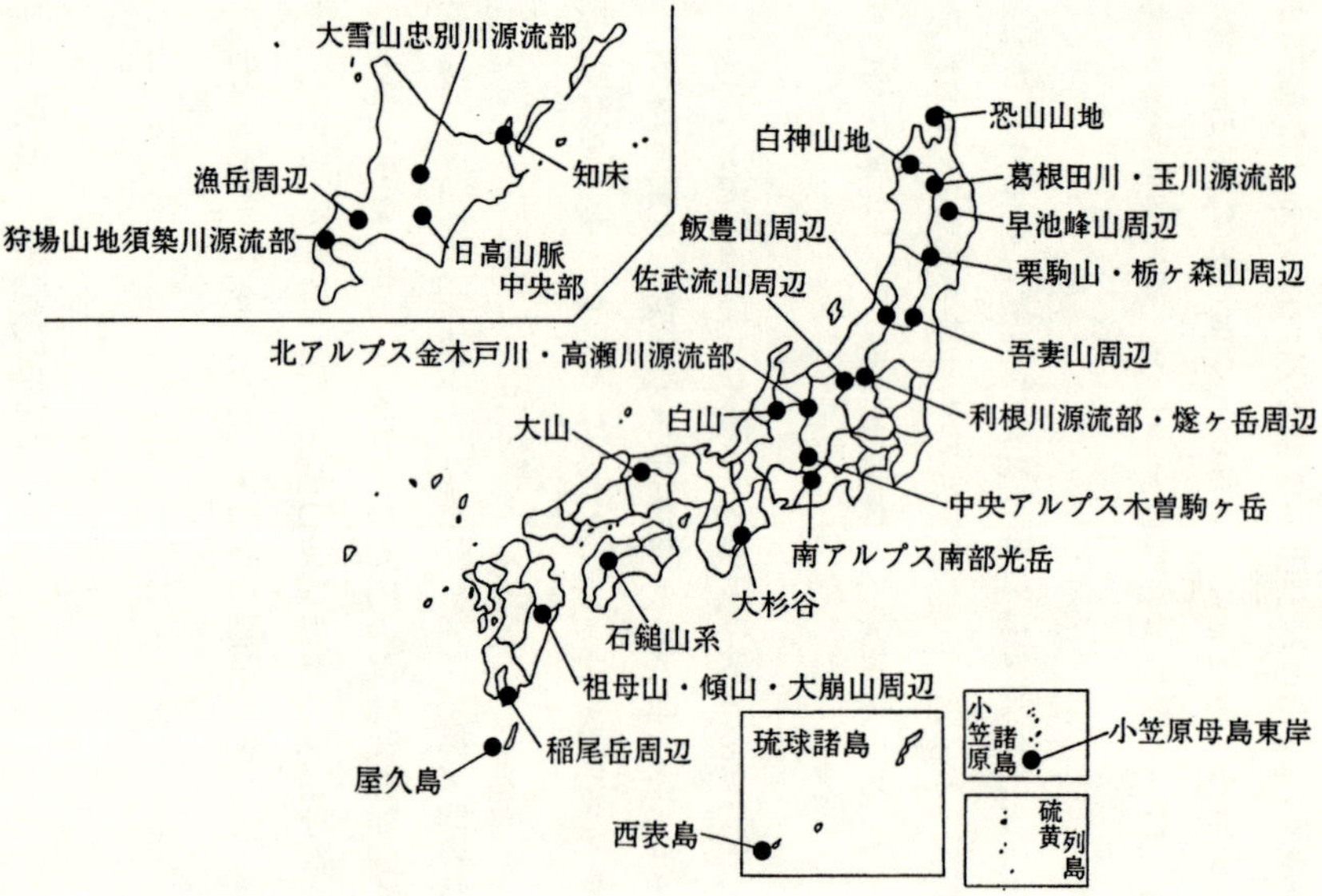

出所）『林業白書』平成 9 年度版，26頁.

図 5-4　森林生態系保護地域位置図

れるようになったことは前進といえよう。これは、現代的環境保護、すなわち生物多様性の維持や希少野生動物保護の視点も加わった生態系の保全が重視される自然保護のあり方に合致した考え方への転換といえよう。

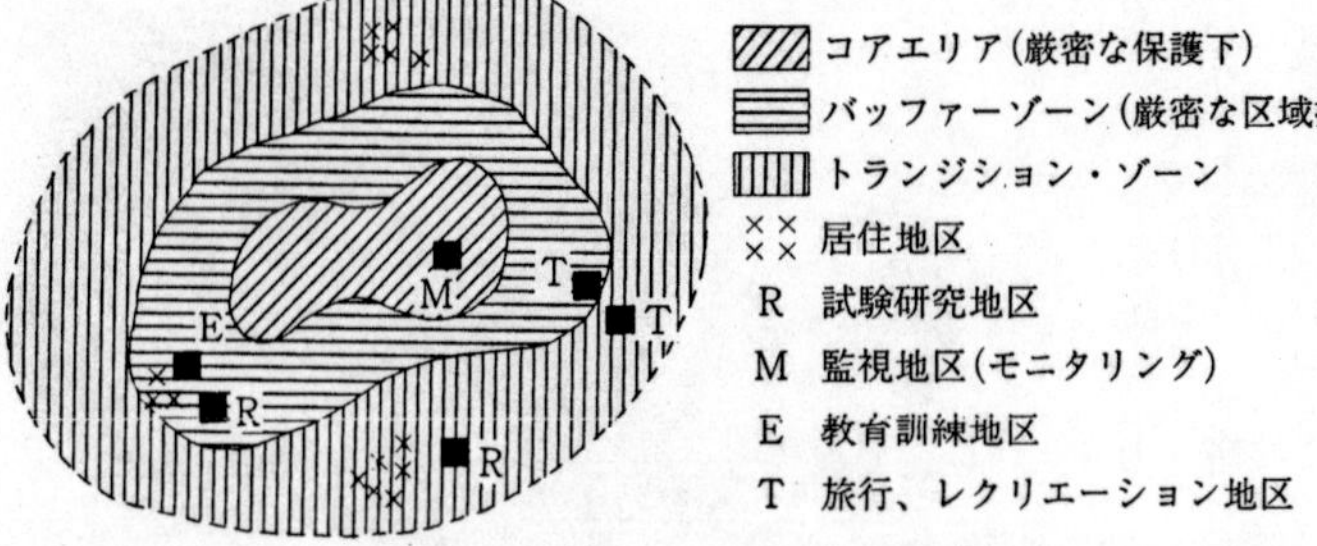

注）トランジジョン・ゾーンについては，厳密な範囲の明記はない．
出所）林業と自然保護問題研究会編『森林・林業と自然保護』144頁．原典はUNESCO・MAB国際委員会“A Practical Guide to MAB”.

図5-5　コアエリアとバッファーゾーンの概念図

かくして、面積的にも三三万ヘクタールを占め、内容的にも中心となる森林生態系保護地域は次節で述べる「自然環境保全法」に近い考え方のもとに設定され、国有林の保護林が再編されることとなった。その他、従来の学術参考保護林と同様の「植物群落保護林」、そして新たに「遺伝資源保存林」や「特定動物生息保護林」、「郷土の森」など七種類の保護林が設定されることとなった（表参照）。

(2)　保存と共生からなる森林生態系保護地域

まず、森林生態系保護地域の目的は「森林生態系からなる自然環境の維持、動植物の保存、遺伝資源の保存、森林施業・管理技術の発展、学術研究に資する事」で設定基準は一〇〇〇ヘクタール以上、場合によっては五〇〇ヘクタール以上の原生的天然林としている。そして、その考え方やゾーニング等の手法は、ユネスコのMAB計画（人類と生物圏計画）に基づいている。すなわち、MAB計画では生物圏保護地域を設ける手法として、利用を厳密に排除して自然のまま保存（preservation）するコアエリアを中心に、その外側に研究・教育の場としての利用し、さらにもう少し外側にレクリエーション等の公共的利用も行いつつ、森林を保全(conservation)するバッファーゾーン（緩衝地域）及びトランジションゾーン（移行地域）を設けるとするものである。バッファーゾーンは貴重な野生生物がコアエリアだけでなく、広範囲に移動できる空間や、時にはコアゾーンが自然的な変化の中で、機能が低下した場合にその代替地的な役割を担う場合もありうる。(18)

このような考え方と手法に基づき、国有林では保存地区・コアエリアと保全利用地区・バッファーゾーンの二つの区域に分けて設定が行われることとなり、各営林局単位に学識経験者、林業関係有識者そして自然保護関係者等が参加して設定委員会が設けられ、営林局の原案に基づいて、現地調査、一定の議論を経て決定が行われた。かなり、民主的議論も行われた局もあれば、原案に固執し、根回しによって委員会はセレモニーにすぎなかったところもあり、自然保護サイドからは不満のでたところもあるという。ともかく、相当な面的広がりをもった生態系の保護という新たな保護林はおおむね自然保護サイドからも評価されたといってよい。(19)

九〇年から指定が始まり、初年度はまず知床、白神、南アルプス（大井川源流）、白山、石鎚山など七カ所が設定された。保護林再編の発端ともなった知床の場合は、シマフクロウ、クマゲラ、オジロワシの生息地として伐採反対運動が起きた経緯があるが、貴重な原生林保存と同時にこれらの生物の生息環境の維持も重視され、図

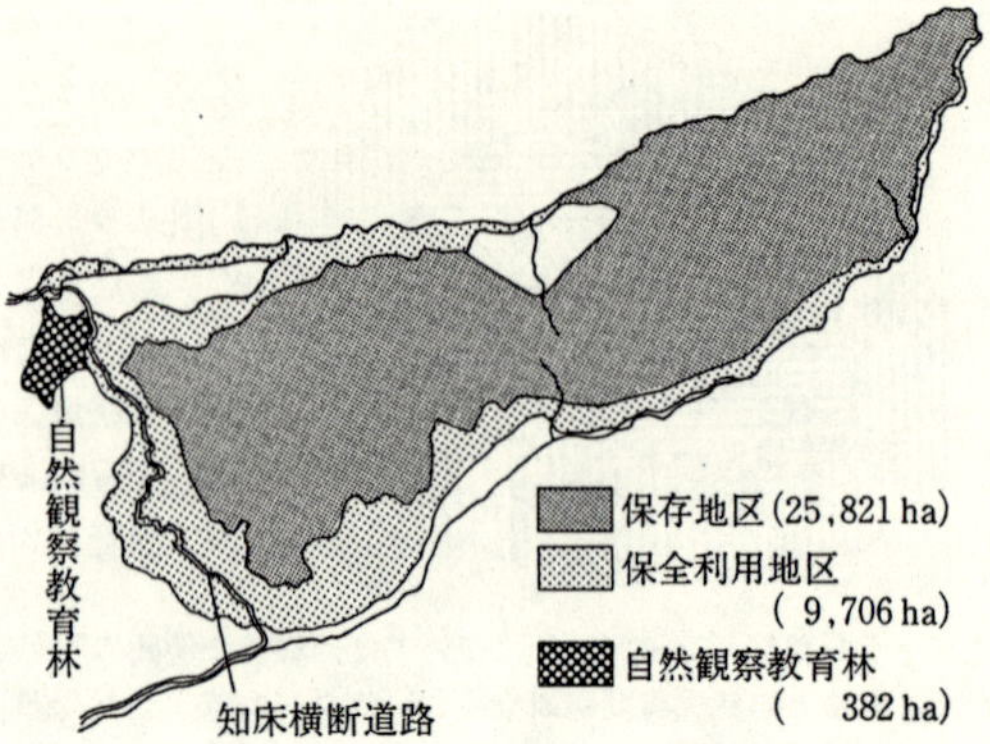

図 5-6　知床森林生態系保護地域のゾーニング

石鎚の自然林．稜線のシコクシラベ，中腹部のブナとウラジロモミを中心として森林の典型的な垂直分布を示し「森林生態系保護地域」に指定されている．

5-6に示されるように三万五〇〇〇ヘクタール余りの広大な面積が保護林に指定され、問題の伐採現場となった森は「自然観察教育林」として伐採（択伐）跡地の長期的推移を観察することとなった。白神山地も一万七〇〇〇ヘクタール近いブナの森（九二年には屋久島とともに世界遺産にも登録された森）が保護林に指定された。また、名だたる人工林地帯で原生的森林はわずか一％程度しかない四国にあって、石鎚山は、四国随一の原生的自然林が残されているところであり、その指定は必然といえよう。

なお、「森林生態系バッファーゾーン整備事業」（調査と方針決定事業）が九三年度の屋久島から始まり、九四年白神山地、九五年知床、九六年石鎚山、九七年吾妻山、九八年白山の順でおこなわれている。石鎚山の場合、バッファーゾーン内を観光道路である石鎚スカイラインが通り、年間六〇万人の観光客が訪れることから、その利用は森林レクリエーションが中心で、そのための遊歩道等の整備が計画されている。また、林業的利用については三〇％以内の択伐、天然林施業が原則で、一部に人工林を含むが、これは、天然林に誘導するか、複層林施業が指向されている。

3 「レクリエーションの森」―保護と開発の二面性

(1) 「自然休養林」設置から始まったレクリエーションの森

高度成長期の後半には、山岳観光道路開発が各地で行われたが、それと同時に都市化が進む中、森林地帯での観光・レクリエーションへの都市民の欲求も年々高まっていった。基本的には自然公園法がそれに対応するのであるが、国有林においても独自に対応を進めていった。その最初のものが一九六七年の「自然休養林」の設置であり、七二年には休養林に加えて、風景林、野外スポーツ林、自然観察教育林などをあわせて「レクリエーションの森」（以降では「レクの森」と略称する）の制度がスタートした。

初期に営林局が設定した代表的なものとしては長野県の「赤沢自然休養林」がある。この休養林は樹齢三〇〇年前後の木曽天然ヒノキの大木を中心にアスナロ、サワラなどの針葉樹からなり、森が安定しているだけに林内の谷川も森と一体化しており、森林浴の場としてはすぐれた休養林の一つである。近年は谷沿いにミニチュアの「森林鉄道」も走り、森林観光地化し訪れる人々も多い。休養林の場合、レクリエーションが目的だけに、森林は保護区と利用調整区とがあり、保護林でいえば「バッファーゾーン」的位置づけで、基本的にはレク利用を前

赤沢自然休養林（長野県木曽地方）．天然ヒノキ美林は格好の森林浴の森である．

三嶺自然休養林．高知県物部村の三嶺・西熊山麓に広がる天然林は美しい景観と豊かな生態系をもつ．

提とした森林保護がなされているのである。

四国では石鎚山と並んで豊かな自然林が残されている剣山・三嶺地域にも二つの自然休養林がある。物部川源流部に位置する三嶺自然休養林は、中腹部はモミ帯からブナ帯にわたる針広混交林で、上部はダケカンバも混じる広葉樹を中心とする樹齢一〇〇～二五〇年の森が広がり、とりわけ紅葉の時期は美しい景観が楽しめ、物部川下流に住む筆者も三嶺自然休養林には毎年のように訪れる。一九七一年にこの自然休養林が設定された過程においては、「三嶺を守る会」などの自然保護運動の働きかけがあったといわれている。というのも、この地域の森には天然ケヤキという高値で取り引きされる銘木があって、休養林指定以前は国定公園第三種特別地域で伐採規制は緩いために、その伐採開発の可能性があったからである。自然休養林に指定されてからは、営林局は駐車場やトイレ、遊歩道などを整備し、また「守る会」は毎年清掃登山などを実施して、いわば官・民の暗黙のパートナーシップのもとにレクの森として機能を高めていった。しかしながら、「守る会」は開発的な行為、すなわちいかなる伐採や林道建設などに対しても、保護の視点から時には対立関係になったり、要請文を出したりする形で一定の監視機能をもっているのである。

このような関係が続く限りにおいては、法的根拠がなく、国有林の経営規定で実施される「レクの森」といえども、自然保護・環境保全的意義をもつのである。

(2)　開発の側面も含む「レクの森」

レクの森の中に、野外スポーツ地域というのがあり、この主たるものはスキー場である。ヒューマン・グリーン・プランが始まるまでは、国有林はどちらかというと受け身的で、例えば、地元町村が地域振興計画にきちんと位置づけて合意形成をした上で、その土地を国有林はスポーツ林に指定し、村が借りてスキー場を造るという形が一般的であった。ところが、ヒューマン・グリーン・プランでは、国有林から町村に働きかけて三セク方式でスキー場等、リゾート開発に向けるのであるが、むろん、場所によっては森林生態系の学術的価値、景観的価値の面からみて平凡で、リゾート開発してもさほど問題がないところも少なからずあるであろう。

しかし、国有林には御岳山で述べたように、貴重な原生的自然林の開発が含まれたり、景観破壊につながるケースもまた少なくない。伐採開発が入り、ブルドーザーで整地されると元に戻すことは不可能に近い。御岳山の長野県側からみると、開発地は爪跡としてくっきり残されている。つい近年まで、山腹は自然林が取り巻き、汚れのない美しさを誇っていた山腹の傷は痛々しい。霊峰御岳山は自然のまま残すべきではなかったのか、との感を免れないのである。高知の四万十川がたまたま自然に近いまま残されたがゆえに〝最後の清流〟として人気を集めている。御岳山にあっても、汚れなき美しい景観を誇る「最後の霊峰」として鑑賞する山・森と位置づけ、一部は景観破壊をしない形で森林浴の場としてエコツーリズムやグリーン・ツーリズム的利用を選択した方が、長期的視点に立った地域の発展戦略としても得策ではなかったのか、との思いが募る。

国有林の赤字対策と地元町村の振興、そして資本の進出の利益が一致して開発にむかったのであるが、欠落しているのは将来世代を含めた国民の共通財産としての国有林のあり方としての視点である。アセスメント等、合意形成の過程で圧倒的に開発側有利のシステムで進められ、地元の自然保護団体の意見はちょっぴり聞かれただけで、さらに広く国民的な意見を聞く場も設けられないまま、ことをすすめているのである。林政審議会答申や林業白書において国有林は「国民共通の財産」、「国民の森林」という記述が見られる今日、国民から付託された公共信託財産だという観点に立って、客観的科学的アセスメントを義務づけて、後世に憂いのない形で是非を問うべきであろう。

4　国有林の森林機能区分の再編

(1)　地種区分から四機能分類へ

国有林の機能分類は九一年の経営規程の改正によって行われた。この年は、森林法の一部改正により、「流域管理システム」が導入された年でもあり、林政の変わり目にも当たる。

九一年以前は、第一種林地（保安林等保全的林地）、第二種林地（木材生産林地）、第三種林地（部分林等、地元利用林地）に分けられ、一九六〇年代半ばまでは、木材生産第一主義のもとで第二種林地が多くを占めていた。六〇年代後半からは保安林の増加とともに、第一種林地が増加をたどり最も多くを占めたが、水源かん養保安林など木材生産との調和を前提としていた。

これに対して四機能分類は、①国土保全林、②自然維持林、③森林空間利用林、④木材生産林に分けられ、この中で自然維持林は、生態系の維持、豊富な動植物の保護等自然環境の保全を第一の目的として管理する森林であり、いわば自然保護林として位置づけられている。その面積は一四〇万ヘクタールを超え、国有林の一九%も占めた。環境保全という視点からは前進にはちがいない。しかしながら、御岳山のヒューマン・グリーン・プランでもふれたように、自然維持林であっても法的規制のない森林にあっては、スキー場開発をするとなると簡単に森林空間利用林（スポーツ林）に変更できてしまう内部規定の枠内でのゾーニングにすぎないのである。厳密に自然保護の保存（preservation）のための、ないしは保護優先の森林とは限らない「自然が維持されないかもしれない部分」を多分に含んでいるのである。

自然維持林の中には、自然公園法など法的根拠のある特別保護区や特別地域を含み、また同じ内部規定であっても、合意形成の過程で自然保護団体等、外部の人々が参加して決定していった森林生態系保護地域なども含む。これらは、程度の差はあれ、保存や保護が優先するが、そうでない部分は内輪の合意形成だけで状況が変化すれば変更できる性格のものであり、そういう意味では自然保護の視点からは限界を持っている。

(2) 「森林と人との共生」とは—三機能区分の視点—

九六年の「森林資源に関する基本計画」の改訂において新たな森林整備の推進方向が示された。それを受けて国有林は、四機能分類を廃止し、九九年からは「新たな森林の整備推進方向」として、①水土保全林（国土保全タイプ、水源かん養タイプ）、②森林と人との共生林（自然維持タイプ、森林空間利用タイプ）、③資源の循環利用林（木材生産林）、の三類型へと再編された。

四機能分類は、森林の機能がそれだけに単純化できるのかという問題点があるにせよ、森林の属性に基づく主たる機能と利用形態を基準としているという意味で、わかりやすい区分であったのに対して、三機能類型には、整備方向としての理念が表面に出てきているだけに、国有林の置かれている状況・背景の中から「あるべき方向性」としての分類となっている。基本的には、木材生産林の縮小と環境保全へ重点がいっそう移行したことがあげられる。自然保護、環境保護の視点だけからみれば前進の側面はあるが、一方では、営林署の廃止・統合をすめるとともに「森林管理署」に名称変更を行い、植林地の守り手を含む現業部門を大幅に減らし、植林地の維持管理が一層おろそかになると、その荒廃がひどくなる可能性が高い。とくに高知県馬路村には、かつて村内に二つの営林署があって、数百人の人々が林業労働者として働き、魚梁瀬スギの産地として栄え、まさに営林署村であったところが、二度にわたる国有林合理化の波を受け、今次の再編で営林署が村からなくなる事態となれば、森林・植林地の保全管理には手が回らなくなりかねない。担い手確保や山村維持の視点からみても、無責任ともいえる多大の問題点を含んでいる。

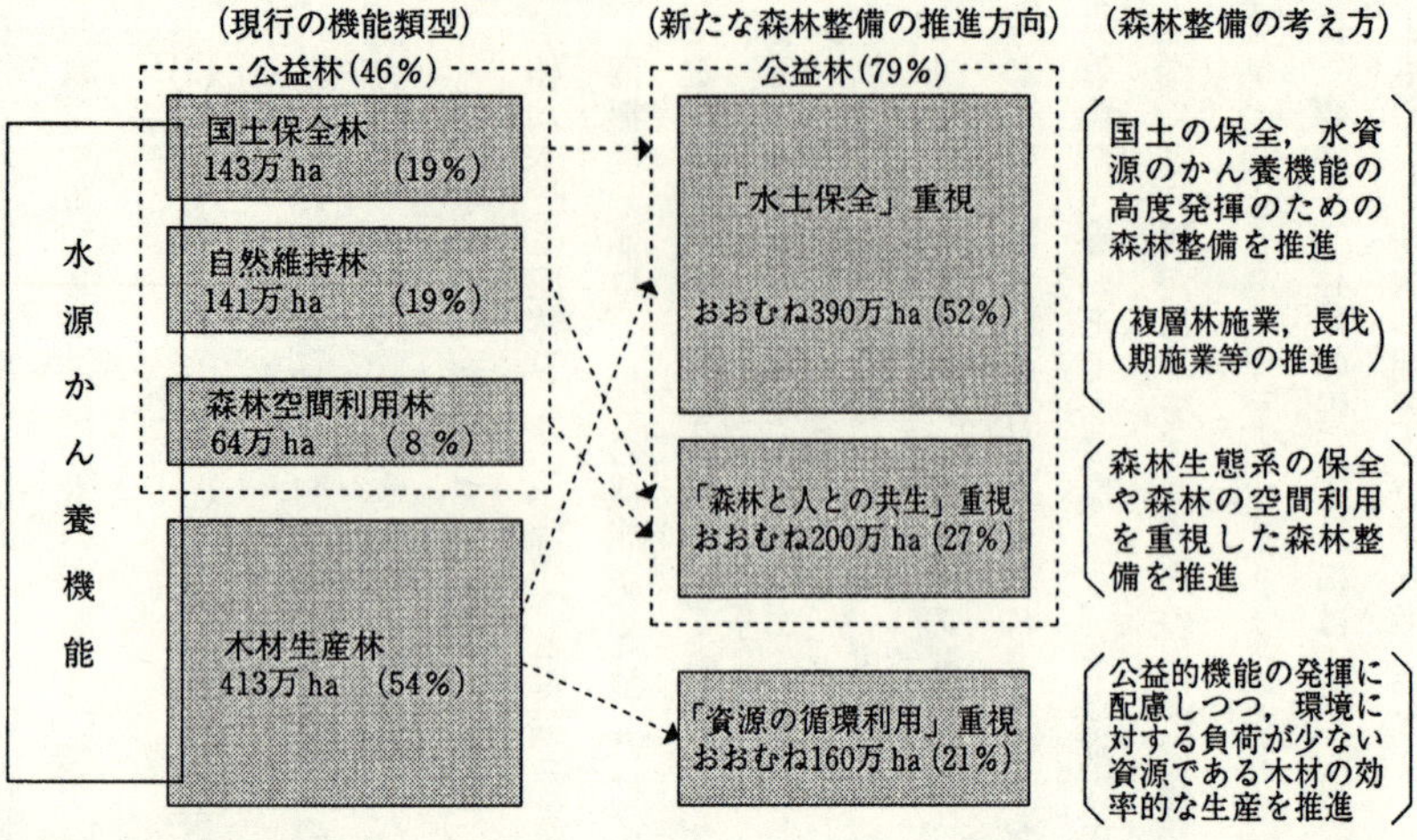

注）新たな森林整備の推進方向については，1996年11月改訂「森林資源に関する基本計画」による．
出所）林業白書，平成９年度版，24頁．

図 5-7　国有林の機能区分の変化と森林整備の方向

ところで、「森林と人との共生林」の中身は、自然維持林と森林空間利用林という自然のままの保存林とレクリエーションの森、そして伐採開発によって造られるスキー場等も含むものであり、自然保護という観点からの問題も内包している。見方によっては同じ類型にすることによって旧「自然維持林」でのリゾート開発が容易になるともとれよう。そしてこの現代的なコンセプトは、森林生態系保護地域のように「国民の森」の視点、レクリエーションの森のように「都市住民の森」の視点を対象にしたものなのである。ここでの森林と人との共生という概念は、森林の保存・保護と国民ないしは都市民による利用の調和を意味している。

しかし、本来、森と人との共生をいうならば、森で生活を営む人々が、森の摂理の中でその恵を受けて、共生しつつ生活を営むことが原点にあると思う。現代では熱帯林の先住民を除くとそのような形はみられなくなり、地域の住民が木材生産などを通じてかかわる形に変わってきた。その場合、環境・公益を重視した中での合理的な土地利用計画・ゾーニングのもとに合自然的な森林施業、環境保全型林業、循環型の林業・持続的な木材生産を通じて地域住民が生計を営む形が、森と人との共生の基本的な側面と考えられる。

「国民共通の財産」として都市民との共生林も現代では必要なことではあるが、一方、木材生産林を大幅に減らしながら、国有林の共生の相手としてはこうした地域・山村住民の視点をないがしろにするのは無責任なことである。とくに大都市圏から遠隔地にある人工林地帯ではその視点を重視すべきで、共生の相手は都市民中心ばかりではなく、地域住民をより重視する必要がある。

第五節　自然公園・環境行政と森林保護

1　自然公園法の意義と課題

(1)　自然公園法と森林保護

「国立公園法」は、アメリカ等の制度を参考に、史蹟名勝、景観保存視点から自然保護を図るべく一九三一年に制度化されたものである。当初、阿寒、大雪山、十和田、日光、富士箱根、中部山岳、吉野熊野、大山、瀬戸内海、阿蘇、雲仙、霧島の一二カ所が一九三六年の間に国立公園に指定された。

戦後においては、一九四九年に国定公園制度が、さらに一九五七年には「自然公園法」が制定され、ここにおいて、国立公園、国定公園そして都道府県立公園からなる現在の自然公園制度が整序される。すなわち、自然公園法は、「すぐれた自然の風景地を保護するとともに、その利用増進を図り、もって国民の保健、休養、及び教

阿寒国立公園の保護区（ペンケトウ周辺の原生林）

道路開発で立ち枯れるアカエゾマツ（阿寒国立公園）

化に資することを目的とする」法律であり「わが国の風景を代表するに足りる傑出した自然の風景地」である国立公園、それに準ずる国定公園、そして都道府県が定める都道府県立公園の三形態から成っている。そこでは景観のすぐれた森林は観光資源として位置づけられ、景観維持の観点から自然保護、保存が行われるとともに、開発行為も行われる。国や県は観光開発のための基盤整備や施設整備事業を実施するが、一方では、森林については、景観価値の高さや重要性の度合いに応じて、特別保護地区や第一種から第三種までの特別地域を設け、開発を禁止、制限し、開発可能地にあっては、制限の度合いに応じて国立公園は環境庁長官、国定公園と県立公園は都道府県知事の許可制、届け出制がとられている。

さて、自然公園法に基づく森林保護、保存は、基本的には環境資源としての利用を前提にしながらも、景観価値、原生保存・学術的価値を基準に定められている。表5-5は、特別保護地区と第一～三種特別地域の施業の基準を示したものであるが、このうち禁伐を原則とする国立・国定公園の特別保護地区の森林面積は、すでに七〇年ごろには二〇万ヘクタールに達し、八一年には二八万（うち国有林が二〇万）ヘクタール、そして九六年でも同数で推移している。一方、それに準ずる第一種特別地域は、八一年の二七万（国有林二二万）ヘクタールから九六年の三三万（国有林二六万）ヘクタールへと六万ヘクタールの増加を示している。九六年時点では両者をあわせると六一万ヘクタールとなり、これに都道府県立自然公園の第一種特別地域六万ヘクタールを加えると、六七万ヘクタールが、自然保存的な厳しい制限を受ける森林となる。

自然公園法による森林保護は、一九六〇年代には中部山岳地域などの国有林の保護林を国立公園の特別保護区、第一種特別地域などに再編しながら拡大し、七〇年代には特別保護区は指定が固まり、あまり面積増加はみられない。しかし特別地域については、かなりの面積増がみられる。自然公園は、保護と同時に、当然のことながら「公園」としての利用の側面も強く、そのため高度成長期には指定面積の増加と公共投資による公園内施設整備と観光道路建設、そして資本によるリゾート開発・観光開発などが展開した。高度成長政策の一環をも構成する観光開発ならびに木材資源開発の進展とともに自然破壊が目立つようになると、七〇年代半ば、そして八〇年代には、こうした第一種特別地域の増加という形で自然保護面での一定の対応を行わざるをえなくなっていくのである。

このように、自然公園法による森林保護は、観光資源としての位置づけのもとでの保護、保存であり、利用が前提であるために、大資本や公共部門による施設や道路開発、ならびに大勢の観光客の入込みによって自然生態系の破壊が進行する等、矛盾の発生するところも少なくない。自然保護立法としては一定の限界をもつものであったが、しかし、施業制限のとくに厳しい特別保護地区および第一種特別地域をあわせると、六七万ヘクター

表 5-5　自然公園法での開発行為等制限態様と「森林施業の基準」

	特別保護地区	特別地域			普通地域
		第一種	第二種	第三種	
概要	特に優れた自然景観や原始自然を保存する地域	現在の自然景観を極力保護することが必要な地域	自然景観保護を前提に農林業との調整が必要な地域	農林業活動が風致の維持に影響を及ぼす恐れが少ない地域	自然景観が特別地域と一体をなす地域，利用上必要な地域
行為規制	禁止 許可制（学術研究のための行為等）	原則禁止 許可制（同左）工作物の新築改築，木竹の伐採等禁止．スキー場開発不可．放牧は可能	許可制 農林業活動用の施設，住宅など許可.キャンプ，スキー場可．別荘・ホテル・保養所等高さ，等の制限	許可制 農林業活動用の施設，住宅など許可.キャンプ，スキー場可．別荘・ホテル・保養所等高さ等の制限	事前届出制
森林施業	禁伐	原則として禁伐ただし風致に支障のない限り，10％以内の単木択伐	原則として択伐．30％以内，薪炭60％，風致に支障がないと2 ha以内皆伐可	風致に支障がないかぎり，特に施業制限を受けない．皆伐が可能	とくに施業の制限は受けない

注）森林施業の基準については，1960年に林野庁と厚生省との間で，協議し覚書きを交わしたもの．集団施設地区は原則として第2種特別地域の区域内に定めるものとする．

表 5-6　山岳・森林型国立公園の地種区分別面積と国有林比率（1998年）

国立公園名（一部の地域）	総面積（国有林率）	特別保護地区（国有林率％）	特別地域（国有林率％）		
			第一種	第二種	第三種
知　床	38,633(94)	23,526(94)	3,822(99)	3,249(68)	8,036(99)
阿　寒	90,481(87)	10,421(99)	20,287(93)	24,460(85)	17,688(93)
大雪山	226,764(95)	36,807(93)	29,566(96)	22,271(89)	94,848(99)
（十和田八甲田）	44,920(90)	10,297(99)	12,523(99)	9,237(85)	8,789(84)
磐梯朝日	186,404(87)	18,338(86)	32,610(99)	51,892(88)	69,468(87)
中部山岳	174,323(89)	64,144(96)	33,947(86)	39,761(74)	87,350(84)
白　山	47,700(67)	17,857(78)	2,582(29)	7,469(61)	19,792(63)
南アルプス	35,752(39)	9,181(26)	5,500(47)	4,022(74)	17,049(36)
吉野・熊野	59,798(20)	4,308(38)	3,767(31)	5,276(21)	6,748(28)
（大山・蒜山）	18,891(47)	1,242(85)	4,127(83)	5,266(22)	4,506(61)
（霧島・屋久島）	38,985(89)	9,105(99)	5,973(99)	2,771(　)	10,028(　)

資料）環境庁国立公園課調べ．

ルに達し、さらに択伐を原則とする第二種特別地域も保護林に含めると、九六年時点では合計一三八万ヘクタールとなり、日本の森林面積の五・五%を占め、自然保護、保存に果たしてきた役割はかなり大きなものがある。

(2) 自然公園指定の限界―公共投資行政の壁―

現在の制度では、自然公園の拡張あるいは再編は、国立・国定公園は環境庁の審議会で、県立公園は県の自然保護課・審議会で決定される。

さて、自然公園の指定や解除に対する考え方は大きく変わってきた。戦後から高度成長期の段階では、とくに国立公園に指定されると一流の観光地として認知されることもあって、競って各地の自治体から指定の陳情が相次ぎ、多くの指定が行われていった。次の段階では、七一年に環境庁が発足した中で、一方では、前期の延長としての観光資源開発としての指定ともう一方では、自然保護に近い環境資源面からの指定が行われていった。そして九〇年代には、国立・国定公園ともに全く新規の指定が行われなくなるが、これは、おおむね優れた景勝地がカバーされたことと、地域・自治体の考え方が変わってきたことによる。むろん、自然公園が各地に整備されて、希少価値がなくなったこともあるが、それ以上に大きな理由がある。各種公共投資事業が拡大する中で地域開発戦略としての位置づけの低下である。

例えば、「最後の清流」として有名になった四万十川流域では、源流の森林・高原地帯が四国カルスト県立自然公園に指定されているだけで、他は無指定である。ここは、愛媛県側の大野ヶ原・四国カルストそして四万十川を結べば、高原・森・川からなる自然美は国定公園にも値するところである。一度高知県議会でこの地域の国定公園化が提起されたことがあるが、愛媛県との合意形成が困難だという理由で、立ち消えになっている。また、高知県側の自治体においても、反対の町村もあって合意形成が容易でない。一九六〇年ごろまでならば、自治体が連帯して指定の陳情・要請を行ったであろうに、現代は何故そうならないのかといえば、多種類の公共投資事業があるからである。

町村の振興にとって、自然中心型の観光開発が基幹的な地域開発戦略となっているところは、今でも公園指定を望むであろうが、施設建設型の観光開発や農林業を基幹産業として生産基盤の充実を図ろうとする町村にとっては、公園に指定されると、許可や届け出の義務が生じ、思い通りの地域開発がやりにくいという考えがある。中山間地帯においても公共投資事業が膨らんだ結果、地域振興戦略の重点移行が進んだのである。

また、高知県では九七年、九八年には高知市周辺の北山ならびに鷲尾山県立自然公園の再編を行った。これは、一九六〇年代に指定（すべて開発の際は届け出制の普通地域）を受けて以降、高知市の都市化が急速に進み、宅地や墓地、採石場、産業廃棄物処理場、スポーツ公園、ゴルフ場などの開発が行われた。そのため、自然公園として適当でない開発地などを自然公園区域から除外し、替わって別のところを編入する見直し計画を進めた。その過程で他省庁、町村等関係行政機関との調整を行う必要があり、県当局が交渉に当たるのであるが、例えば、建設省が将来道路建設を予定している場合「公園区域指定から外されたい」、また、村の開発計画があったり、「集落民の合意を得られないため外されたい」、などの意見が出ると、原案の修正をせざるをえないことが多い。「環境優先時代」とはいえ現実には、いくら県の原案が保護視点から優れ、自然環境保全審議会で前向きな意見がでても、調整ができていないと、上位の「国土利用計画審議会」にかけても認められないという問題がある。そこに、建前が環境優先であっても、実態は開発優先の側面を依然として宿しているのであり、自然保護運動や世論の動向が「調整」にも反映し指定の程度・内容を左右したりするのである。なお、審議会には自然保護サイドの者も含む学識経験者がでていても、その「調整」という段階で意見が反映されないことが多く、セレモニー的で、自然保護の実現に向けて限界があるといわれるが、民主的な仕組みが機能することが望まれる。

2　保存中心型の自然環境保全法

(1)　環境庁の発足と自然環境保全法の制度化

戦後の自然保護行政は、戦前期に確立された制度を継承、展開させていく時代が続いたが、高度成長下における自然破壊の進行のもとで、環境庁の発足とともに新たな観点からの自然保護の制度化が必然化されていった。一九七二年には「自然環境保全法」、七三年には「都市緑地保全法」が制定され、対象地域は異なるもののその制定の背景は基本的には変わらない。七〇年代初頭における一連の自然保護運動と国際的に定着していった環境保全の理念のもとに、わが国では七一年に「自然環境の保護及び整備その他環境の保全」を任務とする環境庁が発足し、翌七二年に自然環境保全法が制定されるが、この年ストックホルムで開催された国連人間環境会議での宣言前文「現在および将来世代のために人間環境を擁護し向上させることは、人類にとって至上の目標となった」に示されるように、環境破壊という危機的状況のもとで、できるだけ自然環境を後世に残そうとする考え方が、定着していくのである。

わが国の自然環境保全法の基本理念においても「自然環境の保全は、自然環境が人間の健康で文化的な生活に欠くことのできないものであることにかんがみ、広く国民がその恵沢を享受するとともに、将来の国民に自然環境を継承することができるよう適正に行われなければならない」（同法第二条）と示されるように、貴重な自然は国民的財産として将来に保存していくべきである、という考え方が前面に出ている。従来の自然公園法が観光資源としての利用を前提とした自然保護であったのに対して、本法では直接的な利用を前提とはせず、原始的自然等の存在そのものを、国民の共有財産として将来に保存していこうとするものである。

このことは、自然保護意識の向上という文化的発展とともに裏を返せば、世界的にも環境破壊が危機的状況のもとに進行しつつあるのと同時に、わが国においても、高度経済成長期を中心として資本主義の高度蓄積過程で資源収奪的にすすめられた国土開発によって、いかにすさまじい自然破壊や環境破壊が生じたか、そして、国有林の保護林、自然公園の保護林あるいは本項で述べる自然環境保全地域等の自然保護林面積の増大は、一面では自然保護行政の前進を示すものであるが、もう一面ではすさまじい自然破壊の程度を物語るものでもあり、原生林等の開発・破壊によって、「自然環境の保存」というぎりぎりの段階にまで到達してしまったことを物語るものにほかならない。

(2) 自然環境保全法の内容と指定状況

自然環境保全法の内容は、自然公園法と同様に、三種類の形態からなっている。その価値基準は、いうまでもなく、原始自然生態系の維持の観点からの重要性におかれている。自然公園法の指定と重複指定はできない。以下に、それぞれの内容と指定状況について示しておこう。

① 原生自然環境保全地域

自然環境が人の活動によって影響を受けることなく原生の状態を維持しており、かつ、原則として一〇〇〇ヘクタール以上の面積の区域であって、国または地方公共団体が所有するもののうち、自然環境を保全することが特に必要なものを、環境庁長官が指定する。

保全に関しては、環境庁長官が学術研究その他公益上の事由により特に必要と認めて許可した場合または非常災害のために応急措置として行う場合を除いて、施設建設等の開発行為の禁止はもちろん、動物の捕獲、植物の落枝に至るまでのすべての採取等、原生自然状態を破壊する一切の行為が禁止される。また、特に必要と認められるところは「立入制限地区」に指定することができる。

② 自然環境保全地域

原生自然環境保全地域以外の区域のうち、高山性、亜高山性植物が多くを占める森林・草原あるいはすぐれた天然林が相当部分を占める森林等を、環境庁長官が指定する。保全に当たっては、「特別地区」と「普通地区」を設定し、特別地区の開発形為や木竹の伐採などに当たっては環境庁長官の許可を必要とする。普通地区においては開発行為等の内容、方法等について環境庁長官に対して届出しなければならない。届出があった場合には、保全のために必要があると認めるときには、届出があった日から三〇日以内に限り、開発行為の禁止、もしくは制限等の必要な措置を命ずることができる。

③ 都道府県自然環境保全地域

都道府県は条例に定めるところにより、自然環境保全地域に準ずる区域に関して保全することが特に必要なものを、指定することができる。保全に当たっては、自然環境保全地域と同様に「特別地区」と「普通地区」を設定し、自然環境保全地域の規制の範囲内において、必要な規制を定めることができる。ただし、この場合において、当該地区に係る住民の農林漁業等の生業の安定及び福祉の向上に配慮しなければならない。

自然環境保全地域の指定状況は表5-7に示すように、一九九七年時点で原生自然環境保全地域が、屋久島、大井川源流部、十勝川源流部、遠音別岳、南硫黄島の五カ所、五六三一ヘクタールであり、自然環境保全地域は、早池峰山、白神山地等一〇カ所となっている。これらの指定年が示すように、一九七五年から八三年にかけて指定が一巡し、以降は、白神山地が九二年に自然環境保全地域に新たに指定されたにとどまる。原生自然環境保全地域はすべて国有林で、熱帯・亜熱帯、亜寒帯・高山性植生が中心でとくに珍しい森林植生が原生状態で分

表5-7　原生自然環境保全地域・自然環境保全地域の森林の特徴

	地域名	位置	面積	指定年	特徴
原生地域	屋久島	鹿児島屋久町	1,219	1975	スギを主とする針葉樹林，イスノキ等照葉樹林
	南硫黄島	東京都小笠原村	367	1975	木生シダ，雲霧林の発達する熱帯・亜熱帯植生
	大井川源流部	静岡県本川根村	1,115	1976	ツガを主とする温帯針葉樹林，亜寒帯針葉樹林
	十勝川源流部	北海道新得町	1,035	1977	エゾマツ・トドマツを主とする亜寒帯針葉樹林
	遠音別岳	北海道斜里町等	1,895	1980	ハイマツを主とする高山性植生
	原生自然環境保全地域　計		5,631	土地はすべて国有林を中心とする国有地	
自然環境保全地域	早池峰	岩手県川井村	1,370	1975	高山・亜高山性植生，アカエゾマツ天然林
	稲尾岳	鹿児島県田代町	377	1975	イスノキ，ウラジロガシ等からなる照葉樹林
	大平山	北海道島牧村	674	1977	北限に近いブナの天然林
	利根川源流部	群馬県水上町	2,318	1977	高山風衝低木林，ブナ・ミヤマナラ天然林
	白髪岳	熊本県上村	150	1980	南限に近いブナ天然林
	大佐飛山	栃木県黒磯市	545	1981	ブナ・オオシラビソ天然林
	和賀岳	岩手県沢内村	1,451	1981	ブナ・ミヤマナラ天然林，ハイマツ群落
	笹ヶ峰	愛媛県，高知県	537	1982	ブナ・シコクシラベ天然林
	崎山湾	沖縄県竹富島	128	1983	（アザミサンゴの大群体，サンゴ礁）
	白神山地	青森県，秋田県	14,043	1992	日本最大級のブナ天然林，クマゲラ等希少動物
	自然環境保全地域　計		21,593	崎山湾を除く土地は，2 haが民有林，他はすべて国有林	

資料）環境庁調べ（1998年）．

布する地域を中心に指定が行われている。しかし、その後新たに指定が行われないのは、一つは重複指定ができない自然公園法によっておおむね指定が進んだこと、もう一つは国有林自らも保護林の再編などを通じて、自らの管理体制のもとで森林保護の強化を進めたことによる。

九二年に自然環境保全地域に指定された白神山地の場合は、環境保護上知床と並んで世論の注目を浴びたため、九〇年に森林生態系保護地域に指定され、国有林の施業計画上大規模な保存林として維持していくことが確定したこともあって環境庁と林野庁の協議の結果、法指定が認められたものである。

次に、九七年時点での都道府県自然環境保全地域は五一六カ所、七万三四五六ヘクタールとなっており、このうち特別地区は約二万三〇〇〇ヘクタール（うち国有林が六六％、公有林が一七％）を占める。都道府県別指定状況については、みどり森林保全に熱心に取り組んでいる神奈川県（七〇カ所、一万一一九七ヘクタール）をトップに、宮城県（七七七九ヘクタール）、群馬県（五三二七ヘクタール）、静岡県（五一八六ヘクタール）、山形県（五一〇六ヘクタール）、そして福島、栃木、北海道とつづき東日本での指定面積の多さがめだっている。西日本では一〇〇〇ヘクタールを超えるのは広島、愛媛だけにとどまっており、全体的にみても西日本の面積比率は一割程度にすぎない。それは自然保護行政の取組み方の熱心度に起因する面もあるが、一方では開発が東日本よりもずっと進んでいるために、他の自然保護行政（自然公園法等）とのからみもあって、自然保護の対象となるべく残されていた地域が非常に少ないということを示しているものと考えられる。ちなみに、滋賀県、京都府、山口県は指定面積ゼロであり、大阪、奈良、岡山、徳島、香川、高知、大分県等は一〇〇ヘクタール以下の指定にとどまっている。

土地所有形態別でみると厳しい制限条件の付された特別地区以上の森林が国有林に多いのは、第一に、原生自然環境保全地域の指定要件は、国公有林に限定されていること、第二に、保全にふさわしい森林はより多く奥地の国有林に分布していること、第三に、私権（所有権、財産権）の問題があるために私有林には強い制限が課しにくいこと等の要因があげられる。それゆえ、自然環境保全法に基づく指定面積は一〇万余ヘクタールに達し、民有林は約二万七三三〇ヘクタール指定されているが、特別地区に指定されている民有林は三九一六ヘクタールと一四％にすぎないのである。

なお、原生自然環境保全地域と自然環境保全地域との、国家レベルで自然保護を行う面積の合計は約二万七〇〇〇ヘクタール、県の特別地域をあわせても約三万ヘクタールと必ずしも多いとはいえない。これは、自然公園法の適用を受けているところは除外され、そのため残されている規模の大きい原生流域は、特定の地域に限定されることもあるが、近年の自然保護行政の停滞を反映している側面が強いことも否めない。

3　環境アセスメントの意義と課題

(1)　環境アセスメントの法制化までの問題

環境アセスメント（環境影響評価）とは、開発等の事業を実施するに当たって、それが環境に及ぼす諸影響を事前に調査・予測・評価するとともに、その結果を公表して地域住民等の意見を聞き、中止を含む他の代替案の検討も含め、十分な環境保全対策を行うための、意思決定の手続きである。アメリカでは一九六九年に「国家環境政策法」として法制化されたのに対して、日本ではようやく、一九九七年に「環境影響評価法」として法制化されるに至り、九九年六月から実施の運びとなった。ＯＥＣＤ（経済協力開発機構）は加盟国に対して一九七四年に環境アセスメント制度を各国に取り入れるよう勧告したにもかかわらず、加盟国では最も遅くアメリカには三〇年近く遅れて、ようやく法制化までたどりついたわけである。この間、一九七二年に「各種公共事業にかかわる環境保全対策について」から取り組みは始まってはいたが、世界的に環境アセスメントの制度化が当たり前になっていたにもかかわらず、法制化に至るまでに何故ここまで時間を要したのであろうか。

一九七四年に環境庁は「開発行為が大気、水、土、生物等の環境に及ぼす影響の程度と範囲、その防止策などについて、代替案の比較検討を含め、事前に予測と評価を行う」アセスメントにおいて、第三者による評価、公開、住民参加の原則を提案したが、第三者評価、公開、住民参加という基本的な手続きが取り入れられず、原案段階で骨抜きにされた。さらに財界と通産省は環境アセスメントは「開発にブレーキをかける」ものとして、五度にわたって国会提出を見送らせ、八一年に国会に提出されたものの、結局は廃案になった。このように、経済成長主義から抜け出せない政府財界の意思が強く働き、環境保全よりも開発や公共投資優先の考え方が支配する政治システムにあって、事業遂行上邪魔になるものを排除しようとする姿勢が強かったからに他ならない。一方、この時期にあっても地方自治体レベルでは、北海道、東京都、神奈川県、岐阜県等、かなりの自治体が独自の環境アセスメント条例や要綱を制定して一定の対応を行ってきた。

ようやく、政府は一九八四年に「環境影響評価の実施について」の閣議決定を行い、「環境影響評価実施要綱」に基づいて環境アセスメントが行われるようになったが、それは、本来あるべきアセスメント制度からはほど遠いものであった。第一に、環境への影響が大きいと考えられる事業（例えば長良川河口堰建設事業）でも対象とされないものが少なくなかった。アセスの対象となる場合でも行政指導であって、事業者の任意の協力によって事業者自らが実施するため、客観的な評価とはならないものであった。第二に、事業推進を前提として、実行のための手続きに過ぎず、住民への縦覧もその枠内で行われた。第三に、アセスの調査・評価対象が公害防止と自然環境の二つの柱でややせまいものであった。とくに、最初の二つの理由から、本来の環境アセスメントの機能を果たすことなく環境破壊を未然に防止することはほとんどできずに、開発への「免罪符」を与えるにすぎないものであった。このことは、御岳山のスキーリゾート開発の事例からも明らかなことである。早くからスタートしたアメリカの環境アセスメント制度では、いくつかの代替案（含む中止案）があって比較検討を行うことが義務づけられているのに対して[20]、日本の「閣議アセス」は事業者サイドに立った「アワスメント」とも呼ばれたように全くの欠陥アセスであった。

(2) 環境アセスメントと住民・市民参加

一九九九年から実施の運びとなった法に基づく環境アセスメントと閣議アセスとの違いについて平成一〇年版「環境白書」からみておこう。第一に事業者の任意の協力から、法制化により事業者の義務となったことがあげられる。第二に環境影響評価の実施の必要性を個別に判定する仕組み（スクリーニング）ならびに、調査等の方

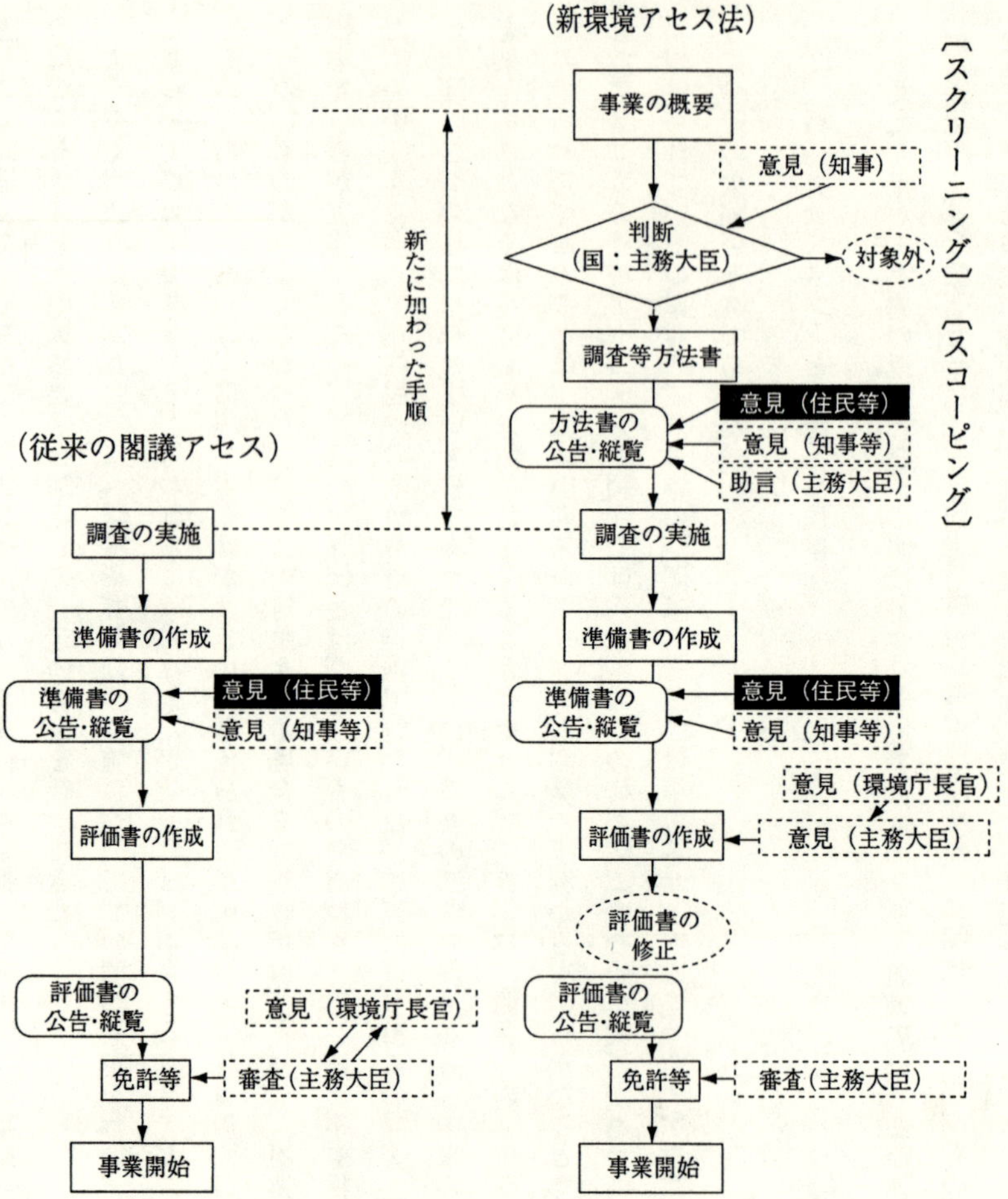

注） 1．「自然保護」No.430，1998年10月，6頁を元に作成．
2．スクリーニングとは，第二種事業に関して環境アセスメントの必要性があるかどうかを個別に判定する仕組み．
3．スコーピングとは，調査等の方法について，住民・市民等から意見を求める仕組み．

図5-8　環境アセスメントの手順と市民参加

法について意見を求める仕組み（スコーピング）を導入し、意見を提出できる者の地域制限が撤廃され、また、環境庁長官が必要に応じて意見を述べることができることなども含めて、手続きの拡充が行われた。第三に、対象となる事業の拡大である。対象としては、規模が大きく環境に著しい影響を及ぼす事業で、国が実施し、または許認可を行う事業で、必ずアセスメントを行う第一種事業（森林関係では大規模林道が加わった）とアセスメントを行うかどうかを個別に判定する第二種事業からなっている。第二種事業については当該事業の許認可を行う行政機関が、都道府県に意見を聞いて、事業内容、地域特性に応じてアセスメントを行わしめるかどうかの判定を行う。

これらの中でとくに、手続きがどう変わり、住民・市民の参加がどう組み込まれているのかに関しては、図5-8に示されているように、計画段階の手続きを含めて、住民・市民参加の機会が二回に増えたこと、また、参加は地域住民等に限られていたものが、地域に限定されず「環境保全の見地から意見を有する者」が参加することができるようになったことは前進として評価される。しかしながら、計画段階での参加は、意見は述べることはできるが、どの程度反映されるかについては準備書ができて次の公告・縦覧のときまで分からないという不透明さをもっている。また、事業の中止を含めて代替案の作成まで参加できる保証はなく、市民参加が前進したとはいえ、なお、課題は残っている。

（1）宮脇昭「自然保護の歴史と現状」（日本自然保護協会『自然保護』第四六〜五一号、一九六五〜六六年）および、品田穣「自然保護の歴史」（全国自然保護連合編『自然は泣いている』一九七四年所収）に詳しい。
（2）伊藤秀二「アメリカの自然保護」『自然保護』第六〇号、一九六七年。
（3）岡島成行『アメリカの環境保護運動』岩波書店、一九九〇年は、シエラクラブ等の環境保護団体の形成過程について詳しい。

(4) 品田穣「自然保護の歴史」全国自然保護連合編『自然は泣いている』一九七四年所収。
(5) 日本自然保護協会三十年史編集委員会『自然保護のあゆみ』日本自然保護協会、一九八五年に協会の活動内容が総括されている。
(6) 日本弁護士連合会公害対策・環境保全委員会編『森林の明日を考える』有斐閣、一九九一年、二八六頁。
(7) 都留重人『環境教育』岩波書店、一九八二年。
(8) 林野庁編『林道事業五十年史』日本林道協会、一九七七年、五六頁。
(9) 松田雄孝「審議会と住民参加」『自然保護』第一四号、一九七四年、五二頁。
(10) 環境アセスメントの経過については、第五節三項を参照。
(11) 依光良三「八〇年代における森林・緑ブームの諸側面」『林業経済』No.四三二、一九八四年。
(12) 野生生物情報センター『知床からの出発―伐採問題の教訓をどう生かすか』共同文化社、一九八八年。
(13) 日本自然保護協会『自然保護』No.三三五、一九九〇年、その他『自然保護』誌参照。根深誠編著『森を考える―白神ブナ原生林からの報告』立風書房、一九九二年。
(14) 渡辺隆一「冬季オリンピック招致と志賀高原岩菅山開発の断念」『自然保護』No.三三七、一九九〇年。
(15) 小網代の森を守る会「小網代つうしん」、「小網代の森小史」、一九九八年等参照。
(16) 木原啓吉『ナショナルトラスト』三省堂、一九八四年版及び同一九九二年版を参照。イギリス及び日本のナショナル・トラスト運動に詳しい。
(17) R・エバノフ『環境思想と社会』東海大学出版会、一九九五年、一二頁。
(18) 林業と自然保護問題研究会編『森林・林業と自然保護』日本林業調査会、一九八九年、福田淳「国有林における保護林制度の変遷」『森林文化研究』第一五巻、一九九三年、一三一～三八頁。
(19) 日本自然保護協会『自然保護』No.三三六、No.三三七、一九九〇年。
(20) 山村恒年『自然保護の法と戦略』有斐閣、一九八九年に詳しい。

第六章　「国民参加の森づくり」と山村・林業

森づくり体験に参加する都市の人々

第一節　国民参加の森づくりの意義と限界

1　「国民参加の森づくり」の背景
―深まる林業・山村危機と担い手不在―

(1)　〝森〟づくりの意味

第四章でふれたように、日本の植林は一九五〇年代後半から八〇年ごろにかけて歴史上かつてないほどの規模で実行された。高標高地の気候や土壌条件に恵まれないところでは失敗したところはあるが、ほとんどの植林地は農林家等による初期手入れの良さのもとにとりあえず活着したという意味では成功しているといって良い。かくして、森林面積の四割に相当する一〇〇〇万ヘクタールを超える人工林が造られたわけであるが、八〇年代、九〇年代になるにしたがって、その維持管理が困難となってきた。植林地の場合、最初にヘクタール当たり三〇〇〇～五〇〇〇本を植え、成林（五〇～六〇年生に生育）するまでの間に、下刈り、除伐、間伐などの手入れを行いながら、六〇〇から八〇〇本程度に本数を減らしていく必要がある。この間の手入れをきちんと行うと、人工林であっても下層に灌木が育ち、モノカルチュアの問題点をある程度克服する。こうして人手を加え、美林に育てあげることが、木材資源として優れた林になるばかりでなく、環境資源としてもかなり優れた森になり、経済と環境が高いレベルで調和するのである（写真参照）。

ところが現実には、半分程度の人工林が放置されたままで、見た目にも荒れた林であり、木材資源としてだめなだけでなく、環境面・公益機能面でも劣り、森になれない〝緑の砂漠〟となる。ほんらい、上層に高い木があり、それを支えるべく下層に灌木等の林が茂るという安定した姿の、文字どおりの〝森〟を造ることが、経済と公益を調和させる森づくりの途である。そうした森づくりに励んできた熱心な林家も各地に散在していることも事実である。写真の「手入れの行き届いた森」では、除伐等の手入れに加えて過去二度にわたり収入のための間伐を実施し、今日のような低木材価格のもとでも自ら作業を実施することによって相当の所得を得、しかも残された林は環境面でも優れた森となっている。

手入れの行き届いた植林地（30年生）．下層にかん木が生い茂り，環境資源面でもすぐれた美林となる．

放置された植林地（30年生）．手入れ不足のため環境資源としても木材資源としても劣る．

しかし、大多数の農林家は、過疎や高齢化による人手不足のため余裕をなくし、さらに木材価格の長期低迷傾向もあって、そうしたくてもできない状況に追い込まれてきた。

(2) 深刻な林業危機とその要因

現代の日本資本主義の歩んできた輸出型の工業

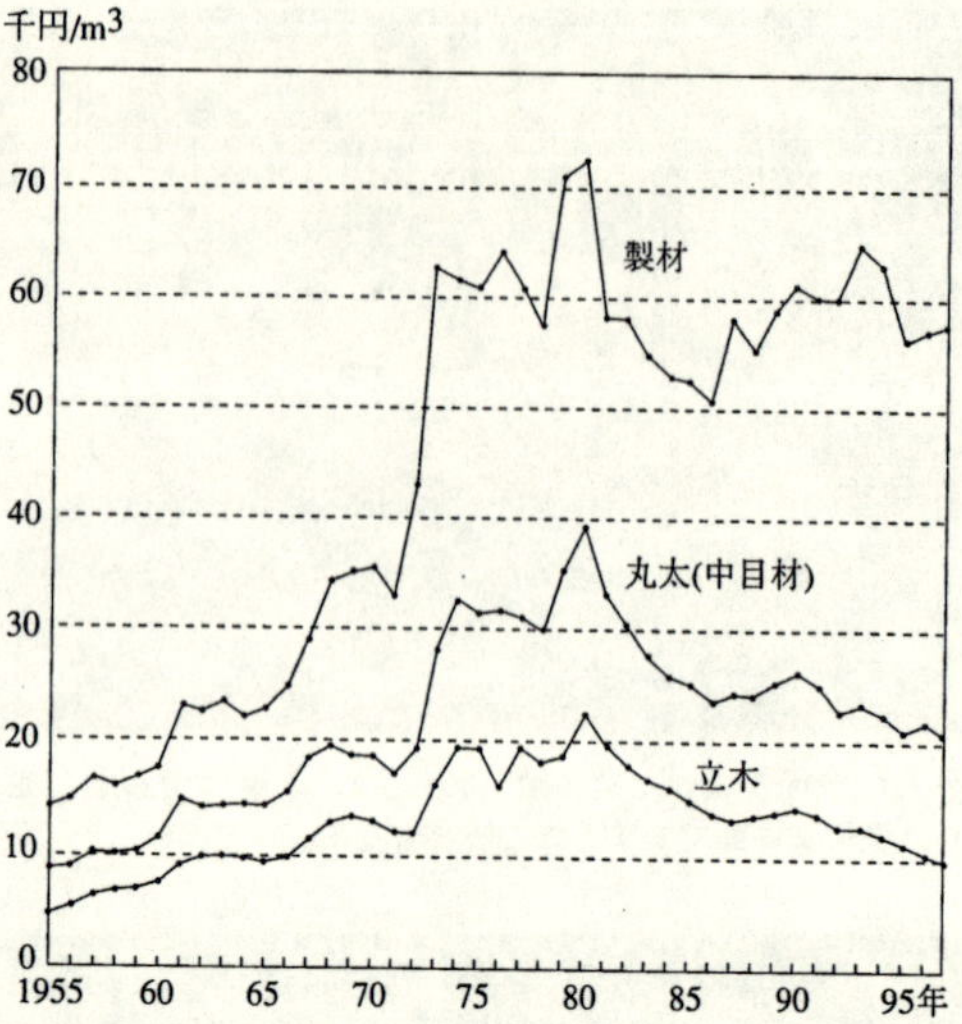

注）実質価格では1973年がピークである．
資料）林業統計要覧，立木価格は不動産研究所による．

図 6-1　スギ材価格の推移（名目価格）

偏重、都市化政策、公共投資・土木事業の「産業化」、農林産物輸入自由化、規制緩和等の一連の政策は、競争力に劣る山村農林業をことごとく苦境に陥れてきた。一握りの輸出産業の大幅貿易黒字によってもたらされた円高（とりわけ八五年のプラザ合意に基づく円高）を契機に一層外材のシェアが拡大した。そして、九〇年代初頭の北米材をめぐる環境問題・伐採削減を経て、商社資本等は北欧など安価に入手できる木材の輸入圏域を広げ、製品輸入を拡大せしめた。需要構造の変化もあって日本市場における木材価格の低落は著しく、日本林業の採算圏域（伐境）を著しく狭めてきた。例えば、国有林でみると、九七年度までの累積赤字三兆円の問題と環境問題や、新たな環境の時代への対応とのからみをもちながら、一方では採算圏域の狭あい化を木材生産林の縮小の過程でみることができる。すなわち、高度成長期にあっては「木材生産林」（木材生産中心の第二種林地及び保安林を含む第一種林地の皆伐施業林地）が七〇～八〇%を占めていたものが、九一年の四機能分類時では五四%、そして、九九年度からの三機能分類では実に二一%（「資源の循環利用」重視林）にも縮小されたのである。(1)

日本林業の採算圏を規定するのは、直接的には丸太や立木での木材価格と費用（賃金等）との関係で計られ、とりわけ価格の動向が基本的な決め手となる。とくに、量的にも多くを占め、農林家の収入に関係するスギ立木価格の動向をみると、一九八〇年（実質価格では七三年）をピークに低落の一途をたどり、九〇年代末では二分の一（一九六〇年ごろの水準）にまで落ち込んだ。当時と今を比べると円が三倍に高騰し、条件を一定として単純には外材は三分の一の価格で入手可能となったからである。林業は生産性の向上、コストダウンの容易でない分野であるため自力ではとうてい対応できない状況に至った。とりわけ、九七年四月の消費税値上げ以降の深刻な不況のもとで、七〇年代以降かつてないほどの低水準に落ち込んだ木材価格のもとでは、伐採しても跡地に植林する費用もでず、九七、九八年と採算がとれない状況が続き、国有林ばかりでなく民間の雇用労働者をかかえる企業型林業経営体はもちろん、担い手対策、新規労働者育成対策として登場した第三セクター会社、森林組合等の事業体も厳しい経営状況に追い込まれているのである。

こうした結果、今や木材総需要量に占める国産材の自給率は二〇％をも割り込もうとする状況に至っているのである。

(3)　果たせなくなる山村の役割

また、一方では、工業化・都市化の過程で若年者を中心とする大勢の労働者が農山村から都市へと吸収され、多くの山村の人口は半減し、さらに棚田・雑木林の生態系や独自の文化などを培ってきた集落の消滅をも伴いながら、依然として減少過程をたどっている。一九九五年の山村人口は、林野率八〇％以上のところで四三一万人、総人口のわずか三・四％にすぎず、林野率七五％以上では六三〇万人（五％）である。林野率五〇％以上の地域も含んだいわゆる「中山間地域」は国土の三分の二（森林面積の八割）という広大な部分を占めるが、人口は一割余りにすぎない（図4-2、一一五頁参照）。

かくして、高度成長期の植林を担ってきた山村農林家は、今日では、後継者がほとんどいないまま世代交代の時期を迎え、弱体化の一途をたどってきた。そのため、森を守り育てる担い手不在の地域も増加傾向をたどり、国土保全の空白地帯がふえてきたばかりでなく、過疎の進行は産業、環境、文化面にわたるいろいろな問題点を生み出しているのである。以下に産業と環境面に限っての問題点にふれておこう。

国土利用上、農山村の果たす役割としては、主として次の三つがあげられる。

①棚田米、しいたけ、高冷地野菜、木材等、農林産物の生産と供給

②人と共生する自然環境の保全、水源林、防災林等、公益的機能の発揮

③山村観光、グリーン・ツーリズム、森林レクリエーションの場の提供

このうち、秩序だった農林産物の生産は同時に環境保全、国土保全の役割と調和するものとして成り立っていた。里山、雑木林、棚田の独特の多様な生態系維持としての役割ならびに森林の水源林や国土保全林等としての役割も、健全な農林業が営め、農山村に必要な担い手が保ててこそ維持されるものである。ところが、今日のような農林業にとって厳しい状況のもとでは、耕作放棄地は増加（全国の年間耕作放棄地面積は八五年が九万、九〇年一五万、九五年一六万ヘクタールへと増加）の一途をたどり、また、放置されたまま荒廃した植林地も同様に増加傾向にあり、農山村が環境保全や国土保全の役割を次第に果たせなくなってきているのである。

それは、当然のことながら下流に位置する都市の人々にも跳ね返ってくる問題ともなっている。代表的なものは「緑のダム」機能の低下にともなう渇水問題であり、また、棚田・雑木林などが失われることによって日本の「ふるさと原風景」である美しい農山村風景が損なわれたり、人の営みと共生して生息しえてきた生物たちの生態系が失われることなどである。

2　国民参加の森づくりと「森林ボランティア」

(1)　八〇年代半ばから始まった「国民参加」

国民参加の森づくりが、行政サイドからいわれだしたのは、八〇年代半ばからで、日本資本主義の政策展開（国際化・自由化）と裏腹に林業の低迷、担い手喪失が避けられないことがはっきりしてからである。この林業危機・担い手喪失を基本的背景として、それに八五年は「国際森林年」に指定された年でもあり、環境・緑化行政（普及啓蒙活動）がドッキングして国民参加の森づくりにつながっていったのである。八五年の林業白書では「国民参加による森林の整備」という項目が掲げられた。分収育林への資金面での参加、森林整備のための基金の設立、森林の整備を楽しむためのフィールドの整備、教育的な利用のための林業体験の必要性などをその内容とするものであった。

なお、八〇年代後半の「水源税」構想、すなわち国民負担による森林整備構想が背後にあったことも、資金面での「国民参加の森づくり」を標榜するねらいの一つであった。

八七年の四全総では「国民参加の森づくり」として、「森林の適正な管理を通じて、国土の保全と安全性確保に果たす機能の向上を図るとともに、森林・木と人との共生関係を確立するため、森林は国民の共通の財産であるという視点に立ち、国民参加の森林づくりを進める必要がある」とし、そのための施策として「林業・山村の活力再生の力とするための、都市からの資金導入やボランタリーな協力のしくみを拡充する」としている。具体的には、分収育林、都市が山村に森林を所有する都市有林の形成など、都市住民の参加による森林づくりを進め、里山林等を、林業体験やレクリエーション的利用を行う交流空間として、また、都市の児童生徒が山村で体験学習を行う教育空間として整備しようとするものである。さらに、「森林を守り育てようという国民意識の高揚を図り、森林管理への国民参加を進めるための試みを国民運動的に展開し、国民一人ひとりへの呼びかけを行う」とするものであった。

こうした流れのもとに、森林整備に都市住民が資金的な面ならびにボランタリーな協力、そして森林を守り育てようとする国民意識の高揚を図ることなどが方向として示され、この路線上で、林野行政においては「緑と水の森林基金」（八八年）を設け、八九年度からは国民参加の森林づくりを推進するための仕組みの構築とその普及を図る事業につき助成を始めた。これらを契機にして、九〇年代には「緑と水の森林基金」でも県単位にイベント等の普及啓発に活用されだし、国民参加の森づくりに向けて、行政側からの働きかけが強められていった。さらに、九五年には「緑の募金による森林整備等の推進に関する法律」が制定され、林業白書でも「森林ボランティア」の項目が設けられるなどその記述は増加傾向をたどった。また、九六年には「国民参加の森林づくり推進事業」が、そして九七年には「森林林業市民参加促進対策」が実施されるなど、この頃が、「森林ボランティア」育成のピークの時期にもあたる。

表 6-1　国民参加と「森林ボランティア」関連年表

年	内　容　等
1985	国際森林年
	林業白書に「国民参加による森林整備」
	「21世紀へ―国民参加の森林づくり」提言
1987	四全総「国民参加の森林づくり」を盛り込む
1988	「緑と水の森林基金」の発足
1990	林業白書で森林ボランティアを取り上げる
1995	「緑の募金」の法制化
	「森づくりフォーラム」の発足
1996	林業白書に「ボランティア活動による森林整備」
	林野庁「国民参加の森林づくり推進事業」の実施
	ネットワーク整備事業
	国民参加の森林づくり活動推進事業
	「第一回森林と市民を結ぶ全国の集い」
1997	林野庁「森林林業市民参加促進対策―森林・林業サポート促進事業―」
	「森づくり政策」市民研究会提言
1998	「第四回森林と市民を結ぶ全国の集い」

(2)　「森林ボランティア」のタイプ

いわゆる「森林ボランティア」グループの設立はとくに九〇年代に活発化し、四全総以降九〇年代末にかけて、一〇〇以上のグループが結成されてきた。どちらかというと、上で述べた国の政策の流れの中で、香川のどんぐりボランティアネットワーク、福井のフォレストサポーターの会など県行政ないしは公的緑化関連団体の呼びかけのもとに作られたものが多くを占めるが、東京の「浜仲間の会」や宮城の漁民による「牡蠣《かき》の森を慕う会」などの自主的なグループも少なくなく、また環境・緑化ブームの中で日本生命や松下電器労組（松下グリーンボランティアクラブ）などの企業のグループなどの参加もみられる。

ボランティアによる森づくり体験

こうした「森林ボランティア」とは何であり、どのような意義をもつのであろうか。まずその定義であるが、「森林所有者と森林整備の方法について契約し、契約に基づいて自主的に森林整備をすすめる市民と市民グループをさす」[2]、あるいは「一般市民の参加により、造林、育林などの森林での作業（森林や林業に関する普及啓発活動として行うものを含む）をボランティアで行うこと」[3]といわれる。前者は自主的な市民グループ活動ととらえているのに対して、後者では行政によるイベント的なものも含む。本来は前者を言うのであろうが、現実には、年表で触れたように近年になればなるほど行政が関与しており、後者の定義も含めて「森林ボランティア」としておこう。

ひらたくいえば、植林・保育作業にどんな形であれ、ボランティアとして参加するものをいうのであって、それが森林整備にとって真にボランティアの機能を果たしているかどうかは別問題である。森林ボランティアで最初に注目されたのは、「草刈り十字軍」である。植林地の下刈り作業の人手を省くため実施しようとした除草剤の空中散布に反対して、富山県立短期大学の先生が「山へ入って草刈りをしよう」と全国の若者たちに呼びかけたところ、延べ三〇〇〇人もの必要人員を集めることに成功し、当時大変な話題となった。草刈り十字軍は、環境保護の視点から行政による除草剤散布に反対して行われたものであるが、反響があまりに大きかったこともあって二年目以降は、県の林政課に「草刈り十字軍季節事務局」が設置された。毎年初夏に募集が行われ、森林組合との間で下刈り作業の請負契約を結び、自主的に作業がすすめられている。七四年から九六年の間に延べ二万六〇〇〇人を超える人々の参加があり、実質的に作業の担い手として機能する森林ボランティアの原点となったものといえよう。

これに対して、もう一つの極には、行政側が準備した単なるイベント的植樹等の行事の段階にあるケースも少なくない。この場合は、実働的担い手というよりは、初歩的体験を通じて植林・緑化や森づくりに対する普及啓蒙の手段として位置づけられ、市民はどちらかというと森に興味をもって体験してみたいといった、レクリエーション的な気分で参加していることが多い。その中から興味が深まり、ときには森林保全の必要性を認識した人々が継続的に参加しだして、グループ形成につながっていくケースも見られる。

この中間に、上で述べた行政に契機を与えられて参加者の中からグループをつくったり、また、自主的なグループで最初はレクリエーション的に森づくり作業体験をやってみたいという人々が、継続することによって次第に実働的担い手に近づきつつあるグループも出始めている。前者のタイプとして「どんぐりボランティアネットワーク」などがあり、後者のタイプとしては、下刈り、間伐、枝打ちなどを行う東京の「グループ浜仲間の会」などがそれに当たる。また、後でふれる神奈川県の「地域育林隊」は行政によって育成されたグループの一つのタイプである。

(3) 森林ボランティアの限界と意義

森林整備に必要な実働的担い手となりうるか、という視点からいえば、都市近郊林等での作業参加はともかく、一般的にはごく一部のグループを除いてほとんどはなりえないといったのが現実であろう。とくに過疎に悩む地方の山岳人工林地帯にあっては、ほとんど機能しえないし、今後も担い手となる可能性はないといっても過言ではなかろう。その点をまず、限界として指摘しておかなければならない。それゆえ、実働的担い手の育成は、林野行政の中できちんと位置づけて真剣に実行すべき政策課題であって、森林ボランティアはあくまで「国民参加の森づくり」の中で、健全な森づくりの支援に向けて都市の人々に対する普及啓蒙的な意義として位置づけられる。

すなわち人工林や里山の雑木林は人手をかけてはじめて木材資源としても環境資源としても機能する森になることを、多くの人々が認識できるようになることが重要な意味をもつ。一般の人々にとって、［伐採＝悪］という、原生林乱伐のイメージが残っていて、少なくとも八〇年代半ばまでは森林は放って置いても育つ、切ることは良くないと思われがちであった。原生林保護とは全く違って、人工林や雑木林では人手をいれることで森林保全が達成されるということの理解を深めることが大切なのである。

「森林ボランティア」への参加者は、そのことを体験によって実感することができ、手入れされていない荒れた林を除伐、間伐、枝打ちなどの作業によって、森がよみがえり美しくなる様を見ると、作業体験が楽しみや喜びにかわってくるのである。下刈りは実施直後に成果が見えるが、除伐・間伐は直後もさることながら実施して数年経つと、林から森になったりして、手入れをしたことの意義がより深く認識できることが多い。そういう意味では、同じ林を長期にわたって育て上げていくことも大事なことである。こうして、都市の人々が、人手をかけて森づくりを行うことの大切さを体験によって理解できることが「森林ボランティア」の大きな意義となる。

国民参加の森づくりにとって必要なことは、都市の人々も参加して、どうすれば日本の森林、とりわけ人工林や里山雑木林が保全できるのかをみんなで考えることにある。そういう観点からは森林ボランティアは真の担い手である山村・林業者と都市の人々との一定の架け橋になる可能性をもっている。また、そのような視点から内山節氏を代表とする「森づくり政策」市民研究会は、一九九七年に「新たな森林政策を求めて―森林ボランティア活動をすすめる市民からの提言」および「未来に責任を果たせる森林政策を求めて」という提言をまとめた。提言では、「私たちは長い間森林問題を森林所有者の課題として放置してきた。それは結果として森林所有者に過重な責任を負わせたばかりでなく、森林荒廃の発生や、加速度的な山村過疎化の原因にもなった。市民の動きの鈍さが、森林所有者や山村の人々を孤立させ、このような矛盾を生み出した原因の一つにもなってきた」という観点から森づくりに参加し、都市の住民に森林と人間の関係を訴えながら、森林政策や行政の動きをチェックし、議論し、批判し、提案していく市民として、市民サイドから日本の森林を守り育て、森づくりへの国民参加の道筋を考えようとするものである。さらに、森林管理の地方分権化を提案し、「地域・流域の森林管理を自主的に行うシステムの創造と、地域・流域の森林を所有者と協力してつくりだそうとする創造的な参加型市民の拡大を軸にして、その時、都道府県や国は何をすべきなのかを再構築していく変革と結びついていなければならない」とし、国有林問題を含め行政と流域市民の連携など広範な問題提起を行っている。

いわばインテリ集団によるボランティアグループは「森林は、すべての人間たちと生物の共有財産であり、その共有の部分を守るにふさわしい市民、住民の参加が森林の維持管理には必要なのである」というコンセプトのもとに市民参加、国民参加の必要性を訴えているのである。この他、九五年には「森づくりフォーラム」がグループ間のネットワークづくりを目指し連帯を深めながら、都市と山村を結ぶフォーラムを開催し、さらに九六年からは「森林と市民を結ぶ全国の集い」が大勢の市民グループ、行政関係者などの参加のもとに開催され、以降、定例化されて関心が高まってきている。グループの多様性と意識の違いのもとに必ずしも共通のコンセプト(アイデンティティ)があるわけではなく、行政と市民グループとのパートナーシップを強めながら「国民参加に結びつける媒体」としての意義のもとに、森林・林業危機の深化の中で、いわば迂回的打開策の可能性の一つとして展開しているのである。

第二節 「森と水」をめぐる下流都市参加と森林整備

1 増加する都市・山村交流とそのタイプ

(1) 森林整備への下流参加の流れとタイプ

昔から都市生活や農業生産にとって、水の確保はきわめて重要な課題であり、時には激しい水争い(水論)がおきた。また川が安定していることは水の確保ばかりでなく、洪水を防ぎ生命・財産を守るという面からも重要なことである。それは、流域の山林・森が良好に保たれているかどうかに左右され、そういう意味では川は上流の森林の状態を映し出す鏡でもある。

明治期から戦前期の段階では、第四章でふれたようにとくに明治期前半期の森林管理の無政府状態のもとで山林荒廃がひどく、下流は渇水や濁水、洪水災害に悩まされた。ちょうど二〇世紀に入る直前に治水三法(河川法、森林法、砂防法)を成立せしめるほどに、川を治めることが重要な課題となっていた。そのような背景のもとに、東京、横浜など下流地域が上流の荒廃した山林を買い取り、水源林として植林・整備に乗り出していくケースがみられ始める。そして、戦後の高度成長期を経て都市化・工業化が進行した地域では、少雨が続くとしばしば渇水に陥り、大量の水を確保する必要が生じた。コンクリートのダムや他流域河川からの取水に加えて、「緑のダム」である森林に対して水源林としての機能の高度化のための整備を都市側から働きかけが行われるようになった。

戦後の、上下流の協力による森林整備の取り組みは、①戦前からの山林取得・整備に加えて、多様な取り組みが行われており、その代表的な形態として、②分収林契約による植林、③伐期延長を伴う森林整備費用の助成、④神奈川県にみられる総合的な水源林整備、そしてそれらに近年では「森林ボランティア」やフォーラム等の形で下流住民や県民参加がからんで、上下流ないしは都市・山村の交流もかなり活発に行われだした。

林野庁の調査によると、この①~③の事例だけで、九七年現在、全国で八六事例に及んでいる。ボランティアの活動の方は全国各地で大小さまざまな活動が行われており、その数は一五〇から二〇〇に達するとみられる。また、森林整備にはいたらないものの、「森と水」をめぐる上下流の交流も各地でみられる。

取り組みに至った経緯は、渇水への対応、水質の保全、自然環境の保全、洪水の防止等があげられており、利水、治水の両面から森林の役割の重要性が認識され、上下流の協力が実現したものである。

(2) 下流による山林取得型整備

上流の森林を取得し、直接森林整備を行う取り組みは、自治体の水道部局や農業用水を利用する土地改良区等の団体が行う場合が多く、全国に二二の事例が見られ、三万三〇〇〇ヘクタールの森林が取得されている。このうち六件は戦前に、一六件は戦後に取得されたものである。

表 6-2　下流地域による「水源林」取得の事例

下流地域・都市等	上流地域	取得開始年	取得面積	契機
箱根山禁伐林組合水源林	函南町	(1880)年	223ha	渇水・洪水
東京都水道局・水源林	多摩町，山梨県塩山市	1901	20,816	森林荒廃
愛知県・明治用水水源林	長野県根羽村等	1908	469	水源林保全
金目川水害予防組合	神奈川県秦野市	1912	137	渇水と洪水
横浜市水道局・水源林	山梨県道志村	1916	2,868	荒廃・汚濁
今治市,玉川町,朝倉村共有山	今治市	1949	1,770	洪水災害
山形県赤川土地改良区連合会	朝日村	1960	1,300	渇水
㈳木曽三川水源造成公社	岐阜県上流	1969	1,857	洪水・汚濁
富山県水源林造成基金	富山県下山林	1972	2,275	森林荒廃
高知市水道局・水源林	鏡村，土佐山村	1980	589	慢性的渇水

資料）林野庁調べ.

表6-2は、山林取得による水源林整備に対する下流参加を表にまとめた。これによると、戦前までは、深刻な水不足や濁水、そして洪水災害に対応して水源林の取得整備にあたったケースがほとんどである。「函南原生林」の場合は、周辺すべてといってよいほど入会山が占めていた中で下流の集落の水源林として、自然林のまま残そうという「禁伐林」を定め、下流の農民自身が管理してきたものである。箱根に隣接し大リゾート地に立地するにもかかわらず、戦後の開発ブーム期にあっても水源林として維持され続けてきた。水源の森という地域資源を地域の人々が認識し、自分たちのために大切に守り続けるという森林保護の原点がそこにみられるのである。今日にあっては水源林としての機能ばかりでなく、樹齢七〇〇年といわれるブナの巨木をはじめ、原生的自然林は生物多様性・自然遺産としても、また森林浴・レクの森としての機能も大きなものとなった。

函南のように原生的森林を保存するケースは他に類をみず、ほとんどは、渇水・濁水、洪水等の被害を受けてから、荒廃した森林を取得整備するものである。愛媛県今治市、山形県赤川なども森の形態は違うけれども函南のように地域資源を農民等自らが受益者と認識して、保全にあたっているのである。

一方、面積的には最も大きい東京都水道局の場合、「水源林経営は、

「函南原生林」の象徴．樹齢700年といわれる大ブナ

一九〇一年からその歴史を刻む。当時は多摩川の水源域の荒廃がひどく、とくに奥地の源流域は岩肌が露出し、荒涼とした裸地が続いていた。したがって水源林設立の当初から現在のように緑豊かな森林であったわけではなく、むしろ荒廃地からの出発であった」[4]といった背景のもとに、水源林造成が始まった。横浜市の水源林である道志村の山林も同様に当時は荒廃しており、大雨のたびに濁水が生じたため、横浜市が購入して整備することとなった。

この東京都と横浜市を中心とした水道局が、上流の山林を取得するケースは、他県にまでまたがった広領域の関係にあること、水道管を通じての受益者であるため「蛇口の奥には水の源である水源林がある」ことについて意識せず、一般的には受益者が森林の大切さを認識していないことが多かった。近年では、大都市化の過程で水問題が一層大きくなり、上流の山村・農林業が森林を維持出来なくなるにしたがって、下流の受益者も少しずつ水源林に関心を持つようになってきた。マスコミ情報や水道局の広報、県行政等の普及啓蒙活動、また、森林ボランティア活動などもそれに一役かっている。

(3) 「公社」及び「基金」による水源林整備の概況

分収造林形態により水源地帯の森林造成を進めていくという形の下流費用分担の事例としては「滋賀県造林公

表6-3 「公社」及び「基金」方式による水源林整備の事例

	名称（下段：参加団体名）	開始年	事業面積	背景等
公社・分収林	㈳滋賀県造林公社 （上流：滋賀県，関係市町村，県森連）	1965年	7,011ha	淀川渇水・用水需要増 （下流：大阪府，大阪市，兵庫県，阪神水道企業団等）
	㈳木曽三川水源造成公社 （上流：岐阜県，市町村，森組）	1969年	9,808ha	水質汚濁・水需要増 （下流：愛知県，三重県，名古屋市，中部電力，関西電力）
	㈶びわ湖造林公社 （上流：滋賀県，関係市町村，県森連）	1974年	12,505ha	滋賀県造林公社を引き継ぐ （下流：大阪府，大阪市，兵庫県，阪神水道企業団等）
基金・補助金	㈶豊川水源基金 （基金出資者：愛知県，関係20市町村）	1977年	3,800ha	基金　5億円 （事業対象地：豊川及び矢作川上流地域，根羽村等）
	㈶矢作川水源基金 （基金出資者：愛知県，関係18市町村）	1978年	3,500ha	基金　5億円 （事業対象地：豊川及び矢作川上流地域，根羽村等）
	㈶福岡県水源の森基金 （事業費負担：福岡県，福岡市，北九州市，他）	1979年	70,000ha	基金 2,000万円 （事業対象地：県内主要ダム周辺保安林等）

注）事業面積は98年時点，林野庁調べ．

社」（一九六五年設立）「木曽三川水源造成公社」（六九年）、「びわ湖造林公社」（七四年）などを中心に全国で四一の事例がみられ、約四万ヘクタールの森林が整備されている。その背景を木曽三川にみると次のようにいわれている。「一九五八〜六一年に集中豪雨や台風が水源地域を相次いで襲い、林地が荒廃していた。また、六七年には木曽川支流の益田川で水質汚濁・土砂流出の問題が持ち上がり、水源地域の整備を求める声が強くなった。さらに、中部地域の都市化・工業化が進展し、水需要が急速に高まると予想されていた。このような状況のもとで、水資源の開発と災害防止を目的とした水源林を重点的に造成することが計画され、木曽三川水源造成公社が六九年に設立された。この公社の目的が「水源かん養」であるため、下流の自治体や電力会社も協力すべきとの構想から、下流の自治体がこの公社の社員として参画し、費用の一部を融資することになった」[5]。このように、水源林整備と災害防止という社会的要請を背景として設立されたのである。

また、基金方式の事業体も福岡県水源の森基金をはじめとして大小三〇に達し、主に補助金の上乗せによって森林整備を促進する形が一般的である。最大の事業体である福岡県水源の森基金は、一九七八年の異常渇水を契機にして、福岡県・福岡市・北九州市を中心に、県下市町村と企業も賛助会員となって翌七九年に設立されたものである。水源地帯の保安林について所有者の申請に基づいて、伐期延長を前提に水源かん養機能を高める施業に対して実施した所有者に対して補助金を交付するものである。「水源の森」の指定面積は民有林の半分に達している。

このように、一九七〇年ごろから、下流の地方自治体や企業の一部が上流の森林整備に対して費用分担を行うようになったが、これは、高度成長下での急激な都市化を背景とした水不足問題が深刻になった中で、森林の水源かん養機能の高度化を図るための下流からの働きかけと、もう一方では、森林はそうした公益的機能（外部経済効果）を発揮しており、それに対する対価として受益者である下流も森林育成のための費用の一部を分担すべきであるという上流側の主張とがかみ合った地域、とくに太平洋ベルト地帯を中心とする水不足地域において、上下流の費用分担が行われるようになったのである。[6]

2　総合・参加型「水源林整備」―神奈川県の取り組み

(1)　神奈川県の水源林整備の特徴

神奈川県では、五章でふれたように八〇年代半ばから都市部周辺の緑地整備を始めたが、やがて水源林整備に向かうようになる。いうまでもなくその背景には巨大都市化があり、水需給の逼迫化が進行していることがあった。すでに巨木林化の考え方も導入していた九〇年の「かながわ森林基金」（七〇億円）の造成を契機として、九三年の「かながわ森林づくり計画」の策定を経て、九六年の「かながわ新みどり計画」において、二つの面で総合化された「水源の森林づくり」の推進が掲げられ、九七年度から総合化された水源の森林づくりが実施に移された。

総合化の一つは、手法面においてである。すなわち、前項でみたように、水源林整備の手法としては、山林を買い取って植林整備するもの、公社を設立して分収造林をするもの、そして基金の設立によって環境改良のための施業に対して補助金を出すものの三つがあったが、神奈川県はこのすべてを取り入れ、さらに新たな手法も加えている。次の四つの手法からなっている。

①協力協約～水源の森づくりに協力し、森林所有者自らが森林整備を行う場合に、所有者と協約を結んで整備の支援を行う（補助金の上乗せ）。

表 6-4　神奈川県の水源林整備の実績

手　法　別	97年度	98年度
協力協約	300(195)	163(195)
水源分収林	31(　5)	55(11)
水源林整備協定	425(10)	437(12)
立木買い取り	52(　5)	26(　3)
森林買い取り	58(　8)	25(　6)

注）数字は，面積 ha，（　）は箇所数．
神奈川県調べ．

表 6-5　水源林エリアの植林地の手入れ状況

森林の保育・手入れの水準	面積 ha	(%)
A（手入れが十分行われている森林）	350	(9)
B（そこそこ手入れが行われている森林）	1,600	(40)
C（手入れが不十分な森林）	1,860	(46)
D（手入れが行われていない森林）	150	(4)

注）神奈川県が97年度に行った約4,000 ha の調査結果．

②水源分収林～育成途中の森林に関して、所有者と県が分収契約を結び、県が整備を行う。

③森林整備協定～森林所有者から土地を借り上げて、県などが森林の手入れを行う。

④買い取り～土地込みの森林買い取りと、立木のみの買い取りがある。

総合化のもう一つはプロセス面を含めて体系化されているということである。県のみどり行政の全体系の中で、関係部局との連携や、関係団体の意見聴取、県民討論会なども含めて広範な意見を聞き、合意形成を図った上で計画が策定され、合理的なゾーニングが行われている。そこで、水源林エリアに関しては、所有者の意向を

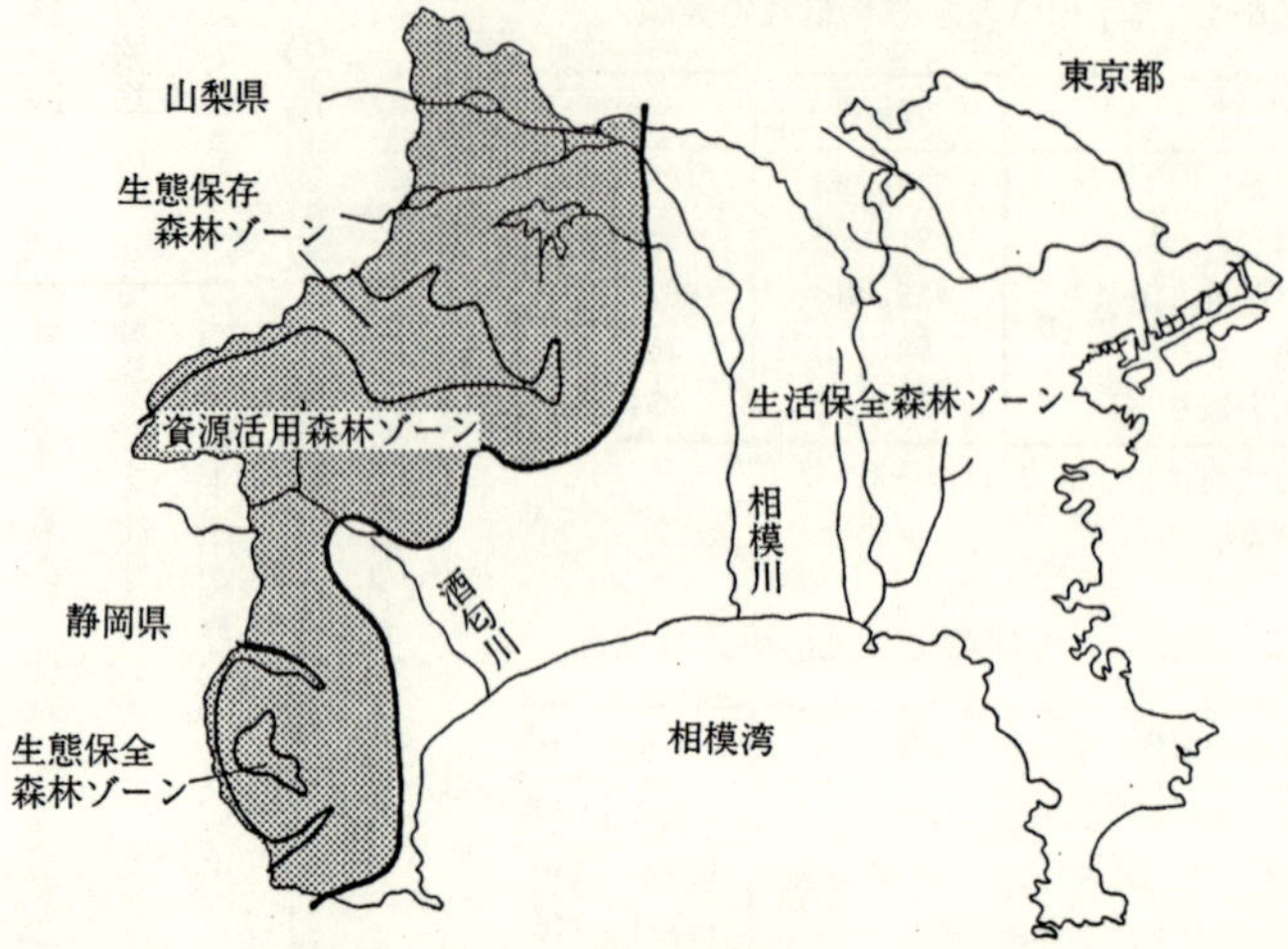

図 6-2　神奈川の森林の現況とゾーニング

図 6-3　ゾーニング概念図

アンケート調査で把握するとともに、森林の状況についても森林官が歩いて現場調査を行っている（表6-5参照）。その結果、約半分の植林地は手入れ不足で荒廃しているか、その危険性の高い森林であることが明らかとなり、山間地に担い手があまりいないことから、いずれかの手法によって水源林の機能を高めるべく、公的管理と手入れの必然性を確認するというプロセスをとっている。

神奈川県大雄山のスギ巨木林

(2)　森づくりのシステムと県民参加

森づくりの目標としては、これまで植林地のほとんどを占めている単層林を、巨木林（一〇〇年生以上の森林）、複層林、混交林に仕立て上げようとするものである。南足柄市の大雄山最乗寺の社寺林には、厳粛で人を圧倒するような樹齢四〇〇年のスギ巨木の森や複層林があり、木材の価値、環境資源としての価値もきわめて高く、これが「巨木林」という表現につながり、複層林とあわせて「水源の森林づくり」のモデルともなっていよう。

水源林という公益機能の高い森林に誘導するわけであるから当然のことながら環境優先の理念のもとに森林施業が行われることになる。むろん、だからといって林業を放棄したわけではなく、森林を整備していく過程で、間伐の形で一定の生産は行われよう。しかし、皆伐を減らし、長伐期に導くという環境保全型林業手法を用いるため、木材生産は二の次となるが、それが可能とな

表6-6　水源の森林づくりに至る過程と「森林ボランティア」

年次	森林・林業に関する施策等	森林ボランティアの動向
88	未来の森林づくり委員会設置	
90	かながわ森林基金（70億円）の設立 かながわ森林財団（５億円）の設立	かながわ森林財団による「森林ボランティア」の実施
91	流域別森林総合整備事業の創設	
92	森林プラン策定委員会の設置	ボランティア活動拠点として「札掛森の家」を設置
93	かながわ森林づくり計画	
96	水源の森林づくり構想の策定 かながわ新みどり計画の策定	〈97年度参加者〉
97	「水源の森林推進室」設置 ㈳かながわ森林づくり公社設立 水源の森林づくり事業開始	移動型ボランティア（1,941人） 定着型ボランティア（695人） 地域定着型ボランティア（560人）

るのは、①林業経営を生業とする山林所有者等が極めて少なく産業的に林業依存度が低いこと、②木材生産が犠牲になる部分を公的に補償できるだけの「下流」人口が多いこと、つまり大都市圏に立地していることによるのである。ちなみに、神奈川県は人口（八二四万人）と森林面積（九・七万ヘクタール）との関係において、一ヘクタール当たり八六人になるが、これを高知県にあてはめると一ヘクタール当たり一・四人にすぎないのである。

さて、実行システムであるが、買い入れや分収林等の整備、そして森林施業は水源林推進室と林務課のもとに、地方事務所が森林組合、造園業者その他請負事業体を入札で決めて実施にあたる。一方、かながわ森林づくり公社は、公社造林の経営と森林ボランティアの運営にあたり、県民に対する普及啓蒙活動を担う。

目標とする水源林整備のためには、二〇年間にわたり年約七〇億円を必要とするが、その財源は、県一般会計と水道料金でまかなう計画であった。九八年度の収入は約二〇億円で、内訳は、一般会計が一四億六〇〇〇万円、水道局が約五億円、寄付等が六〇〇〇万円であった。資金確保のためには、現在負担していない横浜市、川崎市、横須賀市の水道事業体の協力や企業等からの寄付金の拡大が必要であるが、自治体の財政問題、企業の業績悪化等の中で、計画遂

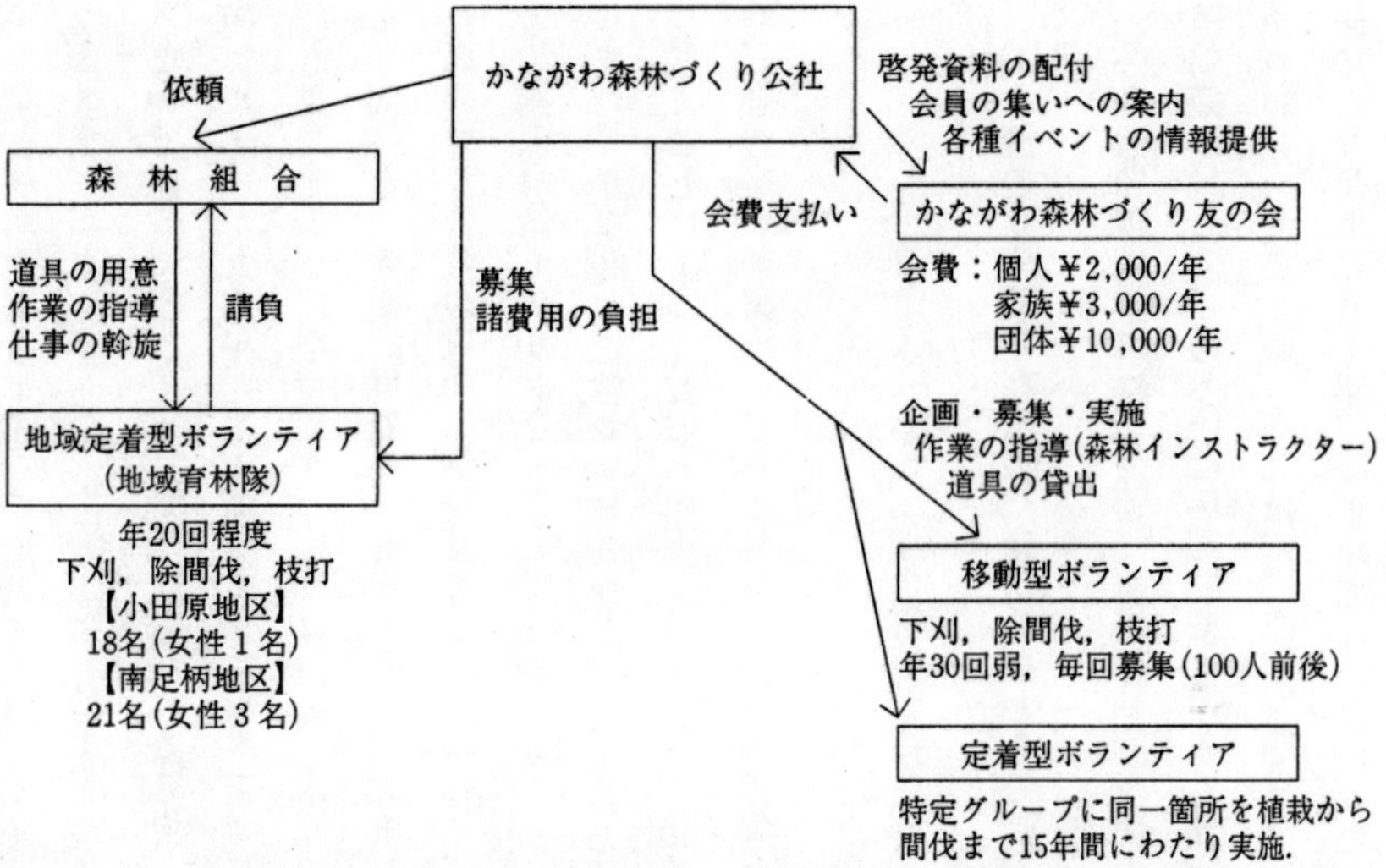

図 6-4　かながわ森林づくり公社による森林ボランティアの形態

行に向けてしばらくは困難な状況が続こう。

水源の森づくりの財源は、県民の税金や水道料金に頼っているため、県民の理解は欠かせない。そのための手段が普及啓蒙活動であり、「森林ボランティア」などの形で県民が森づくりに参加するのも有効な手段となっている。もっとも神奈川県の場合、ボランティアの仕組みづくりは、九〇年の「かながわ森林財団」の設立によって始まる。かながわ森林財団は森づくりへの県民運動を推進し、森林や林業活動のための普及啓発のために設立され、その中心的事業の一つが森林ボランティアの育成にあった。それと同時にボランティアへの技術指導を行う森林インストラクターの養成も開始した。

神奈川のボランティアには三つの形態があって、「移動型」は森づくり公社が植樹場所・日時をきめて、広報などを通じて市民が応募するタイプのものである。「定着型」は最初に植林体験をした同一場所で、体験者のグループが翌年から数年間続けて下刈りし、除伐するなど森づくりを一五年間継続する形のもので、「地域定着型」（または「地域育林隊」）は森林組合の指導を受けながら、森づくり作業を年間二〇日程度行うものである。このうち、移動型はいわばイベント的なもので、「水源林フェスティバル'98水源・県民交流の森事業」のような形で行われ、市民もレクリエーション的に体験してみようという感覚で参加する。地域定着型になると、ある程度の日数を森づくり作業に従事するために、また、南足柄グループが九二年、小田原グループが九五年に発足して経験も積んできたこともあって、ある程度は実働的機能も果たすようになってきた。とはいえ、水源の森林づくりにとってボランティアの位置づけは、地域定着型のように一定の実働的可能性はあるものの、大多数はレク型森づくり体験にとどまっており、あくまで合意形成のための普及啓蒙の有効な手段としてのものにとどまる。そういう意味では、森づくりにとって重要なプロの労働者の確保対策も欠かせないことである。

また、かながわ森林づくり公社は、「かながわ森林づくり友の会」という会員制度をつくり、市民は年会費を支払うことによって森づくり事業の運営費に一定の寄与をするという形で参加することとなり、啓発資料の配布、会員集いの案内、各種イベント情報の提供を受ける。個人会員数は九七年で二二五六人に達する。

3　「森と水」をめぐる森林管理と費用分担

(1)　構造危機下で高まった費用分担とその論理

一九七〇年以前には、公社・自治体レベルでの一部の「水源林造成」事業を除いて、森林の公益機能・外部経済効果に対して、あるいは林業経営に伴う外部経済効果（その便益供与）に対して広く対価を求める考え方はなかったといってよい。それは、「天与の恵みのごときものとして受益者に享受されていたし、便益供与側の林業経営者も費用弁償を深刻に求めてはいなかった」[(7)]。仮にこの段階で外部性の議論を行ったとしても、森林・林業サイドにおいては高度成長下での乱伐・乱開発による外部不経済・自然破壊問題が大きかったこと、すなわち、とくに国有林においては公益機能の側面の「富の蓄積」を食いつぶしてきたこと、そして都市民サイドにあっても、「林業経営者＝山持ち・金持ち」という一般的意識が支配的であったこと、この二つの理由によって費用分担の問題は議論の対象にもならなかったのである。

ところが、高度成長期の終息後は事態が一変した。七〇年代半ば以降、公益機能論と合体して費用分担の問題が登場した。いうまでもなく、外材支配体制下において林業・山村の構造不況が進行し、一方、都市化・工業化の進展とともに、森林に対する公益機能への要請が大きく高まったからである。とくに八〇年代前半の林業危機の中で、森林の整備や維持管理のための国民・都市・下流からの費用分担を求める山側からの要請の声が次第に高まってきた。国政レベルでは八〇年代半ばの「水源税」構想、そして九〇年代の「森林交付税」構想などがそれである。また、下流に大都市を持つ流域レベルではすでに、上流・下流の協力関係や一定の費用分担の仕組みが成立していったところも少なくない。

こうした費用分担の論理として、公益機能・緑の効用の源泉としての森林の維持管理に応分の負担をといった考え方がある程度一般化しつつある。その方法として「国の介入をできるだけ避けて、受益者が特定される場合には当事者間交渉にゆだねる方が望ましい」(8)という分権による受益者負担の考え方がある。水源林の整備をめぐる上流・山村と下流・都市との間で協力関係、一定の費用分担の仕組みがつくられてきたが、「双方の合意をベースとした政治的・行政的プロセスとその積み重ねが生み出した成果であり、流域を単位とした当事者間交渉は、費用負担を決定する有力なシステムになりうる」(9)と評価する研究者もいる。

これに対して、戦後の歴史的展開過程を踏まえて、国庫による助成が必要だという見解がある。すなわち、質量ともに高まった都市側からの公益的機能の要請に対して、回復・維持させ、さらに集約的な森林施業の導入が必要であるが、それが市場経済の価格メカニズムのもとで実現できないとすれば、そのための新たな費用は、一つはどの流域に居住しようとも等しく国民として享受すべき最も基礎的な生存条件であること、もう一つの理由としてそうした機能を生み出すためには林業生産が適正に営まれていることが基本条件であり、その形成は一国の国土政策の役割であるがゆえに、国庫によって助成するべきだ、というものである。さらに「国から府県へ、府県から市町村へと協力関係の範囲が小さくなるにつれて、下流の都市・企業がもたらす〝社会的費用〟の流域間格差はそれだけ大きくなり、いわゆる「受益者負担」の否定的側面――最低限の生存条件が公平な負担で享受できない傾向――はそれだけ大きくなる」としながらも、都市と農山村との間のほとんど回復不可能なまでの不均等発展の中にあって、たとえわずかでも産業間・地域間の資源と所得の再配分効果において、ひずみを是正する効果をもち、企業や府県（大都市）の単位での費用分担は過渡的方策として一定の妥当性をもつ、として都市住民の「受益者負担」を基本的には否定しながらも一定の評価がなされている。(10)

(2) 大都市圏で可能でも地方圏では困難な費用分担
―必要な条件不利地域対策―

現段階において何らかの上・下流の費用分担が行われている地域は、先にみたようにかなりの数におよんでおり、とりわけ神奈川県方式が新たな動向として注目される。財源面で、水道料金に上乗せして水源地整備の費用にあてる仕組みを制度化した地域は九七年時点で五カ所になった。その一つで、財政規模の大きい神奈川方式は県内の森林整備、都市と山村の格差是正という面では一定の役割を果たすであろう。だが、大都市圏を除く地域・流域とりわけ地方遠隔地でのそれは、財政力の限界から上流の森林整備や山村を支える力量はゼロに等しいといってよい。例えば、人口八〇〇万人を超える神奈川県では森林一ヘクタールあたりを八六人で支えることができるが、高知県では一・四人であり、さらに四万十川流域では全流域合計の人口が七万人程度で一三万ヘクタールの森林を保全しなければならず、これは一ヘクタール当たり〇・五人で、さらに下流の中村市が上流を支えるとすれば、一ヘクタール当たりの人口はわずか〇・二人にすぎない。つまり、下流に大都市がない地方圏では、下流都市による費用分担は実態的にはありえないのである。

それゆえ、分権的な受益者費用分担方式は地域間の格差を拡大させる要因ともなる。したがって、遠隔地等「条件不利地域」に対して国（県）による何らかのデカップリング的対策の実施が必要であり、下流の支援が期待できないそれらの地域は、林業（ところによっては緑資源の総合的活用）による産業循環構造を再生・拡大し、それによる森林管理・整備ができる仕組みをつくる必要があるからである。産業おこしのための立ち上がり資金の補塡、あるいは、環境保全型林業はもとより合理的で適切な管理・施業システムの確立のもとでも、今日の市場条件が続く限りどうしても埋められない経営赤字部分があり、それを補う必要があるからである。

今日、行政は流域単位での「地域」資源・共通的社会資本に対する分権的な支援の仕組みづくりを進めているが、山村と都市という広域の関係にあるがゆえに、また納得のいく公益機能の評価の提示が困難であるがゆえに、〝水道の蛇口の奥に水源の森がみえない〟受益者と水源山村との乖離が大きくなり、たまたま自治体レベルで利害を認め合って政治的に合意形成をみたところに制度ができるといった不安定さもあり、その克服のため評価手法の確立も課題の一つとなっている。また、市民参加の森づくりというのは水道の蛇口の奥に森があることを体験する手段としての意味をもつ。しかし、そうした人的交流面でも地方圏では限界があることはいうまでもない。

また、枠組みの変化によるグローバルな視点からの「持続可能な森林経営」への対応、さらに木材資源の育成整備と国土保全・管理といった公益性・社会全体（「地域」の国民レベル）での共通資本の整備の観点に加えて、地域間格差の是正という社会的公平性の確保の観点からも条件不利地域に対しては、「日本型デカップリング」

対策が必要である。

第三節　「多様化時代」における山村・林業とデカップリング

1　現代のみどり森林をめぐるパラダイムシフトと課題

現代における森林・緑資源をめぐるパラダイムシフトは、八〇年代後半から九〇年代初頭を契機に、多様化時代といってよいほどこれまで経験したことのない複雑な関係において生起している。地球レベルの森林環境問題と木材資源問題の妥協の産物としてエコシステムも含んだ「持続可能な森林経営」が国際的責務として課せられ、国内的にも都市化社会・サービス産業社会の進展の中で「社会圧」として森林が求められる機能や役割も自ずから環境保全・公益機能の高度化の側面が強まってきた。一方農山村には、公益機能を高め、自然と共生すべく森づくりの役割があるが、現実には、農林業が国際化・自由化の中できわめて深刻な危機的構造におかれ、森林・緑資源の守り手である農林家と山村の存続が危惧される状況に至り、放置された森林も増加し「緑資源の守り手の再編」の問題の解決を図ることが重要な課題として浮上した。

こうした変化のもとで、あるべき理念としては、「持続可能な森林経営」のためには「持続する山村社会」づくりがメインの命題として掲げられ、両者を結合するものとして「環境保全と農林業との共生」が掲げられる。ではその手段としてあげられるのは何か。伝統的なのは、農業との複合経営と環境保全型施業を組み込んだ林業・木材産業の活性化があげられる。とくに、地方の山村では農林業を基幹産業とするところが多い。一方、近年の社会や人々の価値観の多様化とともに、大都市圏山村を中心として、都市との交流の中から山村観光・グ

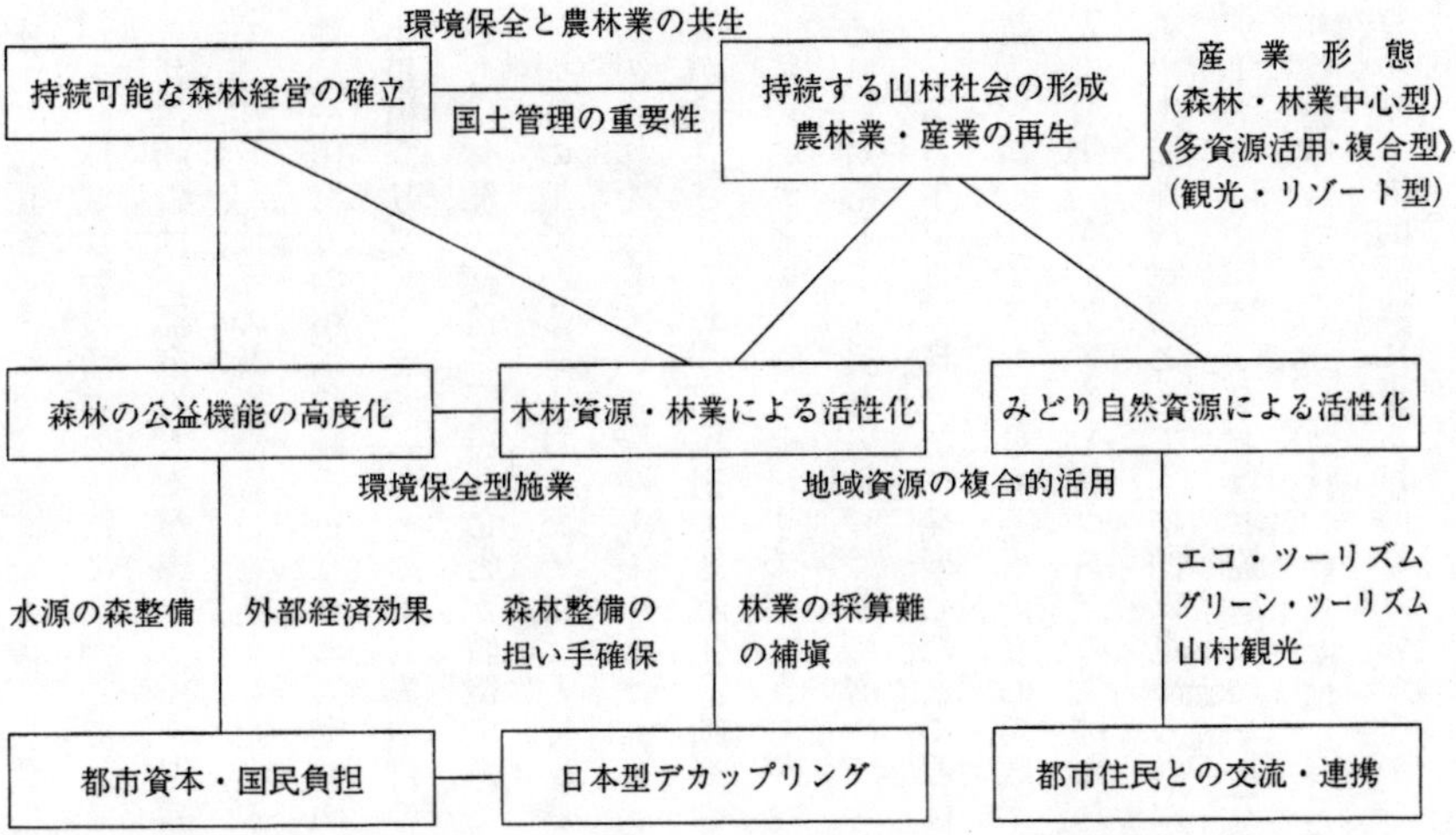

図6-5　みどり森林資源による山村社会の形成と都市・国民との連携

リーンツーリズム等の田舎の風物や自然・森林などを活かした産業おこしが活性化の手段としてあげられている。また、森林の公益・環境機能の高度化を図るべく、水源地域などを都市や国民が支援するシステムの形成も課題となっている。(11)

これらの関係を示したものが、図6-5である。以下に、三つの課題について述べておこう。一応、分けて述べていくが、山村ではこれでいけるという特定の産業は容易に見いだしにくく、地域資源を複合的に巧みに組み合わせる必要がある。また、条件不利地域の度合いは都市からの距離等立地条件の差異によって異なることも事実であろう。

2　大都市圏及び都市圏近郊山村とグリーン・ツーリズム

(1)　グリーン・ツーリズムの意義と課題

グリーン・ツーリズムは、ヨーロッパで広く行われている余暇活動の一種で、あるがままの自然（人が造ってきた伝統的な農山村風景）の中でのツーリズムであり、サービスの主体が農林家などそこに居住している人たちの手によるもの、そして農山村のもつさまざまな資源、文化的ストックなどを、都市住民と農山村住民との交流を通して活用しながら、地域社会の活力の維持に活かしていこうとするものである。

具体的には、都市の人々が森林・川・田園風景あるいは「ふるさと的景観」のもとで、農家民宿やコテージ等で滞在し、地元の新鮮な食材を活かした食事、あるいは森林浴や山菜採り、米作りや牧畜、森づくり等の農林業体験や山村での生活体験を行う余暇活動である。都市の人々が農山村に滞在して、地域の文化と自然が融合した小規模なリゾートを楽しむもので、農山村のふるさと的景観にふれるばかりでなく、生活文化や生産活動にかかわり（体験・交流）を持つことが特徴である。

発祥の地であるヨーロッパでは、とくに農家の兼業の一環として行われている農家民宿がグリーン・ツーリズムの中核をなしている。一九七〇年ごろからの行政の支援体制（農家民宿への補助、情報・研修）・育成システムが確立されており、民宿の組織化活動も推進力となっているが、何よりも国民の中に農山村風景を保護・保存していこうというコンセンサスができあがっていることが、デカップリング的な助成策に結びつき、農山村側もそれに対応して、美しい村づくりに努めてきたことが今日の発展につながっているのである。

一方日本では、自立的に発展したところは少なく、バブル崩壊後の大規模リゾート開発の挫折とともに、内需拡大路線の中でそれに替わるものとして政策的に推進されたものであり、また、構造調整政策の中で農林産物輸入自由化、ウルグアイ・ラウンドの受け入れに際してとられた「新しい食料・農業・農村政策の方向」（九二年）の中山間地域対策として本格的に進められたものである。それゆえ、歴史も浅いし内容的にも滞在型の農山村リゾートというには、なおほど遠いものがあるが、日本型グリーン・ツーリズムともいえる短期滞在のそれはかなり整備されてきた。とくに、群馬県川場村など大都市圏の山村では都市との交流連携を深めつつ、グリーン・ツーリズム的発展による村づくりにつながっているところも増えてきており、地方都市圏の愛媛県久万町あたりでも、組織的な取り組みによって内発的発展を遂げ、山村振興に一役買っている。しかし、地方遠隔地山村ではよほどの特徴ある資源に恵まれるか、創意工夫なしでは成功することは容易でない。

山村活性化にとって大事なことは、農林業との結合・融合化をどう図るかということである。農家民宿中心の場合には、地域で採れる食材を出したり、農林業体験をうまくセットするなどして付加価値がつけられる。それらを地域が上手に組織化して活性化に役立てていくことが本来のあるべき姿であろう。都市と農山村が対等の立場で交流を深め、森や川や田園、そして農業、林業体験などの地域の自然資源、文化的資源を活かした内発的な地域づくりができれば、それはまた人づくりにもつながり意義深い。そのような方向に展開している事例もみられるが、しかし、現実に推進されている「交流宿泊施設」(公的資金によるホテル、コテージなど)やレストラン、土産物店などの開発形態の場合、農林業とどう関連づけ、地域産業との循環の輪を拡大できるかが、美しい村を維持したり、創出したりする環境保全の側面とともに課題となる。[12]

(2) 開田村にみる美しい村づくり・環境保全の原点

グリーン・ツーリズムにとって、村民が誇れる美しい村づくりも大切なことである。長野県開田村は御岳山麓に開け、カラマツ林が広がり、イワナやヤマメが豊富な清流に恵まれ、高冷地野菜やそばの栽培が盛んで、四季折々に表情を変える田畑が広がるなど、自然と人の営みがマッチした美しい景観を持つ村である。また、村内には、家族経営により営まれている民宿やペンション等が多く存在し、かつて木曽馬の産地であったことから乗馬体験や名物のそばを使ったそばうち体験も行っている。このように、開田村は森林、清流、田園が織りなす美しい風景のもとで、民宿等に滞在し、乗馬やそば打ち等の体験、渓流釣りや森林散策、また冬はスキーも楽しめるグリーン・ツーリズムが展開している。[13]

そうした素晴らしい自然景観を残してきた開田村であるが、一九七〇年ごろの全国的な乱開発期には、村に都市のブローカーが土地買いに入ってきた。景観の優れた土地が買われ、村人の農業離れに危機感を抱いた村は、一九七〇年に土地買い・開発に反対して次のような三つの基本方針を立てて村民に協力を求めた。

①土地は売らない～観光開発、別荘造成業者等あらゆる面から注目を浴びていますが、売却すると二度と元に返りません。村はこれらの土地を自力によって開発し土地の需要者へ一括貸与する方法をとりたいと思います。

②秩序ある開発～開発は破壊につながります。開田村は自然の緑、透明な空気、水があってこそ生きる道、発展の道があります。そのため、秩序のない自然の破壊・乱開発は避けるべきです。

③村民のためになる開発～どんな立派な別荘やゴルフ場ができても他人を楽しませるだけのものであってはいけない。経済的に村民に跳ね返ってこそ恩恵があり、開発のあるべき姿です。

多くの村が、開発資本の尖兵となって土地買いに協力した時代に、その逆の行動をとり、土地や自然の大切さを村民に訴え、環境保全を前提とした内発的発展の方向を志向したことが、今日の美しい村づくりにつながり、グリーン・ツーリズム型地域開発に発展してきているのである。九〇年代半ばには開田村は「美しい日本の村景観コンテスト」、「全国農村アメニティーコンクール」で表彰されるなど、景観の優れた山・森に恵まれた高原地帯であることに甘んずることなく、緑と土と水という基本的自然要素を大切にした農村生活の営みとそれに根ざした景観づくりが評価されたのである。今日の開田村の景観づくりの取り組みについて、村長は「品格の高い農村づくり」と「村民は、村が美しくなることを誇りに思える」こと、そしてその結果「農村そのものが観光資源になることをめざしている」と語る。そのような理念のもとに、沿道景観整備などを住民参加のもとですすめており、七〇年代の遺産を引き継いで、グリーン・ツーリズムによる地域づくりが行われているのである。

(3) グリーン・ツーリズムによる山村地域振興の可能性と限界

参加型地域づくりの事例 ―久万町を中心として―

その他の事例で印象深いのは、岐阜県白川郷の合掌建築保存運動である。四階建て、五階建てにも達する大きな茅葺きの合掌集落が近代化の波の中で失われようとした時、住民の組織が保存運動を展開した結果、今日のように世界遺産にまで登録された「ふるさと原風景」が守られ、民宿が発達し、地域振興にも大きく寄与するようになったのである。愛媛県久万町の上畑野川集落は、女性グループ活動をはじめ、たくさんのグループが活動しており、契約農園での都市民との交流の他、地域資源マップをつくるなど、集落の見直しを行い、住民参加のグリーン・ツーリズム的展開を進めている。

守りたい農山村風景（愛媛県久万町上畑野川）

久万町は「地域林業」の形成においても、高冷地野菜の産地化においても四国では最も先進地であるが、山村観光、グリーン・ツーリズムの取り組みにおいても最も進んでいるといって良い。久万町の取り組みは七二年に「自然休養村」の指定を受けて「久万高原ふるさと村」をつくった時から始まる。それを核に八〇年代にかけて住民による民宿、観光りんご園などがつくられ、さらに八〇年代半ばからは都市との交流事業を開始するとともに町営の「物産館みどり」などの諸

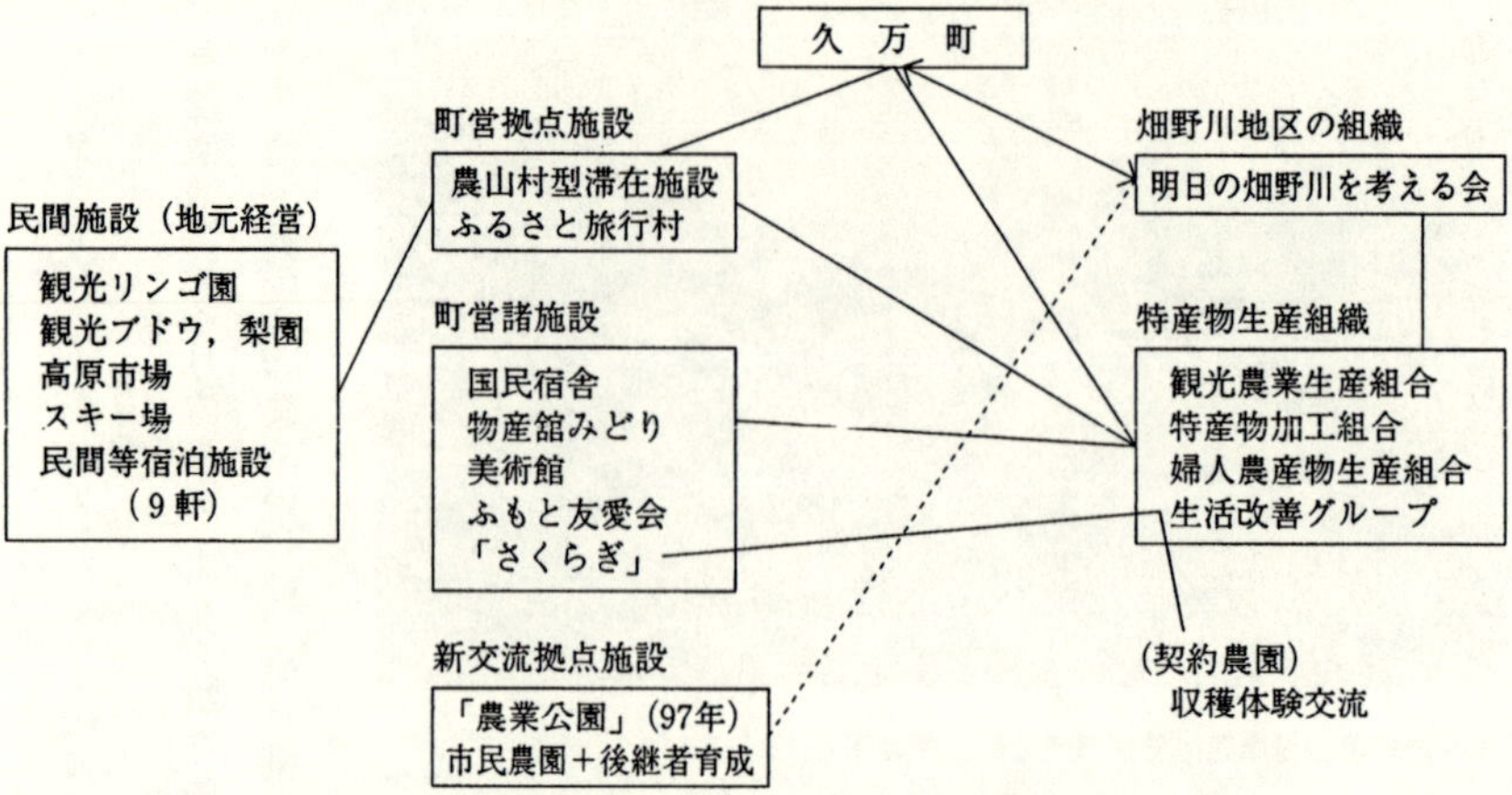

出所）栗栖祐子・依光良三「交流型山村活性化対策と内発力」『林業経済研究』Vol. 43，No. 1，1667年.

図 6-6　久万町における住民参加型システム（1996年時点）

表 6-7　久万町畑野川地区を中心とした住民主体の組織表（1996年）

組　織　名	発足年	構 成 員	参加人数	活　動　内　容
特産物加工組合	75年	林家	6名	木工品生産を目的に発足，現在は製材が中心
観光農業生産組合	80年	地区内農家	23名	「ふるさと村」での高原野菜販売
婦人農産物加工組合	83年	農家の婦人	16名	持ち寄りの農産物による漬け物／「久万山漬」の加工
久万高原りんご村	83年	りんご農家	7名	観光りんご園の研究や振興
生活改善グループ				
1）明杖グループ	69年	農家婦人	7名	契約農園／餅，漬け物等の特産物づくり消費者団体との交流活動／アフリカの人々との交流活動
2）河之内グループ	77年	農家婦人	8名	契約農園／餅等の特産物づくり
3）若妻会「ひまわり」	93年	地区婦人	10名	クッキー等の特産物加工
明日の畑野川を考える会	91年	集落住民と組織	12組織	地区活性化のための勉強会

出所）同上.

施設も整備されていった。

また一方では、久万町内には一七の生活改善グループが活動しており、図6-6と表6-7に示されているように、とくに畑野川集落には住民の組織による生産や交流活動が活発に行われている。これらのグループ活動で共通しているのは物づくりの面での参加である。久万町の物づくりの面において感心させられるのは、「ふるさと旅行村」や「物産館みどり」など町の施設で売られている土産物などの多くがこうしたグループによって作られているということであり、農家の余り物などを持ち寄って自分たちで考案したすぐれた特産品加工を行い、住民の収入につなげているということである。

グループ活動は、物づくりだけにとどまらず、外部との交流活動を行ったり町行政に提案や要求をするなど、いわばエンパワーメントを身につけて、パートナーシップのもとに地域づくりにも参画するまでに発展している。とくに畑野川集落の各組織や住民代表が集まって九一年に結成された「明日の畑野川を考える会」は、①農業後継者の育成、②交流活動の促進、③集落の環境・景観保全の三つを検討課題として九〇年代後半にかけて活動を展開した。この話し合いの中から都市との交流の一環として「契約農園」が提案され、二つの生活改善グループがこれに取り組んだ。また、グリーン・ツーリズムの研究会も開き、地域資源の見直しを行い、「農業公園」の設置にもつながっていった。その他、地区の婦人グループの要求に基づき生活改善グループの活動拠点となる「さくらぎ」という加工・交流施設もつくられた。

歴史が最も古い畑野川集落の「明杖グループ」は、餅加工品をつくるとともに、都市の人々が農作物の収穫体験ができる「契約農園」も運営している。さらに、国際交流ではアフリカの青年たちを民泊で受け入れるなど外部との交流も盛んであるが、それに加えて、地区内でも後継者の若妻会「ひまわり」を育て、集落の協議会である「明日の畑野川を考える会」の主要メンバーの一つともなっている。この婦人たちの活動は、労力の割にはそんなに収入には結びつかないけれども、活動をとおしての内外の人々との交流が「なによりも生き甲斐なんだ」という。地域の人々が楽しんで活き活きとやっていることは、地域づくりへの住民参加にとって基本的に大事なことである。

このように久万町では、活発な物づくり活動や交流活動が人づくりにつながり、住民参加型システムが形成され、内発的発展につながっているのである。久万町は、九七年に「全国農村アメニティーコンクール」の最優秀賞を受賞したが、それは景観保全にも配慮したこうした参加型地域づくりが評価されたからに他ならない。

交流型地域づくりの限界

たしかに、山村の自然と人の営みが融合した原風景、保全された緑資源は、「ふるさと」志向とあいまって、条件にめぐまれたところではグリーン・ツーリズムによる産業化の可能性も高まってきた。しかし、一般的にはそれは大都市圏ないしは地方中枢都市圏の山村において可能であって、経済的に厳しい地方遠隔地山村では、特別な「資源」があるか、「ふるさと的風景」を創意工夫のもとに内発力と集落住民等の合意形成があってはじめて、ある程度の山村振興に結びつくであろう。その場合に町村行政と住民とのパートナーシップのもとに、環境保全と内発力に基づき、地域にとってメリットのある交流や住民が誇れる美しい村づくりを進めることが基本となろう。現実には、そうしたくてもできない山村が大半を占める。そういう意味ではどこでも、グリーン・ツーリズムによる活性化が可能かといえば、否であろう。

したがって、「日本型グリーン・ツーリズム」が山村活性化に果たす役割には限界があるものの、可能性のあるところでは、それを内発的に取り込み、農林業等の基礎産業との結合・融合によって産業循環を拡大的に発展させ、山村の再生にどうつなげていくかが現実的な課題の一つとなった。ややもすれば、都市・資本による山村包摂化にならないとも限らないものでもあり、ともに深刻な問題を抱えている都市住民と山村が対等の立場で交流・連携しつつ、共同でつくり上げていくというシステムづくりも課題となろう。

なお、森林・緑資源自体はいわば公共財であって、豊かな効用・価値を生み出すが、それ自体はほとんど経済的価値として還元されない。都市の人々がお金を落としていくのは、宿泊施設であったり、レストランやみやげ物店に対してであり、そこに、グリーン・ツーリズム型利用における森林保全への合意形成の難しさがあるし、林業体験がボランティア型を除いて容易に進展しないのも山村農林家に経済的利益をもたらす仕組みが欠けているからである。けれども林業体験は、都会の人々が森づくり体験の喜びを味わうことの出来るものだけに、村の人々にとってもメリットのある仕組みづくりを行い、グリーン・ツーリズムに組み込むことも課題の一つである。

3　地方圏山村と森林・林業
―崖っぷちに立つ林業の再生―

(1)　深刻な危機に直面する林業と村づくり

地方圏山村にあっても、多様化の波は押し寄せてきており、どこの山村にも交流施設が造られ、山村観光やグリーン・ツーリズムあるいはエコ・ツーリズムが、中山間地域対策、公共投資政策の一環として行われていることは事実であり、一定の地域振興に寄与しているところもないわけではない。しかし、立地条件に恵まれない山村では、基幹産業は基本的には農林業におかれている。西南日本の戦後植林した森林資源が次第に成熟してきているところでは、林業を基幹産業と位置づけている山村も少なくない。

だが、現実の林業経営は、どんなに合理化をすすめ、コストダウンを図っても追いつかないほどに厳しい状況に追い込まれている。

林業者にも実にいろいろなタイプがあって、単に財産的に山をもっているだけで、ほとんど山林にでかけずに放置している者（財産保持型林家）から、立派な森づくりに励み、成熟した木を切り、また植えて育てるという循環サイクルにのっている林業者（専業ないし主業型林家）までの間に、農業やサラリーマンをしながら合間合間に林業に従事するといった中間的な者（兼業型林家）もあるといったようにである。それらは森林の所有規模やこれまでの家業がなんであったのかによっても左右される。

八〇年代以降の木材価格の長期低落傾向に輪をかけて今日の木材価格の異常とも思えるほどの低落は、勤勉に林業を営んできた人たちを崖っぷちに追いやっているといってよい。とくに、自ら労働者を雇用して経営を行っている企業型林業経営は赤字を余儀なくされ、九七、九八年のような低価格が続くとすれば早々にも経営破綻に陥りかねない厳しい状況に至っている。

村づくりにおいて林業を基幹産業と位置づけてきた地域にとっても、厳しい状況におかれていることには変わりはない。村や地域を一つの林業経営体と考えるならば、規模の大きい企業型林業経営と同じ事態が進行しているのである。低価格のしわ寄せは森林組合はもちろん、素材生産業、製材工場等にも及び、とりわけ農林家にとっては委託して伐採しても再造林費がでないため、植林しないまま放置するといった事態も増えている。自営生産林家が家族労力で間伐生産した場合には労賃程度のものは得られ、ある程度の収入にはなるが、企業型や委託型林家あるいは森林組合や第三セクターの林業会社にとっては経営危機は深刻の度を増した。ほとんど後継者がいないまま高齢化がすすむ山村農林家にとってこのような事態の進行は、林業・森林整備への意欲そのものをさらに失わせている。

全般的に低木材価格下で林業経営や森林整備活動が停滞している中で、林業による山村地域づくりは困難の度を増したが、しかし、山村にとって最大の地場資源、地域資源である森林資源の活用は重要な課題であることには変わりはない。森林率が九〇％を超える山間の村で、地方圏にあってこれといった産業展開をしえないところ、あるいはこれまで林業での村づくりのために、森づくりや生産、加工などの地域共同的なシステムを営々として築いてきたところなど、それを基幹産業にしないと生きられないところもあるのである。このまま、林業が衰退の一途をたどり、破綻する林業者や、熱意をなくした地域や村が増えてくるとどういう事態がおきるのだろうか。

山村の過疎化はさらに進行し、たとえ「森林ボランティア」が増えたとしても、森づくりの真の担い手であるプロの林業者がいなくなり、あれ放題の放置林が増加の一途をたどろう。森林整備の放棄は、「緑の砂漠化」、林地荒廃の進行によって国土保全や水源かん養面でも由々しき事態を招き、都市にも跳ね返ってくる問題である。それゆえ、都市や国民にとって森林という重要なみどり環境の源を健全に保っていくためには、山村および農林業者が活き活きと森づくりに励める環境を整えることが重要な課題である。

このような状況を受けて、政策面では一九九一年から流域管理システムが、そして近年では、九七年に「機能保全緊急間伐実施事業」、九八年に「水土保全森林緊急間伐実施事業」が開始された。後二者は、地域対策というよりは環境対策であって林地荒廃の進行や森林の本来もっている水土保全機能の回復をめざして実施されているものであるが予算的には十分なものではない。また、地方自治体レベルでは、例えば高知県は九八年度に「森林保全緊急特別対策事業」（八、九齢級の間伐対象、九八年度事業費二・六億円）を五カ年計画でスタートさせ、後期には一立方メートル当たり三〇〇〇円（通常二〇〇〇円）の補助を行った。また、県下一一の町村において間伐材出荷のための一〇〇〇円程度の補助金上乗せが行われだした。それでも結果的に多少の地域対策にもなるが、国の事業は基本的には資源・環境対策の視点から発したものであり、高知県のそれは、間伐材生産コストの補塡という生産維持の視点から行われたものである。

以下ではより地域林業対策の視点をもつ流域管理システムについてふれておこう。

(2) 「流域管理システム」とその限界

顕著に進行した山村・林業の危機的状況の深化は、とくに人工林地帯の施業や管理の維持・改善を著しく困難にさせている。農林複合経営が可能な二〇ヘクタール以上層でも林家が「主に自己管理」する比率は半数を割り、外部委託と管理放棄が比重を高めている。[14] ましてや漸増傾向をたどる不在村所有者や財産保有型が多い小零細層では一層管理放棄比率は高いであろう。さらに、かつて造林・保育、管理を担ってきた農林家が高齢化とともにリタイアが進行しており、後継者がいないまま管理放棄地が増加の一途をたどりつつある。こうして、全層的に管理放棄地が増加し、旧来の管理システムが崩壊する中で、九〇年代には政府の危機管理の一面として新たな政策手法の導入が行われてきた。いうまでもなく「流域管理システム」の制度化がそれであり、また、一部の県や町村単位で新たなシステムづくりも試みられている。

周知のように流域管理システムは、経営破綻に直面した国有林と民有林との計画の一体化、「流域」単位での木材産地の形成、「森と水」をめぐる上流（森林・山村）・下流（都市）との提携による森林整備の推進が主たる柱となるものである。このうち、国産材資源が成熟するにつれて、外材体制下にあってストックのフロー化をめざし、地域での産業おこしを図ろうとする木材産地化が先行して進められてきたが、一方「森と水」をめぐる森林整備協定は、「矢作川水源の森」などごくわずかにとどまっており、ほとんど進展がみられていない。

これまでの流域管理システムを振り返ると、先導的モデル地域（四国では嶺北、久万地域等）への集中投資が行われており、投資効率を前提とした広域組織化のもとで地域選別的に事業が展開してきた。資源の成熟状況、事務局態勢と組織間の協調・合意形成の度合い等によって、進展状況が地域によって大きく異なる。取り組みとしては効率的に投資しやすい側面が中心となり、加工・流通面の整備による産地化から始まって、森林整備につなげていこうとする傾向が見られる。とくに山側の森林整備・緑資源の改善に発展していくまでに至っている地域はきわめて少ない。森林組合の広域合併、三セク事業体などの新たな担い手育成を図るとともに大型機械を導入し、コスト削減のための森林施業の共同化を企図しているが、地元負担問題と合意形成の両面から進展は必ずしも容易ではない。

例えば、愛媛県の久万地域（中予山岳流域）では担い手対策として、三セク「いぶき」の育成を図っているが、それぞれの町村の負担金もかなりの額に達する。それでも未経験のUターン、Iターン者を林業労働者として育成するために必要な投資として、負担に関する合意形成はできているのであるが、財政問題や負担割合に関してはなお軋轢がみられる。

なお、嶺北地域は八〇年代から組織的な産地化に取り組み、流域管理システムのモデル的な地域となって発展したところであるが、そういう「特別なところ」でも今日の低木材価格のもとでは、危機的な状況が進行し、森をめぐる経済の面でも環境保全の面でも憂慮される事態が進行している。

(3) 村おこし的林業システム形成の意義

流域管理システムは、基本的には、国際化・自由化、「大競争時代」を前提とした外材体制の中で大型化、専門化、そして効率追求をめざしているため、一部の生き残れる地域しかつくらないいわゆる「一割林政」の限界をもっている。それゆえ、日本林業全般からみれば問題の解決の幅が狭く、どちらかというと加工分野の整備、

厳しい状況下におかれる山村（高知県梼原町）．山を活かす村おこしの努力が行われている．

森林組合の広域合併化等に偏り、山側の農林家対策を含めて総合的に地域を発展させる芽をもちにくい。

これに対して、町村レベルでの村おこし的な林業への取り組みは自治体、森林組合そして農林家等が一体となってきめ細かな対策が行われるだけに総合的な地域発展の可能性は高い。例えば高知県の梼原町では、地域林業システムを導入するに当たって異業種からなる「協議会」（シーダーゆすはら、九二年）を置いて、関係者全体が参加して林業のあり方を協議するとともに、森林組合を軸とする「情報システム化」を図り、村の山林状況を隅々まで把握し、施業の共同化をめざすとともに、不在村所有者を含む農林家の生産力を引き出そうとしている。こうした森林組合の活動は今日の森林管理問題を解決していく有効な手段として位置づけられる。また、町の役割も生産基盤の整備、組織化の支援、町単独事業としての「間伐材出荷奨励金」や「基金」の創設など、森林組合と一体となって林業振興への取り組みがみられる。森林組合の他にも補完的事業体（林産企業組合ユーリンなど）の育成も組織的に図りつつあり、それらによる森林管理体制の新たな構築と林業による地域づくりの発展に結びつく可能性が高まってきている。[15]

このように、村と森林組合が中心となり、素材生産業も農林家も一体となって「協議会」に参加する形の積極

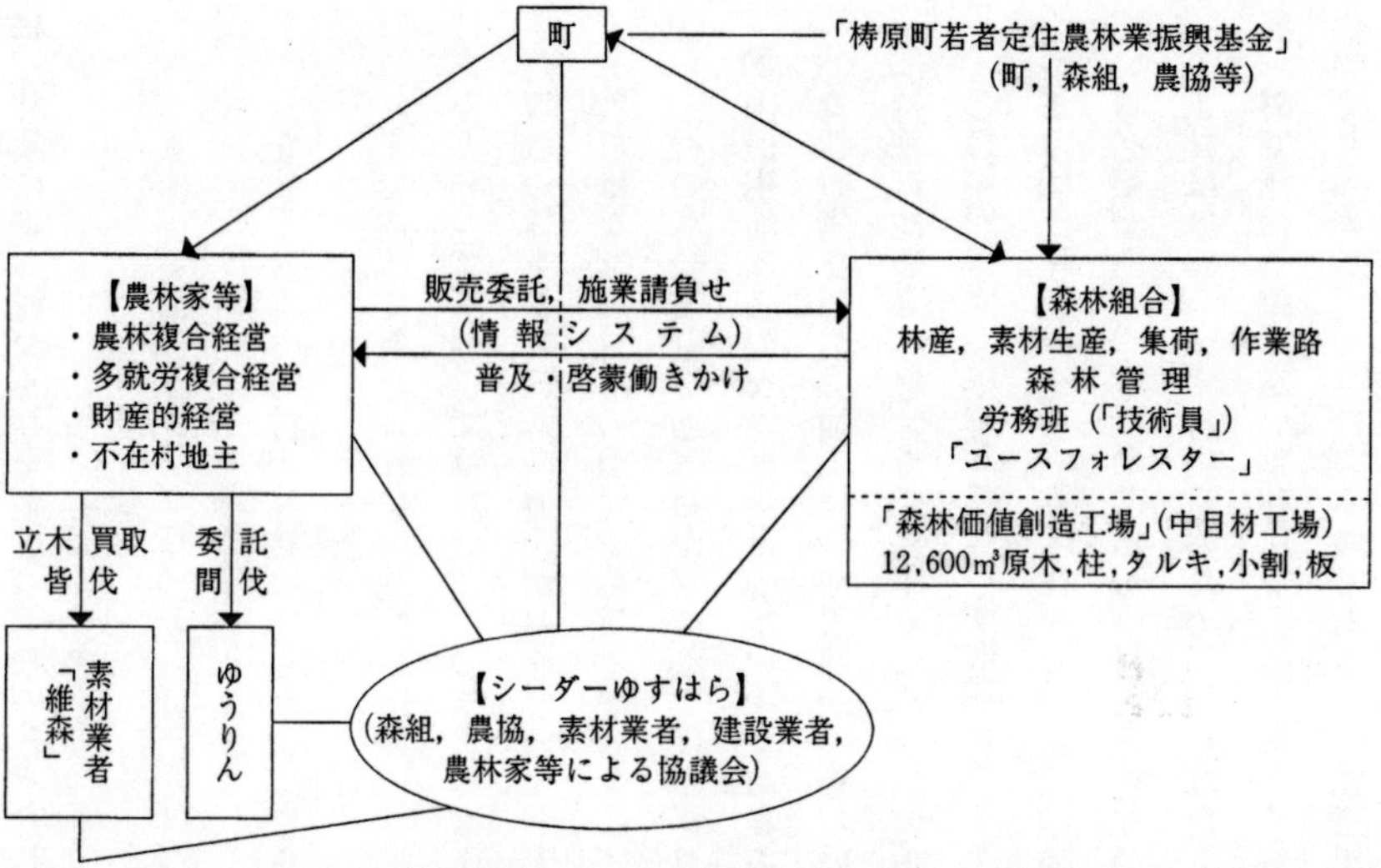

出所）栗栖祐子・依光良三「新興林業における組織化と担い手再編」『林業経済研究』Vol. 44，No. 1，1998年.

図6-7　梼原町における住民参加型林業システム

的な取り組みは、制度資金を取り込みつつも地域の特徴を活かした内発的発展につながる可能性がある。こうした行政と協同組合、企業、農林家のパートナーシップのもとに参加型林業システムの形成は、森林資源が成熟し、不況から脱した場合に、「地域規模の経済」を発揮することによって発展につながる可能性を秘めており、そういう意味で、意義が大きいのである。

むろん梼原も九〇年代末の価格暴落期には、せっかく築いてきた地域林業システムが苦境におかれていることはいうまでもない。八〇年代を通じて育ってきた自営生産林家も今日では弱体化に転じ、森林組合も製材加工部門は赤字から脱することができない状況にある。間伐生産も森林組合の請負では山林所有者の取り分はほとんどないし、曲がり材がかなりまじると森林組合も赤字になる。それでも、生産量をさほど減らすことなく、何とか維持し、頑張っているのも「木の里づくり」運動と住民参加型システムの形成のもとに、林業による村づくりを地域づくりの基本としているからに他ならない。

4　日本型デカップリングの必然性と模索

(1)　なぜ、日本の山村・林業は守られねばならないか

これまで述べてきたように、現代の山村・林業は、存亡の危機ないしは崖っぷちに立たされているという状況にあるといっても過言ではない。このままでは山村集落の崩壊ばかりでなく、八〇年代、九〇年代前半に築いてきた地域の林業システムの崩壊がおきないとも限らない。

それではなぜ、日本の山村や林業者が健全に守られる必要があるのだろうか。本章の最初では国土利用の視点から山村のもつ役割を述べたが、ここでは、グローバルな環境保全の視点も含めて次の四点にまとめられよう。

①国民生活に必要な木材生産の担い手であること。

②森林整備を通じて国土保全や水源かん養という環境面での保全の担い手であること。

③持続可能な森林経営を維持するための担い手であること。

④CO^2の吸収・炭素貯蔵という地球レベルでの環境保全の担い手であること。

つまり国土環境保全の守り手ばかりでなく、地球環境の維持のためにも、森林が良好な状態に整備・管理されている必要があり、守り手である山村・農林家の維持は必須条件である。

人工林はほんらい木材生産のために造られたものであり、担い手がいて手入れがなされている時には、公益機能、外部経済効果の高い森林になる。ともかくも植林がみごとに成功してきたのも過去の山村の人々の勤勉性や森づくりへのこだわりによるのであろう。九三年に九州を中心とする風倒木大被害が発生したとき、高知県でも

局所的に風倒被害にあったところがある。どうするのだろうかと思っていると翌年の春、老夫婦が急斜面にへばりつきながら二人だけでせっせと植え直しているのである。農民魂というか、真面目さからか、そこに日本の植林地をみごとに造り上げてきた人々の姿を見る思いがした。しかし、その老夫婦は間もなくリタイアし、下刈りから除伐、間伐といった今後しなければならない一連の保育作業は無理であり、二人の姿は日本林業のおかれている現状を象徴しているのである。

さて、森林は②にかかわって、公共財ないしは社会的共通資本であり、それを良好な状態を保ちつつ守り育てることは、国民に付託された森林整備の役割と解される。ところが現実は二人の姿に象徴されているように、もはや守り育てられる状況にはない。山村・林業で生活し、森林を良好に保つだけの収入が確保できず、後継者もほとんどいないからである。後継者の参入もあり、地域の林業システムが維持できるだけの、価格・費用関係が成立して、環境保全と木材生産とが調和しながら森林の循環再生産構造が築かれていくことが、持続可能な森林経営を可能にし、大量輸入による他国の森林環境破壊を減らし、国内の環境保全を図る途である。

また、すでにすぐれた林業システムを形成している地域にあっても、現在の状況のもとではいかに合理化しても「持続的森林経営」が可能な状況にはない。環境を犠牲にして、安上がりな「突き飛ばし作業道」をつけ、大型機械を活かすべく大面積皆伐方式による経済効率主義の伐採方法に走り、再造林をしなければある程度採算ベースにのることはありうる。しかし、そうした経済優先の施業は環境時代の森づくりの理念から大きく逸脱する。「環境保全型林業」のもとに外部経済効果も発揮できるような施業があるべき姿である。当然、それでは経営的にはやっていけないために、赤字になる部分を補塡する必然性が生じる。環境保全と経済の調和がとれる森林整備が実施できるためには、なんらかの「日本型デカップリング」対策が必然化される。

(2) デカップリング政策の課題

デカップリングというのは、仮に林業にあてはめると、木材価格は市場で決定され価格（九〇年代後半だと非常に低位な価格）を受け入れて、そのかわり家計が成り立ち、後継者も就労できるように政府が直接所得補償を行うというものである。その理由となるのは、一定の木材生産の自給率の確保であり、より大きくは環境保全機能をもつ林業・森林整備活動に対する代償である。

ところで、デカップリングないしは条件不利地域への直接所得補償は、ヨーロッパでは一九七五年から開始され、例えば三ヘクタール以上土地を所有する農業者に対して、牧畜の営みが美しい景観を形成し環境保全の役割に対する代償として牛一頭にいくらという形で補償が行われてきた。むろん、牛にかぎったことではなく、馬や山羊、羊、家畜生産以外、あるいは農家のグリーン・ツーリズム関連施設の投資にも補助がでる。また、四〇歳未満の青年農業者を対象に就農奨励金も支給される。このように、現在EUは、山岳地域などの条件不利地域に対して、所得補償・助成を行うことによって食糧の確保と環境・地域資源の管理、及びそれらの担い手の確保を図ってきたのである。

日本でも山村などを対象に条件不利地域対策が行われていないわけではない。ただし、それは個人の農林家に対してではなく、町村や協同組合などを対象として、山村振興法や過疎地域活性化特別措置法、特定農山村地域活性化法、ガット・ウルグアイ・ラウンド決着にともなう「新政策」の中山間地域対策など観光施設整備や農林生産基盤、生活基盤の整備という形で行われてきたが、それらはほとんどハード事業である。一部には、植林や間伐に対して補助金という形で個人に支給されるが、これは、収入にならない作業工程における費用補塡で、近年では環境視点も加わるものの基本的には森林資源政策の枠組みの中で行われてきたものであり、地域対策や林家の所得補償という視点は欠落しているといってよい。

確かに、ハード事業も必要ではあり、地域振興への一定の機能を果たしていることも事実である。また、公共事業の拡大は、農林家の賃労働者化を促進せしめ、農林業の衰退に拍車をかけている。土建労働の賃金収入が農林業からの収入を上回ることが多いから、機会費用の関係で移動がおこるのである。しかしながら土建型公共事業は地域を支える恒久的な産業ではなく、政府の方針が変化すればなくなる可能性のある不安定なものである。そこに、山村の基幹産業である農林業とその担い手を守る政策がより重要となる。

(3) 山村・林業、農林家への所得補償の模索

山村・林業にデカップリング的対策が必要になっていることは、国土・環境保全視点から関係者ならば誰しも痛感しているところであるが、何のために誰に所得補償するかということである。あえて、次の三つを提案したい。

第一に、環境保全型林業経営を営み外部経済効果[16]（都市や国民にとっての公益機能）の高い林業経営者への助成があげられる。林家の場合、小零細規模のものから中規模そして大規模にわたる多様な階層にわかれること、経営形態が違うこと、そして森林整備の程度も違うこと等千差万別であるために簡単には対象者を決め難いために、割り切って、環境保全型林業（間伐整備によって下層植生を生やしている森林経営、長伐期複層林施業をきちんと実施している森林経営）を営んでいる林家を認定し、その面積に応じて毎年EU型の助成を行うことが考えられる。たとえば、神奈川県の事例では手入れが十分に行われている森林は九％であったが、この所有者を環境保全型林家と認定して補償が行われるならば、他の林家も認定をめざして森林整備に追随する可能性がでてこよう。

手入れの行き届いた美林は外部経済効果も大きく，また，環境教育の場ともなる．（高知県土佐町にて）

第二に、担い手対策として、新規林業就労者個人及び就労者を育成する機関に対する助成があげられる。たとえば四〇歳未満の青壮年層が、新規に農林複合経営や林業専業経営に就く場合に助成を行う。また、例えば、愛媛県久万町の第三セクター「いぶき」のように森林整備とともに新規林業労働者の育成を図ることを目的としている機関、ならびに森林組合等で同様のことを行う場合に助成する。その場合、就労条件の改善が前提となり、木材生産の担い手ばかりでなく環境保全の担い手としての教育も含めて養成する。

第三に、山村農林家の所得機会を増やし定住人口を増やすため、例えば、家の「離れ」などを改修して民宿経営や加工施設などをはじめる場合に助成措置を図ることがあげられる。日本の山村では、土地、森林、景観等の地域資源を活かし農業、林業あるいは山村観光などを巧みに組み合わせて複合的な資源活用によって生計を営まざるをえない構造にあるからである。

これらは、基本的にはEUの対策を援用したものである。日本の場合、第三で述べたように複合経営が一般的なので、農業も例えば棚田維持（景観・環境保全）のためなどもあわせて、山村を守る農林家に総合的に支援すべきであろう。

(4) 山村支援のための財源と合意形成

さて、仮にデカップリング的助成を実施するとなると財源が必要となる。この問題に少し触れておこう。

政治の決断によって可能なのは公共投資財源を回すということである。これまでのように、建設行政優先、公共土木事業優先の考え方から環境保全、森林整備への国家行政の一定の転換が求められる。一過性の内需拡大のために、巨額の公共投資の中には、高度成長やバブル経済の延長線上の需要の伸びを前提に計画され、情勢の変化した今日においては必ずしも必要のないもの、無駄なものも少なくないといわれている。具体的には、必要度の低いコンクリートのダムから「緑のダム」づくりへの一定の政策転換を行うだけで財源の確保ができよう。その分を森林整備に回せば、多くの植林地が美林として生き返り、環境改善につながるとともに、山村再生に寄与する可能性をもっている。例えば、徳島県の那賀川水系にはすでに洪水調整に十分なダムが建設されている上に、地元の強い反対によって保留されている細河内ダム建設計画がある。この計画投資金額は実に一二〇〇億円(日本の造林関係予算の約二倍)で、付帯工事もあわせると二〇〇〇〜三〇〇〇億円(ちなみに同規模の岐阜県揖斐川の徳山ダムは二五〇〇億円)にも達するといわれている。また、住民の反対を押し切ってすすめられようとしている吉野川第十堰も一〇〇〇億円を要するといわれる。

この三〇〇〇億円を四国山地の森林整備に回せば、仮に二〇年間で使うとすれば一年間当たり一五〇億円の財源ができるのである。それによってうみだされる地元農林家の所得補填効果も少なくなく、環境資源・木材資源の両面で優れた森づくりと山村の維持に大きな役割を果たす。

もう一つの財源の考え方は、「環境税」を当てることである。CO_2を大量に排出する石油・石炭産業や使用者に課税し、その資金をCO_2を吸収する森づくりに回すことは、地球環境対策の一環としても理にかなっていよう。

ところで、一般財源を投入する場合には国民の合意が必要となる。林野庁は森林のもつ公益機能を三九兆円（九一年試算、うち水資源かん養機能四・二兆円）と評価し、一定の国民負担を求めるPR手段としているが、これに対して九六年に実施した総理府の国民アンケート調査によると、「これからの森林整備のあり方」として「国土保全、災害防止を重視して整備すべき」と回答したものが七八％を占めるが、一方「森林整備の費用負担のあり方」としては、「主に森林所有者が負担すべき」とするものが約半分を占める。このように森林整備の必要性を認め、国民負担への合意形成がある程度できつつあるとはいえ、アンケート結果は、まだなお、国民に対する問題状況の認識のための啓蒙活動の必要性を示しているが、半分の人々が可としていることは実施するかどうかは、政治の決断にかかっているといえよう。

山村側から森林の機能を保全するのに対する対価として、交付金等を求める運動も展開している。八六年の「水源税」構想が挫折して以降は、九二年から和歌山県本宮町の提案によって始まった「森林交付税」運動が山村町村からまきおこり、毎年フォーラムを開催しながらかなりの広がりをみせている。また、宮崎県知事の提唱による「国土保全奨励制度」も道府県レベルの運動として全国研究協議会をつくり広がりをみせている。これらは条件不利地域の自治体レベルでの運動として展開しており、こうした運動に加えて、国民森林会議や森とむらの会など、さらには森林ボランティアの組織等、森林関係NPO、さらには最も苦しんでいる山村農林家、森林組合などが広く参加連携して、環境時代の森づくりの理念のもとに国民参加・国民支援の森づくりの必要性をさらに訴え、支援に向けての仕組みづくりの検討が必要な段階にある。

最後に指摘しておきたいことは、山村自らの責任で危機的状況に追い込まれたということではないということである。すなわち、日本資本主義の展開とともに政府・大企業体制のもとで都市化・工業化そして国際化を戦略として発展をとげてきた日本は、一方では、ダム開発をはじめヒトとモノという山村の資源を都市に吸収し、発展すればするほど山村弱体化に拍車をかけてきた。過去の政策の枠組みは、一方の繁栄の裏側に山村危機を招き、人の住まない空白地帯をつくりだしてきたのである。森林整備を担い、山の守り手である山村住民が参加できない状況がつくりだされているのは、社会システムに根ざす問題であって、そうした山村危機化政策の償いとしても、広大な国土管理、森林・緑資源の守り手である山村の維持・再生のための何らかのデカップリングが行われて然るべきであると考える。

(1) むろん、高度成長期では乱開発を伴いながら行き過ぎであったが、今日のそれも縮小しすぎのきらいはある。背後に赤字問題があり、赤字の補塡(九九年に一般会計から二兆円の補塡)を受けることもあって、公益林を大幅に増やした結果でもある。なお、国有林問題については、笠原義人『よみがえれ国有林』リベルタ、一九九六年。野口俊邦『森と人と環境』新日本出版社、一九九七年などに詳しい。
(2) 森づくり政策市民研究会「新たな森林政策を求めて」。
(3) 国土緑化推進機構『森林ボランティアの風』日本林業調査会、一九九八年、一四頁。
(4) 魚住侑司編著『日本の大都市近郊林』日本林業調査会、一九九五年、一九二頁。
(5) 筒井道夫「木曽三川水源造成公社の現状と問題点」『森林コンサベーション』第二号、一九七五年、五七〜七六頁。
(6) 熊崎実「水源林造成における下流参加の系譜」『水利科学』No.一四〇、一九八一年。
(7) 紙野伸二『地方林政の課題』日本林業技術協会、一九八二年、二五七頁。
(8) 熊崎実『森林の利用と環境保全』日本林業技術協会、一九七七年、七一頁。
(9) 熊崎実、前掲書、一六四頁。
(10) 奥地正他編著『転換期の林業・山村問題』新評論、一九八三年、五九〜六一頁。

(11) 依光良三「緑資源の維持と森林利用の多様化」『農林業問題研究』第一二四号、一九九六年、二六〜二七頁。

(12) 依光良三・栗栖祐子『グリーン・ツーリズムの可能性』日本経済評論社、一九六六年、において日本での調査事例を参照されたい。

(13) 三つの基本方針は『開田村誌』を参照した。また、開田村のグリーン・ツーリズム的村おこしについては、依光・栗栖『グリーン・ツーリズムの可能性』で述べている。

(14) 坂口精吾編『林業と森林管理の動向』全国農林統計協会連合会、一九九六年、三一〜七八頁。

(15) 依光良三他『「国際化」時代の山村・農林業問題』高知市文化振興事業団、一九九五年、一三八頁〜一四〇頁、栗栖祐子他「新興林業地における組織化と担い手の再編」『林業経済研究』Vol.四四 No.一、五七〜六二頁。

(16) 農林業ないしは緑資源の外部経済効果に関する議論とその評価については、永田恵十郎『地域資源の国民的利用』(農文協、一九八八年)や嘉田良平他『農林業の外部経済効果と環境農業政策』(多賀出版、一九九五年)に詳しく、積極的な高い評価がなされている。

あとがき

世界的にみてもあるいは日本でも一九八〇年代半ばを転機として、森をめぐる考え方や対処の仕方は大きな変化をとげた。危機感の中から、「森と環境」を何とかしなければという共通認識が生まれ、そして行動の時代に向けて九〇年代には合意形成がある程度進んだ。それは、世界レベルでは「地球サミット」を経て、国と国との間のパートナーシップ、モントリオール・プロセスやヘルシンキ・プロセスなどのブロック単位、あるいはモデル・フォレスト・ネットワークによるNGOを含んだパートナーシップの形成、さらには国家と対立してきた先住民の権利を認める動き、協議、合意形成、そして行動へとつなげていくシナリオは、危機回避にむけて評価できるものであろう。

だが、現実には多国籍企業もからんだ南北間、あるいは国と国との間の利害の壁のもとに、各論段階での合意形成が容易に進展せず、「開発と環境」の綱引きにおいて依然として前者が優先する国も少なくない。マレーシアやインドネシアの伐採開発、あるいはフィリピンの環境植林の事例でみたように住民排除も行われている。しかし、その一方では、とくに途上国の社会林業プロジェクトにおいては、住民参加のシステムが次第に採り入れられるようになった。フィリピンのサンタ・カタリナプロジェクトで見たような女性の参加を含め、エンパワーメントの高い住民参加のシステムが形成されることが望まれる。インドで試みられているような行政とのパートナーシップのもとに村落住民が主体となって進める植林もまた、自分たちのためにみんなが参画して行う社会林業として意義深い。一般的には社会林業もまだまだ行政主導による普及段階にあり、自立的な住民参加型のそれはまだ稀なものにすぎないが、みどり環境の回復と住民の生活の糧を同時に得ることができ、貧困から脱出できる途としても意義のある参加システムであろう。

日本においても、かつては国有林開発や大資本によるリゾート開発をめぐり開発主体と市民・住民とは環境をめぐって対立関係にあるという構図が一般的なものであった。九〇年代でもリゾート開発や大規模林道開発をめぐる対立的問題はあるが、しかし一方では、神奈川県でみられるように行政と市民によるパートナーシップのもとで「ナショナル・トラスト」運動が展開し、みどり森林保護が前進するようになった。森林整備においても行政主導ではあるが、県民参加が行われだしたり、「森林ボランティア」の形で、いわゆる国民参加も行われるようになり、みどり森林をめぐる社会システムの構図がかなり変わってきた。このように、パートナーシップ型の市民参加のシステムはできてきているが、もう一方では、真の担い手である山村住民が森づくりに参加できるような社会システムづくりが課題となっている。日本の森林保護や植林地の保全に当たっても、行政側からオープンな情報提供が行われるもとで、真に住民が主人公となる民主的な参加のシステムづくりに向けて、まだなお努力・協力が必要であろう。なお、高知県梼原町の参加型林業システムや愛媛県久万町のグリーン・ツーリズムにおける参加型システムは、地域づくりにおける一つのモデルとして提示したものである。

筆者は愛媛県久万町の調査を行った後で、九八年にフィリピンのサンタカタリナの婦人グループのプロジェクトを訪れたが、そこで感じたのはほとんど共通した内容のものであった。住民たちが参画し、自らがプロジェクトを運営していける力量(エンパワーメント)を身につけているということである。それだけでなく、住民が活き活きとして活動を楽しみ、それを生き甲斐に感じているということであった。様々な参加の形があるが、上から押しつけられて、いやいややるのではなくて、住民がその必要性を認識し、企画から運営に生き甲斐をもって参加できるようなシステムづくりがあるべき姿であろう。この二つのプロジェクトは、国や条件が異なっていても、行政とのパートナーシップのもとに、そのような段階に到達し、地域づくりと環境保全の両面で機能しているのである。
また、静岡県柿田川などのナショナル・トラスト運動を進めておられる方々も訪れて話をうかがい、河畔林の買い取りや清流の生物多様性の再生・保全活動のために骨身を惜しまず活動されている姿には心を打たれる思いがあった。こうした、住民たちによる熱心な活動は行政をも動かし、住民主導型のパートナーシップも形成され、環境保護に多大な貢献をしているのである。

近年は、「森林ボランティア」、「ローカル・トラスト運動」、あるいは「グランド・ワーク」（行政の公共投資・企業の募金・住民の参加による環境改善活動）など、行政主導型の森づくりや環境保護・改善のための「住民参加」が増えているが、それが成功するかどうかは、住民が自ら参加したい、あるいは参加すべき、という段階にまで意識・認識を高められるかどうか、そこにやりがいをみいだせ、持続的たりうるかどうかにかかっている。形式だけの作業の手としての「住民参加」でなく、企画・計画段階から加わり、エンパワーメントを身につけられる参加型システムの形成が大切なのである。

ところで、筆者が森林環境問題に最初に取り組んだのは、一九七〇年ごろであった。六〇年代後半からの調査で、国有林の伐採開発最前線ならびにリゾート開発の現場をみ、崩壊地の発生によって谷や川へ大量の土砂が堆積し、下流の川も荒れ、洪水等の災害問題などが発生しているさまにふれた時の驚きからであった。その驚きや疑問は、研究の問題意識に変わり、七四年には『森林「開発」の経済分析』そして八四年には『日本の森林・緑資源』という本を出した。いずれも、開発地を調査し、環境問題と自然保護を中心に分析を行ったものである。
本書は、この二冊の延長線上にあり、歴史的普遍的な事実関係や保護制度等前書の使える部分は一部ではあるが、そのままないしは要約の形で入れている。しかし、八〇年代以降においては環境問題の国際的展開が著しく、また国内にあってもより多面化するなど情勢は大きく様変わりした。そこで海外調査も含めて実証的に分析し、新たに書き下ろすとともに、森林問題の全般が分かるように、一般的分野も加えて構成したものである。

最後に、本書作成に当たっては、林野庁、環境庁、神奈川県、関係町村など多くの公的機関や柿田川や小網代の森を守る会などのNGOの方々のご協力をいただいた。

研究室出身者や学生たちにも共同調査や資料整理等、多大の協力をいただいた。とりわけ、フィリピンの調査では案内してくれた環境天然資源省のノエル・デュンカ君、中国の林業経済研究センターの李天送君、海外林業コンサルタントの山下昌一君、農林中金総合研究所の栗栖祐子さんには資料提供や写真提供もいただき、また、専攻学生の佐藤桂子、田口めぐみさんにも資料と写真の提供を受け、竹本、山野、小山、山岡、大茂、高橋さんたちにも何かと協力していただいた。

ここに、感謝するとともに、出版の機会を与えていただいた日本経済評論社には厚くお礼を申し上げたい。

一九九九年二月

依光良三

著者略歴

依光良三（よりみつ・りょうぞう）

1942年高知県生まれ
1967年京都大学大学院農学研究科修士課程修了
現在，高知大学農学部教授（森林政策学，森林経済学）
主著『森林開発の「経済」分析』（日本林業調査会），『日本の森林・緑資源』（東洋経済新報社），『知床からの出発』（共著，共同文化社），『「国際化」時代の山村農林業問題』（共著，高知市文化振興事業団），『グリーン・ツーリズムの可能性』（共著，日本経済評論社）

森と環境の世紀 ―住民参加型システムを考える―

1999年5月10日　第1刷発行
1999年11月5日　第2刷発行

著者　依　光　良　三
発行者　栗　原　哲　也
発行所　株式会社　日本経済評論社

〒101-0051 東京都千代田区神田神保町3-2
電話 03-3230-1661　FAX 03-3265-2993
振替 00130-3-157198

装丁＊渡辺美知子　　印刷・製本 ㈲西村謄写堂

森と環境の世紀
—住民参加型システムを考える—（オンデマンド版）

Digital Publishing

2003年7月25日　発行

著　者　　依光　良三
発行者　　栗原　哲也
発行所　　株式会社　日本経済評論社
〒101-0051　東京都千代田区神田神保町3-2
電話　03-3230-1661　FAX　03-3265-2993
E-mail: nikkeihy@js7.so-net.ne.jp
URL: http://www.nikkeihyo.co.jp/
印刷・製本　株式会社　デジタルパブリッシングサービス
URL: http://www.d-pub.co.jp/

AB336

乱丁落丁はお取替えいたします。
Printed in Japan

ISBN4-8188-1617-5